U0162544

广西鸟类图鉴

FIELD GUIDE TO THE BIRDS OF GUANGXI

主　编　蒋爱伍

副主编　覃　春
　　　　黄立春

广西科学技术出版社

图书在版编目（CIP）数据

广西鸟类图鉴／蒋爱伍主编. —南宁:广西科学
技术出版社, 2021.6
　　ISBN 978-7-5551-1315-7

　　Ⅰ.①广⋯　　Ⅱ.①蒋⋯　　Ⅲ.①鸟类－广西－图集
Ⅳ.①Q959.708-64

中国版本图书馆CIP数据核字（2020）第180331号

GUANGXI NIAOLEI TUJIAN
广西鸟类图鉴
蒋爱伍　主编

责任编辑：赖铭洪　何　芯　　　　　　助理编辑：罗　风
责任校对：吴书丽　阁世景　　　　　　封面设计：冷　冰　梁　良
责任印制：韦文印

出　版　人：卢培钊　　　　　　　　　出版发行：广西科学技术出版社
社　　　址：广西南宁市东葛路 66 号　　邮政编码：530023
网　　　址：http://www.gxkjs.com　　　编 辑 部：0771-5864716

经　　　销：全国各地新华书店
印　　　刷：广西民族印刷包装集团有限公司
地　　　址：南宁市高新区高新三路 1 号　邮政编码：530007

开　　本：890 mm × 1240 mm　　1/32
字　　数：631 千字　　　　　　　　印　　张：26
版　　次：2021 年 6 月第 1 版　　　　印　　次：2021 年 6 月第 1 次印刷
书　　号：ISBN 978-7-5551-1315-7
定　　价：298.00 元

编委会

主　编：蒋爱伍

副主编：覃　春　黄立春

编　委：（排名不分先后）　扈　恒　傅　云　黄成亮　黄立春

黄　珍　蒋爱伍　蒋德梦　梁家登

陆　舟　莫国巍　覃　春　彭　坚

粟通萍　唐上波　徐　勇　孙家杰

孙仁杰　吴思谦　郑小君　赵文庆

文字作者（按书中先后顺序排列）：

鸟类基础知识：蒋爱伍　覃　春

观鸟基础知识：覃　春　蒋爱伍

鸡形目、雁形目、鹛鹨目、鹤形目、鸻形目（蛎鹬科、鹮嘴鹬科、彩鹬科、水雉科、三趾鹑科）、潜鸟目、䴙䴘目、鹱形目、鲣鸟目、鹈形目、鹰形目、隼形目、雀形目（莺雀科、雀鹛科、鳞胸鹩鹛科、林鹛科、幽鹛科、丽星鹩鹛科）：蒋爱伍

鸽形目、沙鸡目、鹦形目、鸻形目（鸥科、贼鸥科、海雀科）：彭　坚　蒋爱伍　唐上波

鸮形目、咬鹃目、夜鹰目、鹃形目：粟通萍　蒋爱伍

犀鸟目、佛法僧目、啄木鸟目：吴思谦　蒋爱伍

鸻形目（鸻科、鹬科）：唐上波　蒋爱伍

雀形目（八色鸫科、阔嘴鸟科、燕鸠科、百灵科、燕科、鹎鹛科、椋鸟科）：陆　舟　蒋爱伍

雀形目（黄鹂科、山椒鸟科、钩嘴鹛科、卷尾科、伯劳科、鸦科、和平鸟科、叶鹎科）：孙仁杰　蒋爱伍

雀形目（扇尾莺科、王鹟科、玉鹟科）：梁家登　蒋爱伍

雀形目（鸦科、山雀科、攀雀科、扇尾莺科、长尾山雀科、绣眼鸟科、鹪鹩科、河乌科）：傅　云　蒋爱伍

雀形目（苇莺科、蝗莺科、柳莺科、树莺科）：孙家杰　蒋爱伍

雀形目（莺鹛科、噪鹛科、鸭科、啄花鸟科、花蜜鸟科）：蒋德梦　蒋爱伍

雀形目（鹟科）：黄立春　蒋爱伍

雀形目（鸫科）：梁家登　黄立春　蒋爱伍

雀形目（梅花雀科、雀科、燕雀科、鹀科）：郑小君　蒋爱伍

图片作者（排名不分先后）：

Ayuwat Jearwattanakanok　John and Jemi Holmes　Jon Chan
Matthew Kwan　Matt Wright　Rajive Das

薄顺奇	蔡江帆	蔡小琪	陈会星	陈 杰	陈久桐	陈 默	陈 骐
陈什旺	陈永昌	程志营	戴子越	邓 郁	丁夏明	董 磊	董文晓
傅 云	扈 恒	甘鲁生	郭东生	韩小杰	杭祖军	何启海	胡伟宁
黄东连	黄冬莹	黄立春	黄世桂	黄小柏	黄险峰	黄祥麟	黄 珍
蒋爱伍	金 莹	蓝家康	李炯超	李 鑫	梁家登	梁少波	梁文能
梁元泉	林秀文	林德伦	刘爱华	刘德生	刘东波	刘 璐	刘晟源
刘志元	刘 竺	陆 豫	陆 舟	罗 欣	罗宇辉	莫国巍	莫训强
聂延秋	宁宇新	牛蜀军	农桂对	盘宏权	彭 坚	秋风鸟	沈建华
时敏良	宋迎涛	孙桂玲	孙家杰	孙仁杰	谭瑞军	唐上波	唐宜顺
滕 波	田穗兴	万绍平	王昌大	王乘东	王庚望	王瑞卿	王月明
韦碧泉	魏 东	韦 铭	韦忠新	吴 麟	吴思谦	徐 勇	杨 岗
杨兴斌	叶 腾	尹庆华	曾继谋	曾小川	曾 伟	张后蕊	张 华
张立华	张 永	张永刚	赵 波	赵文庆	赵晓琴	郑铭伟	郑小君
郑毅东	朱 明	朱 平	朱 英	周丕宁	周 恕		

山气日夕佳，飞鸟相与还

"百啭千声随意移，山花红紫树高低。"鸟类与鲜花一样，是大自然中最有魅力的组成部分，不仅经常被文人咏叹，也为丰富广大人民群众的精神生活提供了重要的素材。随着我国生态文明建设进入快车道，无论是管理部门、科研学者还是普通民众，对鸟类的关注度都日益提高，识鸟、知鸟、爱鸟的热情日益高涨。在这样的背景下，鸟类科普和专业书籍的出版一片繁荣，这是非常可喜的现象，这对于提升群众保护鸟类的意识，促进生物多样性保护，保障"绿水青山"的永续发展，都具有非常重要的意义。

作为自然生态系统的重要组成部分和生态过程的重要环节，鸟类在全球具有极高的多样性。我国作为生物多样性大国，拥有占世界鸟类近15%的鸟种。全球8条鸟类迁徙路线中，有3条经过中国。这既反映了我国自然环境的多样性，也给我国的鸟类保护工作带来了挑战。从这个意义上讲，有针对性地出版不同地区的《鸟类图鉴》，提高图鉴的实用性，更有利于不同地区的鸟类保护工作。

广西地处祖国南疆，风景秀丽，具有多样的自然地貌和丰富的水热条件，为鸟类提供了优良的栖息环境，其鸟类种数仅次于云南和四川两省，位列全国第三。在我国现今分布的1443种鸟类中，只有3种鸟类是由中国鸟类学家命名，其中就有2种最先在广西被发现。因此，系统调查和整理广西的鸟类资源，出版相关的专业和科普书籍，是一项非常有意义的工作。我很高兴看到蒋爱伍博士在这方面迈出了坚实的一步。

蒋爱伍博士是东北林业大学野生动物保护与利用专业 2000 届毕业生。他在大学期间就对鸟类学研究产生了深厚的兴趣，掌握了扎实的专业知识，并开始参加和组织学生观鸟活动。他自 2000 年毕业回到广西工作之后，立志将文章写在八桂大地之上，长年立足于广西丰富的鸟类多样性开展研究，成果颇丰，与他的导师周放教授一起发现并命名了 1 个鸟类新种（弄岗穗鹛 *Stachyris nonggangensis*）和 1 个鸟类新亚种（白眉山鹧鸪 *Arborophila gingica guangxiensis*），在世界鸟类学界产生了较大的影响。

这本《广西鸟类图鉴》共收录广西有分布的鸟类 23 目 92 科 744 种，较 2011 年增加了 62 种，是迄今为止对广西鸟类资源总结最为全面的著作。尤为可贵的是，作者以检索表的形式描述鸟类识别特征，方便读者在野外快速鉴定鸟种，极大提高了本书的实用性。

华南地区绝大多数鸟类在广西都有分布，北方地区的候鸟也多在广西越冬。因此虽然本书面向广西，但也可作为我国大部分地区的鸟类识别指南，为野生动物主管部门制定鸟类保护策略提供科学依据，也可为基层保护工作者和观鸟爱好者学习鸟类知识及掌握鸟类鉴定技巧提供参考。

"山气日夕佳，飞鸟相与还。"借此序，向野生动物保护战线上，特别是工作在偏远地区的野生动物保护研究者、工作者们致敬。

中国工程院院士、东北林业大学教授马建章

一起领略鸟类之美

　　随着经济的发展和社会文明程度的提高，越来越多的人喜欢走向自然，去观赏和拍摄野生鸟类，从中获得乐趣和知识。广西自然条件优越，鸟类资源非常丰富，为开展观鸟活动、鸟类研究和保护提供了绝佳的场所。

　　虽然广西是我国现代鸟类学研究的起源地之一，但由于各种原因，专家学者们对广西的鸟类资源状况仍存在着家底不清的情况。我们以周放等（2011）的《广西陆生脊椎动物分布名录》为基础，根据郑光美（2017）的《中国鸟类分类与分布名录（第三版）》分类系统，结合研究人员和观鸟爱好者在广西最新的研究数据和观察资料，对广西鸟类及其在广西各地的具体分布进行全面整理，编制出新的广西鸟类名录。经整理，广西共分布有鸟类23目92科744种，其种数位列全国第三位。

　　本书收集了广西有分布的所有鸟类的图片，并尽可能反映出一种鸟类不同部位和不同时期的羽色特征。如果一种鸟类有多个亚种，也尽量描述广西有分布的亚种，并选择广西有分布的鸟类亚种图片。由于鸟类的羽色会随着地理分布的不同而产生变化，因此本书收集的照片尽量以在广西拍摄到的为主。然而，随着环境的变化，部分鸟类在广西已经非常罕见或多年未曾有过观察记录，针对这些鸟类，优先选择了在广西周边省份拍摄到的照片，以尽可能地反映出广西分布鸟类的特征。

　　许多鸟类羽色非常相似，单纯看照片其实很难识别。在野外观察时，需要根据鸣声、分布、时间和行为等信息来帮助鉴定相应种类。作为一名鸟类研究人员，我在大学期间就接触了大量标本，那时鸟类图鉴还不普遍，因此我学会了使用检索表鉴定鸟类。我一直认为检索表能为物种的正确识别提供帮助，因此本书在描述相似种和亚种的识别特征比较的时候，采用了检索表式的对应描述，希望能为读者准确识别鸟类提供科学依据。

本书编写历经三年，其工作难度远远超过了我们最初的设想。在编写过程中，广西林业勘测设计院、广西生物多样性研究和保护协会（美境自然）及广西各大自然保护区和湿地公园等单位提供了部分研究数据和鸟类照片。张卫、余寿毅、黄祥麟、刘德生、苏远江、林秀文、甘鲁生和郭东生等许多观鸟爱好者热心提供了他们的观鸟记录，加深了我们对广西鸟类分布的认识。广西科学技术出版社卢培钊社长、陈勇辉总编辑和赖铭洪主任为本书的出版提供了巨大的帮助。本书的出版也得到广西壮族自治区林业厅和广西森林生态与保育重点实验室的热心指导。在长年的野外调查工作中，也得到了国家自然科学基金、广西自然科学基金及广西壮族自治区林业厅和各兄弟单位的支持。此外，为了本书的出版，我的家人也付出了辛勤的劳动。

谨向上述单位和个人一并致以诚挚的谢意！

本书编写人员都具有多年的鸟类学研究和观鸟经验，对广西各地的鸟类分布和识别特征都较为熟悉，在广西鸟类分类和分布研究方面有较深厚的积累。虽然我们尽可能精益求精，并进行了多次校对，但由于鸟类种数众多，且限于水平，错误和疏漏在所难免，恳切希望专家和读者予以批评指正。

蒋爱伍

目 录

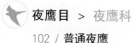

一、鸟类基础知识

鸟类属于脊椎动物鸟纲，它们几乎可以在地球上的任何地方生存。体形大小从体长5 cm的蜂鸟到体长2.75 m的鸵鸟不等。鸟类是唯一有羽毛的两足温血脊椎动物，具备极其有效的呼吸系统和非常强大的心脏。虽然所有的鸟类都有翅膀，但有几种鸟类在进化过程中逐渐丧失了飞行能力。许多昆虫和蝙蝠也具备高超的飞行能力，因此不是所有能飞行的动物都是鸟类。

鸟类的骨骼中空，从而可以减轻体重，并具有强壮的肌肉，因此飞行能力很强。许多鸟类每年都有很长的时间在迁徙。春天，它们飞到凉爽的北方繁殖和哺育后代；秋天，它们又会回到温暖的南方越冬。鸟类通过产下硬壳的卵繁殖后代，它们在树上、洞穴或地面上建巢，经过一段时间的孵化后雏鸟破壳出世。大多数雏鸟至少由一只亲鸟照顾，直到它们自己能够独立飞行和觅食生存。

鸟类在飞行和哺育时能量消耗很大，需要吃大量的食物来完成这些任务，所以鸟类每天大部分的时间都在寻找食物。鸟类的食物多种多样，大多数鸟类取食昆虫，能够帮助人类控制农林业害虫；有些鸟类，如猫头鹰和鹰等，是食肉动物，可以帮助人类控制鼠害；一些鸟类，如鸭类和冠斑犀鸟等，主要以植物果实为食，可以帮助植物种子传播和自然更新；有些鸟类专门以花蜜为食，像黄腹花蜜鸟和太阳鸟等，可以帮助植物授粉。因此，鸟类对人类的益处数不胜数。

全世界鸟类有一万多种，中国分布有 1443 种，广西分布有 744 种。其中一半以上的鸟类属于雀形目，它们通常体形较小，大多数都具备复杂多样的鸣声。其他种类属于非雀形目鸟类，体形一般相对较大，形态各异，多数种类不具备婉转的叫声。

根据鸟类的生活环境和形体特征，可以将鸟类分为六大生态类群：游禽、涉禽、攀禽、陆禽、猛禽、鸣禽。其中，游禽包括雁形目、潜鸟目、䴙䴘目、鹱形目、鹈形目的鹈鹕科、鸻形目的鸥类、企鹅目的所有种类，这些种类的脚趾间常具蹼，擅长游泳；涉禽包括鸻形目（蹼发达的鸥类除外）、鹳形目、红鹳目、鹤形目的所有种类，这些种类的脚、颈和喙一般均较长，适合在浅水处捕食或行走；攀禽包括鹦形目、鹃形目、咬鹃目、夜鹰目、佛法僧目、䴕形目的所有种类，这些种类的脚一般为对趾型或并趾型，适合攀缘；陆禽包括鸡形目和鸽形目的所有种类，这些种类的体形一般较大，适合在地面行走和觅食；猛禽包括隼形目和鸮形目的所有种类，这些种类的喙和脚一般弯曲，适合捕食猎物；鸣禽即雀形目鸟类，多数种类擅长鸣唱，雄性通过复杂的叫声来吸引雌性的青睐或维护领域。这六大生态类群的鸟类在广西均有分布。

人类的活动，如农业行为、城市化和大量的基础设施建设等，已经强烈影响了鸟类和其他野生动物的栖息地和种群数量。人类和大自然的和谐发展是人类生存的永恒主题，我们必须牢记：如果鸟类和其他野生动物的栖息地迅速减少，不再适合它们的生存，那么它们的数量就会因此下降甚至消亡。鸟类和其他野生动物的命运也就是我们人类的命运！

（一）广西鸟类资源及分布

广西位于我国的南部，南临北部湾，西南与越南为界，与广东、湖南、贵州和云南四省相连。广西跨中亚热带、南亚热带和北热带三个气候带，北回归线横贯中南部，是我国纬度较低的省区之一。广西陆地总面积为 23.67 万 km^2，地貌属于云贵高原向东南沿海过渡地带，四周高，中间低，略呈盆地。广西拥有喀斯特地貌、山地丘陵盆地、冲积平原和海域等多种地貌。广西全区气候温暖、热量充足、降水丰沛，是典型的亚热带季风气候区。良好的自然条件给鸟类提供了丰富多样的栖息地和食物资源。此外，广西还位于东亚—澳大利西亚全球鸟类迁徙路线上，每年都有数以百万计的鸟类经过广西北上繁殖或南下越冬。这些得天独厚的因素，使得广西的鸟类资源特别丰富。

虽然广西是中国现代鸟类研究的起源地之一，但是相对于周边省份，广西鸟类的调查仍然较少，广西鸟类所记录的种数也偏少。涉及广西鸟类区系与分布的信息，区外和国外的鸟类学家仍主要引用20世纪30年代的资料，如郑作新（1976）的《中国鸟类分布》共记录广西有分布的鸟类20目62科478种，马敬能等（2000）的《中国鸟类野外手册》共记录广西有分布的鸟类16目59科480种，郑光美（2005）共记录广西有分布的鸟类21目72科479种（另27亚种）。广西鸟类学家也对广西鸟类进行了多次整理，但说法不一，如韦振逸和吴名川（1985）认为广西有分布的鸟类19目56科518种，广西动物学会（1988）

共记录广西有分布的鸟类 19 目 57 科 462 种（或亚种），吴名川（1993）共记录广西有分布的鸟类 19 目 56 科 518 种，龙国珍等（2000）认为广西有分布的鸟类 531 种（或亚种），周放等（2011）记录广西有分布的鸟类 23 目 81 科 685 种（另 54 亚种）。

近年来，在多个项目的资助下，我们对广西多个自然保护区进行了调查，加深了对广西鸟类资源的认识。随着观鸟爱好者的增加，越来越多的广西鸟类新记录在广西被发现。我们以周放等（2011）确定的广西鸟类名录为基础，查阅 2011 年以后国内外有关广西鸟类的文献，结合我们的调查结果和观鸟记录，根据郑光美（2017）的《中国鸟类分类与分布名录（第三版）》确定的中国鸟类名称，对广西鸟类的种数进行了整理和统计。经过整理，目前在广西分布记录有鸟类 744 种，隶属 23 目 92 科。其中非雀形目鸟类 22 目 45 科 344 种，雀形目鸟类 47 科 400 种。由于鸟类具有较强的运动能力，因此缺乏仅分布于广西的特有鸟类。白眉山鹧鸪广西亚种 *Arborophila gingica guangxiensis* 仅见于广西中南部的大明山和北部的九万大山，可视为广西的特有亚种。蓝冠噪鹛 *Garrulax courtoisi*（也曾称为黄喉噪鹛 *Garrulax galbanus*）曾见于广西西北部地区。据中国科学院动物研究所何芬奇老师的调查，20 世纪 90 年代出现在香港的蓝冠噪鹛很多来自广西西林县，但多次调查显示其可能已经在广西灭绝。

被列为国家重点保护野生动物的鸟类在广西分布种数较多。国家 I 级重点保护野生动物有黄腹角雉、白颈长尾雉、黑颈长尾雉、白冠长尾雉、青头潜鸭、中华秋沙鸭、小青脚鹬、勺嘴鹬、黑嘴鸥、遗鸥、中华凤头燕鸥、黑鹳、东方白鹳、白腹军舰鸟、黑头白鹮、彩鹮、黑脸琵鹭、海南鸦、黄嘴白鹭、斑嘴鹈鹕、卷羽鹈鹕、秃鹫、乌雕、草原雕、白肩雕、金雕、白腹海雕、白尾海雕、冠斑犀鸟、金额雀鹛、蓝冠噪鹛、黄胸鹀等32种；国家Ⅱ级重点保护野生动物有白眉山鹧鸪、褐胸山鹧鸪、红腹角雉、勺鸡、红原鸡、白鹇、红腹锦鸡、白腹锦鸡、栗树鸭、鸿雁、白额雁、小白额雁、红胸黑雁、小天鹅、大天鹅、鸳鸯、棉凫、花脸鸭、斑头秋沙鸭、赤颈䴙䴘、角䴙䴘、黑颈䴙䴘、斑尾鹃鸠、厚嘴绿鸠、针尾绿鸠、楔尾绿鸠、红翅绿鸠、山皇鸠、灰喉针尾雨燕、褐翅鸦鹃、小鸦鹃、花田鸡、棕背田鸡、斑胁田鸡、紫水鸡、灰鹤、鹮嘴鹬、水雉、铜翅水雉、半蹼鹬、小杓鹬、白腰杓鹬、大杓鹬、翻石鹬、大滨鹬、阔嘴鹬、小鸥、大凤头燕鸥、白斑军舰鸟、红脚鲣鸟、褐鲣鸟、黑颈鸬鹚、海鸬鹚、白琵鹭、栗头鳽、黑冠鳽、岩鹭、鹗、黑翅鸢、凤头蜂鹰、褐冠鹃隼、黑冠鹃隼、高山兀鹫、蛇雕、短趾雕、鹰雕、林雕、靴隼雕、白腹隼雕、凤头鹰、褐耳鹰、赤腹鹰、日本松雀鹰、松雀鹰、雀鹰、苍鹰、白腹鹞、白尾鹞、草原鹞、鹊鹞、黑鸢、栗鸢、灰脸鵟鹰、大鵟、普通鵟、黄嘴角鸮、领角鸮、红角鸮、雕鸮、林雕鸮、褐渔鸮、黄腿渔鸮、褐林鸮、灰林鸮、领鸺鹠、斑头鸺鹠、纵纹腹小鸮、鹰鸮、长耳鸮、短耳鸮、仓鸮、草鸮、栗鸮、橙胸咬鹃、红头咬鹃、蓝须蜂虎、栗喉蜂虎、蓝喉蜂虎、白胸翡翠、斑头大翠鸟、大黄冠啄木鸟、黄冠啄木鸟、白腿小隼、黄爪隼、红隼、红脚隼、灰背隼、燕隼、猛隼、游隼、亚历山大鹦鹉、红领绿鹦鹉、灰头鹦鹉、花头鹦鹉、大紫胸鹦鹉、绯胸鹦鹉、蓝枕八色鸫、蓝背八色鸫、仙八色鸫、蓝翅八色鸫、长尾阔嘴鸟、银胸丝冠鸟、鹊鹂、小盘尾、蓝绿鹊、黄胸绿鹊、歌百灵、云雀、金胸雀鹛、短尾鸦雀、红胁绣眼鸟、淡喉鹩鹛、弄岗穗鹛、画眉、褐胸噪鹛、眼纹噪鹛、黑喉噪鹛、棕噪鹛、橙翅噪鹛、红翅噪鹛、红尾噪鹛、银耳相思鸟、红嘴相思鸟、巨鸫、鹩哥、紫宽嘴鸫、绿宽嘴鸫、红喉歌鸲、蓝喉歌鸲、白喉林鹟、棕腹大仙鹟、大仙鹟、蓝鹀等161种。

一些在广西分布的鸟类已经被世界自然保护联盟（IUCN）列为全球性濒危种类。其中被列为极危（CR）级别的有青头潜鸭、勺嘴鹬、中华凤头燕鸥、白腹军舰鸟、蓝冠噪鹛和黄胸鹀6种；被列为濒危（EN）级别的有中华秋沙鸭、大杓鹬、小青脚鹬、大滨鹬、东方白鹳、黑脸琵鹭、海南鳽、栗头鳽、草原雕、鹊鹂和巨鸫11种；被列为易危（VU）级别的有黄腹角雉、白冠长尾雉、小白额雁、红胸黑雁、角䴙䴘、花田鸡、三趾鸥、黑嘴鸥、遗鸥、黄嘴白鹭、乌雕、白肩雕、仙八色鸫、白颈鸦、远东苇莺、东亚蝗莺、弄岗穗鹛、金额雀鹛、中华草鹛、白喉林鹟、田鹀和硫黄鹀22种；被列为近危（NT）级别的有白眉山鹧鸪、鹌鹑、白颈长尾雉、黑颈长尾雉、罗纹鸭、白眼潜鸭、斑胁田鸡、蛎鹬、距翅麦鸡、黑尾塍鹬、斑尾塍鹬、白腰杓鹬、灰尾漂鹬、红腹滨鹬、红颈滨鹬、弯嘴滨鹬、白额鹱、黑头白鹮、斑嘴鹈鹕、卷羽鹈鹕、高山兀鹫、秃鹫、草原鹞、斑头大翠鸟、亚历山大鹦鹉、花头鹦鹉、大紫胸鹦鹉、绯胸鹦鹉、紫寿带、白翅蓝鹊和斑背大尾莺31种。2011年后新增的广西鸟类种或亚种记录信息见表1。

表 1　2011 年后新增的广西鸟类种或亚种记录信息

种名	亚种	分布	记录时间	来源
1. 白冠长尾雉 Syrmaticus reevesii		百色雅长	2020 年 5 月	农易晓等（2021）
2. 鸿雁 Anser cygnoides		不详	不详	郑光美（2017）
3. 斑头雁 Anser indicus		百色澄碧湖	2019 年 11 月	郭东生
4. 大天鹅 Cygnus cygnus		防城港东兴	2016 年 11 月	陆舟等（2017）
5. 鹊鸭 Bucephala clangula		不详	不详	郑光美（2017）
6. 角䴙䴘 Podiceps auritus		百色澄碧湖	2018 年 12 月	杨岗等
7. 长尾夜鹰 Caprimulgus macrurus		防城港	2020 年 3 月	本书作者团队
8. 白眉苦恶鸟 Amaurornis cinerea		崇左宁明	2012 年 8 月	余丽江等（2015）
9. 鹮嘴鹬 Ibidorhyncha struthersii		天峨介里水库	2015 年 12 月	本书作者团队
10. 肉垂麦鸡 Vanellus indicus		不详	不详	郑光美（2017）
11. 长嘴半蹼鹬 Limnodromus scolopaceus		北部湾沿海	2019 年 11 月	本书作者团队
12. 红腹滨鹬 Calidris canutus	piersmai	北部湾沿海	不详	以前未曾识别
13. 小滨鹬 Calidris minuta		防城港	2016 年 8 月	本书作者团队
14. 斑胸滨鹬 Calidris melanotos		北海	不详	苏远江
15. 细嘴鸥 Chroicocephalus genei		防城港	2019 年 3 月	广西生物多样性研究和保护协会
16. 遗鸥 Ichthyaetus relictus		防城港	2019 年 11 月	本书作者团队

续表

种名	亚种	分布	记录时间	来源
17. 渔鸥 *Ichthyaetus ichthyaetus*		防城港	2019 年 11 月	本书作者团队
18. 小凤头燕鸥 *Thalasseus bengalensis*		防城港	2019 年 9 月	本书作者团队
19. 中华凤头燕鸥 *Thalasseus bernsteini*		钦州	2020 年 8 月	黄祥麟
20. 褐翅燕鸥 *Onychoprion anaethetus*		斜阳岛	2013 年 6 月	王海京等 （2013）
21. 短尾贼鸥 *Stercorarius parasiticus*		武鸣 忠党水库	2017 年 9 月	甘鲁生
22. 白腹军舰鸟 *Fregata andrewsi*		不详	不详	郑光美（2017）
23. 黑颈鸬鹚 *Microcarbo niger*		防城港	2014 年 5 月	刘德生
24. 彩鹮 *Plegadis falcinellus*		防城港 东兴	2017 年 3 月	孙仁杰等 （2017）
25. 大白鹭 *Egretta alba*	*alba*	北部湾 沿海	不详	以前未曾识别
26. 高山兀鹫 *Gyps himalayensis*		北海 冠头岭	2013 年 1 月	赵东东等 （2013）
27. 短趾雕 *Circaetus gallicus*		北海 冠头岭	2014 年 10 月	孙仁杰等 （2021）
28. 林雕 *Ictinaetus malaiensis*		崇左西 大明山	不详	本书作者团队
29. 白腹海雕 *Haliaeetus leucogaster*		不详	不详	郑光美（2017）
30. 白尾海雕 *Haliaeetus albicilla*		不详	不详	郑光美（2017）
31. 林雕鸮 *Bubo nipalensis*		崇左弄岗	2013 年 6 月	宋亦希等 （2014）
32. 花腹绿啄木鸟 *Picus vittatus*		崇左弄岗	2016 年 5 月	张立华

续表

种名	亚种	分布	记录时间	来源
33. 黄爪隼 *Falco naumanni*		不详	不详	郑光美（2017）
34. 亚历山大鹦鹉 *Psittacula eupatria*		南宁	2016 年 6 月	本书作者团队
35. 红领绿鹦鹉 *Psittacula krameri*		南宁	2018 年 4 月	本书作者团队
36. 灰头鹦鹉 *Psittacula finschii*		那坡德孚	2020 年 5 月	朱平等
37. 黑翅雀鹎 *Aegithina tiphia*		北部湾沿海	不详	马敬能等（2000）
38. 火冠雀 *Cephalopyrus flammiceps*		百色右江区	2012 年 2 月	吴映环等（2013）
39. 中华攀雀 *Remiz consobrinus*		南宁市	2012 年 11 月	余丽江等（2015）
40. 家燕 *Hirundo rustica*	tytleri	广西各地	不详	以前未曾识别
41. 洋燕 *Hirundo tahitica*		斜阳岛	2020 年 1 月	本书作者团队
42. 黑冠黄鹎 *Pycnonotus melanicterus*	johnsoni	百色	2010 年 12 月	蒋爱伍等（2013）
43. 黄腹冠鹎 *Criniger flaveolus*		广西西南部	不详	郑光美 2017
44. 甘肃柳莺 *Phylloscopus kansuensis*		那坡德孚	2018 年 11 月	本书作者团队
45. 黄胸柳莺 *Phylloscopus cantator*		那坡老虎跳	2014 年 5 月	李飞等（2014）
46. 灰冠鹟莺 *Seicercus tephrocephalus*		北海冠头岭	2018 年 10 月	本书作者团队
47. 大树莺 *Cettia major major*		河池南丹	2017 年 12 月	本书作者团队
48. 黑喉鸦雀 *Suthora nipalensis*		广西西北部	不详	郑光美（2017）

续表

种名	亚种	分布	记录时间	来源
49. 短尾鸦雀 *Neosuthora davidianus*	*tonkinensis*	钦州 八寨沟	2017 年 5 月	蓝家康
50. 黄颈凤鹛 *Yuhina flavicollis*		那坡 老虎跳	2021 年 4 月	本书团队 作者
51. 灰眶雀鹛 *Alcippe morrisonia*	*davidi*	不详	不详	郑光美（2017）
	hueti	不详	不详	郑光美（2017）
52. 蓝冠噪鹛 *Garrulax courtoisi*		百色西林	不详	何芬奇
53. 栗腹䴓 *Sitta castanea*		那坡德孚	2019 年 3 月	林秀文
54. 淡背地鸫 *Zoothera mollissima*		隆林 金钟山	2014 年 1 月	本书作者 团队
55. 绿宽嘴鸫 *Cochoa viridis*		南宁	2019 年 12 月	王月明
56. 金色林鸲 *Tarsiger chrysaeus*		河池南丹	2017 年 12 月	本书作者 团队
57. 栗背短翅鸫 *Heteroxenicus stellatus*		靖西底定	不详	杨岗等
58. 灰颊仙鹟 *Cyornis poliogenys*		大新下雷	2014 年 5 月	李飞等（2014）
59. 丽星鹩鹛 *Elachura formosus*		龙胜 龙脊梯田	2017 年 5 月	本书作者 团队
60. 西黄鹡鸰 *Motacilla flava*		不详	不详	以前未曾 识别
61. 布氏鹨 *Anthus godlewskii*		南宁	不详	本书作者 团队
62. 黑头鹀 *Emberiza melanocephala*		北海	2018 年 10 月	广西生物多样 性研究和保护 协会

注：由于分类地位变动，广西原有亚种分布记录、现视为独立种的鸟类未列入表中。有亚种名的为新增亚种记录。已经发表的记录则以发表文献为准。

在中国动物地理区划上，广西被列入东洋界的华中区和华南区。其中广西南部和广东及福建的南部属于华南区的闽广沿海亚区，广西北部的丘陵地带则属于华中区的东部丘陵平原亚区。华南区和华中区在广西的界线大致沿红水河延伸至大瑶山一带。广西地形地貌变化较大，各地鸟类组成不同，可以根据鸟类组成和地形差异，大致将广西分成6个地理单元：华南区闽广沿海亚区的桂西南低山丘陵小区、桂西北中山丘陵小区、桂南沿海丘陵小区、桂东南低山丘陵小区、华中区东部丘陵平原亚区的桂中岩溶平原小区、桂北中山丘陵小区。需要说明的是，桂西南低山丘陵小区和桂西北中山丘陵小区虽然被广泛视为闽广沿海亚区的一部分，但实际上在鸟类组成上与闽广沿海亚区差异较大，反而与滇南山地亚区更为接近。

桂西南低山丘陵小区包括百色、崇左和防城港的几个县（区），与越南接壤。该区域主要为岩溶丘陵，在十万大山和西大明山一带也有部分土山分布。在少数地区还有保存较好的森林分布，是广西鸟类资源最为丰富的地区。据初步统计，该区域共分布有鸟类513种，隶属于22目79科。该区域留鸟达293种，只分布在这一区域的鸟类较多，如褐胸山鹪鹛、冠斑犀鸟、弄岗穗鹛和小盘尾等。桂西南鸟类资源虽然丰富，但也有许多鸟类已经多年未见活动，尤其是一些森林鸟类，如绯胸鹦鹉、大黄冠啄木鸟和黄冠啄木鸟等，可能在这一区域已经消失。

桂西北中山丘陵小区包括百色和河池的几个县（区），与云南和贵州相连。该区域主要为中山丘陵，也有部分岩溶丘陵，在少数地区还有保存较好的森林分布。该区域共分布有鸟类 465 种，隶属于 20 目 70 科。该区域留鸟达 256 种，只分布在这一区域的鸟类有黑颈长尾雉等。该区域的鸟类组成有较多的西南区成分，与云南和贵州的鸟类组成较为相似。

桂南沿海丘陵小区包括北部湾沿海及周围的低海拔丘陵或平原区域，原生森林植被通常已经被破坏，主要为人工林、农田和居民区生境。该区域共分布有鸟类 478 种，隶属于 22 目 85 科。该区域迁徙鸟类种类较多，有冬候鸟 222 种、旅鸟 45 种。每年有大量的鸻鹬类和猛禽沿这一区域迁徙，规模较为集中。一些海洋性鸟类，如白斑军舰鸟和褐鲣鸟等，仅偶尔见于这一区域。

桂东南低山丘陵小区包括梧州和玉林与广东交界的区域，该区域的原生森林植被通常已经被破坏，主要为人工林、农田和居民区生境。该区域共分布有鸟类 329 种，隶属于 19 目 73 科，是广西鸟类多样性相对较低的区域之一。该区域有留鸟 165 种，但缺乏只分布于这一区域的鸟类。

桂中岩溶平原小区包括广西中部的来宾、柳州、河池、贵港和南宁的几个县（区）。该区域主要为岩溶平原，原生植被基本已被破坏。在大瑶山和大明山等土山地区，尚保留部分完好的森林。该区域共分布有鸟类 457 种，隶属于 19 目 77 科。该区域有留鸟 230 种，但缺乏只分布于这一区域的鸟类。

桂北中山丘陵小区包括桂林、贺州和柳州的部分县（区），与湖南相连。该区域主要为中山丘陵，也有部分岩溶丘陵，在少数地区还有保存较好的森林分布。该区域共分布有鸟类 398 种，隶属于 19 目 74 科。该区域留鸟达 202 种，只分布于这一区域的鸟类较多，有黄腹角雉、红腹角雉和勺鸡等。该区域鸟类组成有较多的华中区鸟类成分,与湖南的鸟类组成较为相似。

(二)常用鸟类名词

1. 鸟类迁徙:指鸟类随着季节行进、方向确定的、有规律的和长距离的迁居活动。由于食物、天气和栖息地的变化,鸟类在繁殖地和越冬地之间需要移动,其模式有许多种。有些种类进行横跨南北半球的长距离迁徙,例如一些途经广西南部沿海迁徙的鸻鹬类繁殖于北极,在东南亚地区或澳大利亚越冬。也有些种类来往于高海拔和低海拔地区进行短距离迁徙,这也叫作垂直迁徙,例如一些画眉科、山雀科的鸟类冬季会到海拔较低的城市公园活动。有些种类的全部种群都有迁徙行为,但也有一些鸟类只是其中一部分迁徙,另一部分不迁徙,例如广西的白鹭和池鹭等,有一些为留鸟,也有部分种群从其他地方迁徙至广西越冬。鸟类的迁徙会随着气候和食物的变化而发生相应变化,因此鸟类的居留类型会随着时间和地点的不同而发生相应变化。

2. 留鸟:在广西进行繁殖和越冬的鸟类。广西分布的大部分鸟类为留鸟,如红耳鹎、麻雀等,一年四季都会生活在广西。

3. 夏候鸟:夏季在广西繁殖,然后离开广西飞往更温暖的地方过冬的鸟类,如家燕和金腰燕的大多数种群只在广西繁殖,然后会在9月左右离开广西前往东南亚或其他地区越冬。

4. 冬候鸟:夏季不在广西繁殖,但冬季在广西越冬的鸟类,如黄眉柳莺、灰头鹀等。由于广西气候温暖,这样的鸟类在广西较多,种数仅少于留鸟。

5. 旅鸟:不在广西繁殖和越冬,但迁徙时经过广西的鸟类。

这些鸟类可能仅仅只是从广西上空飞过，也有可能会在广西稍做停留觅食，补充能量。许多鸻鹬类和猛禽在广西都为旅鸟。

6. 迷鸟：不在广西繁殖和越冬，其常规迁徙路线也不经过广西，偶然出现在广西的鸟类，如高山兀鹫会偶尔出现在北海的冠头岭。

（三）鸟类名称的变化和分类地位变动

在认识和观察鸟类的时候，我们不仅要了解鸟类常用的中文名称，还需要懂得鸟类的学名。鸟类和其他生物类群一样，都使用国际上通用的双名法进行命名。鸟类的学名由属名和种名组成。鸟类的学名必须由两个拉丁词（或拉丁化的词）组成。当首次出现鸟类的中文名称的时候，应该给出其学名，以表明其正确的分类地位。如弄岗穗鹛的学名为 *Stachyris nonggangensis*，在这里 *Stachyris* 指穗鹛属，因此该种应该列入穗鹛下；*nonggangensis* 指弄岗穗鹛的种名。因为 "nonggang" 不是个拉丁词，所以常常通过加上 "ensis" 这样的后缀将其拉丁化，以符合命名法规。一般来说，同一个属下会有多个物种，一个种名也可能会被不同属下的其他物种所使用，但 "属名＋种名" 是唯一的，只可能属于一个物种。例如，在穗鹛属 *Stachyris* 下广西至少分布有 6 个物种，而以种名 *nonggangensis* 命名的除弄岗穗鹛外，还有多种蛙类和植物等。此外，涉及种以下的分类单元亚种时，亚种的命名还会使用三名法，即由 "属名＋种名＋亚种名" 组成。例如，广西大明山和九万大山的白眉山鹧鸪与广西东部及其他省份的个体在额部颜色上有所不同，因此被命名为白眉山鹧鸪广西亚种 *Arborophila gingica guangxiensis*，在这里 *guangxiensis* 就是亚种名。

　　一般来说，鸟类的学名是固定的。但是随着对鸟类研究的不断深入，往往会重新认识一些鸟类的分类地位，会将同一种鸟类列入另外一个属，甚至另外一个科。例如，在桂林分布的大草莺 *Graminicola bengalensis* 之前被认为是莺科 Sylviidae 下的物种，但根据最新的研究，其应该列入幽鹛科 Pellorneidae 下，因此其中文名也改为中华草鹛 *Graminicola striatus*，但仍保留在 *Graminicola* 下。其种名由 *bengalensis* 变为 *striatus* 则是因为有专家认为分布于中国的大草莺应该为独立的一个种，而分布于海南的 *striatus* 亚种命名更早于分布于大陆的亚种，根据命名优先原则，故使用 *striatus* 作为中华草鹛的种名。其实在鸟类学研究中，最多的现象是将原来的亚种提升为新的种，其原来的亚种名也会作为新的种名。像本书出现的东方寿带 *Terpsiphone affinis*、小虎斑地鸫 *Zoothera dauma* 其实都是原来的寿带和虎斑地鸫的一些亚种提升为新的种，其现在的种名 *affinis* 和 *dauma* 就分别为以前的亚种名。

　　由于鸟类学的飞速发展，鸟类的名称也随之发生相应的变化，我国也先后出版了不同版本的鸟类名录。由于不同的专家持有不同的观点，根据研究惯例，本书采用郑光美（2017）的《中国鸟类分类与分布名录（第三版）》的鸟类名称和学名，可能会出现许多鸟类名称和其他著作不同的现象。当你发现名称有所不同，导致你不能正确认识该鸟类的时候，请你留意鸟类的学名，可能会帮助你解决鸟类鉴定上的一些疑惑。

二、鸟类的外部形态

在野外观鸟时，经常会描述鸟类的外部形态。首先需要留意鸟类的体形，并将其与身边最熟悉的鸟类进行比较，比如说比麻雀稍大或稍小。其次需要观察鸟类是否有某些特别的外部形态，比如说脚很长或尾分叉等。通过这样的描述就可以将鸟类鉴定到特定的类群，有时候也能够鉴定到种。对一些较难识别的鸟类，需要对某些细微的特征进行描述，比如说是否具有眉纹以及眉纹的颜色是什么。在观鸟之前，熟悉鸟类外部形态的名称，对正确识别鸟类尤为重要。

三、观鸟基础知识

（一）观鸟

观鸟是指人们带着望远镜和鸟类图鉴走到大自然中，在不影响野生鸟类生存的状态下，观察、聆听、辨识和欣赏鸟类的过程。

除必备的望远镜和鸟类图鉴外，观鸟者还可以准备一本笔记本、一支笔或者一台照相机，把观察和听到的鸟类及时间、地点等信息记录下来。

观鸟是野生动物观察的一项重要内容。观鸟活动从 18 世纪 80 年代开始，首先在英国流行，美国和其他国家紧随其后。目前，这项活动已经在中国蓬蓬勃勃地发展起来。

观鸟活动形式多样，有些已经成为一种文化，例如各地举办的"观鸟节"等。其中，"观鸟大年"是观鸟者喜爱的一种活动之一。它是一个挑战观鸟数量的非正式比赛，记录一个人在一年内在特定的区域里通过视觉或听鸟鸣识别出的鸟类数量。随着观鸟爱好者越来越多，广西的弄岗和北海等地已经多次举办了观鸟节。2020 年，广西还举行了观鸟大年活动，观察和记录了 400 多种鸟类。

观鸟活动伴随着人类的文明进程一路走来，是一门大众自然科学常识课程。通过学习这门课程，可以提升人们的素养，让人们学会怎样与动物和谐相处；可以提高人们爱护野生动物、爱护鸟类、爱护环境的自觉性；也可以让人们意识到动物的命运就是我们人类命运的道理。在欣赏鸟类的过程中，鸟类还会给人类带来无限的想象力和创造力。同时，它也是一服良好的药剂，可以帮助人们缓解心理压力，释放不健康的情绪。另外，人们还可以学习、掌握识别鸟类的方法和要点，学习鸟类的基本习性，学习爱鸟护鸟的基本知识等。

总之，观鸟是人生的一种乐趣，也是一种生活方式。大自然就像是一个大戏院，观鸟就是走入这个大戏院的门票。

（二）观鸟的基本工具

双筒望远镜是观鸟者必不可少的工具。它可以帮助观鸟者在不惊吓鸟类的前提下，远距离地看清楚鸟类的主要特征。另外，通过双筒望远镜还可以观察到鸟类的一些特殊行为。

双筒望远镜主要有两个参数。一是放大倍率，即如用放大倍率为 8 的双筒望远镜观测物体，会比用肉眼观测该物体时大 8 倍。二是物镜的大小，它决定了聚光能力和视野的范围。如果双筒望远镜视野越大，那么在一个场景中越容易找到鸟。双筒望远镜的规格被列为一对数字，如 8×42。其中第一个数字描述放大倍率，第二个数字描述物镜的直径。观鸟者主要使用 8×42 或 10×42 的双筒望远镜，其放大倍率为 8 倍或 10 倍，其物镜的直径为 42 mm。一般来说，观鸟用的望远镜不能超过 10 倍，大于 10 倍的双筒望远镜在观察时容易抖动，会导致眼睛不适。

单筒望远镜也是观鸟者常用的工具之一，其放大倍数可在 20～80 倍之间。虽然单筒望远镜比双筒望远镜笨重，但用它可以观察到距离更远的鸟类活动，在观察水鸟时尤其有用。不过，单筒望远镜通常需要一个坚固的三脚架来保持其稳定性。

选择一本当地的鸟类图鉴作为观鸟的指南。来到广西观鸟，《广西鸟类图鉴》是观察和识别广西野生鸟类最好的工具书。这本书也非常适合在我国华南、西南地区及东南亚地区观鸟使用。

（三）新技术观鸟

随着科学技术的发展，观鸟的手段日新月异。我们可以使用许多不同的观鸟工具来欣赏鸟类。比如，远程观鸟利用机器人照相机，可以用在荒凉的山野、人类很难踏足的地方记录不常见到的珍稀鸟类物种。从互联网上也可以找到观鸟的热点地区，欣赏和了解鸟类很多平时不易看到的习性，并记录观鸟信息。

（四）观鸟活动的时间和地点

森林、湿地、海岸滩涂和自然保护区都是观鸟的好地方。广西有很多全国知名的观鸟地点。在城市化的今天，公园和植被丰富的荒地也是不错的观鸟地方，广西本地的城市公园都可以观察到很多鸟类。本地的鸟类物种（留鸟）一年四季都可以观察到，但是有些留鸟必须在特定的生境中才有可能被发现。

在温带和亚热带地区，鸟类最活跃的时期是在春季向北迁徙繁殖和秋季向南迁徙越冬的季节。迁徙季节是开展观鸟活动最好的时间，经常可以观察到一些平时难得一见的种类。鸟类觅食的时间比较早，一般在清晨比在其他时间更活跃，鸣声也更响亮。所以，清晨是观鸟的好时段，鸟类的鸣声也容易区别。此外，稀有鸟类物种的出现一般和天气有关。像台风过后，一些海洋性的鸟类，如军舰鸟和信天翁之类，会偶尔到广西沿海活动，因此，天气的变化也是影响鸟类活动的一个重要因素。

（五）监测

观鸟者可以参与鸟类种群和迁徙模式的普查活动，帮助鸟类学家了解某一地区鸟类的数量和分布情况。这些调查数据有助于科学家们研究由于气候变化、疾病、捕猎等因素而使生态环境发生的重大变化。例如，"圣诞节鸟类统计"活动是目前在许多欧美国家流行的一项观鸟者广泛参与的鸟类监测活动。该活动最早由美国鸟类学家弗兰克·查普曼（Frank Chapman）在1900年的圣诞节发起，目前已经举行了100多届，为了解美国各地鸟类变化提供了大量的科学数据。

（六）观（拍）鸟的行为准则

进入野生动物栖息地时，观（拍）鸟者都应该了解和遵守相应的基本道德规范和行为准则。

1. 尊重鸟类对空间距离的安全要求，请站在安全距离之外观（拍）鸟；不要大声喧哗，需要交流时，尽量降低音量，保持观（拍）鸟时安静的状态。一定要记住你已经进入了鸟类的家园。

2. 在观察、摄影和录音鸟类的过程中，要保持克制和谨慎，不能随便追逐鸟类，避免强迫它们暴露在危险的环境之中。

3. 有限制地使用音乐播放器之类的工具吸引鸟类。在自然保护区等观鸟点禁止使用这些方法吸引鸟类。不允许用诱鸟的方法吸引任何受到威胁、濒危、极危或受到关注的珍稀鸟类。在鸟类繁殖季节尽量不要使用播放器等工具。

4. 保持远离鸟巢、鸟类睡眠的地方、鸟类求偶的区域和重要的鸟类觅食地点。在这些敏感地区，如果需要观察、摄影、录音和录像，应使用自然材料遮挡或伪装自身的方法，不能让鸟类看到自己。

5. 尽量使用自然光源来拍摄或录像鸟类，特别是在拍摄特写镜头时，尽量不要人为补光。

6. 在做稀有鸟类发现的宣传前，首先必须评估这个宣传是否会对这种鸟类带来潜在的不利影响。比如，鸟类生存的周围环境，居住在这一带的人们是否有较强的保护意识，人们去看这种鸟类的行为是否可以控制，这种鸟类被打搅的程度是否在最低限度以下等。稀有鸟类的繁殖地点不能广而告之，只能向当地野生动物保护部门报告。

7. 观（拍）鸟时，应该走在已有的路上，不能为了拍到鸟类随便折枝踏草（不要以为这些枝条小草会很快长起来），更不能随便乱扔垃圾，避免对鸟类栖息地造成更大的破坏。除了你的脚印，离开时要确保不留下其他痕迹。

8. 观（拍）鸟时，不仅需要尊重鸟类，还需要尊重别人。应该有礼貌地和别人相处，你的善意行为将会影响到其他人。尊重公园和保护区所做的管理工作。如果你是一个司机，要注意安全驾驶，不能在繁忙的道路中间突然停车拍鸟。

9. 尊重法律和他人的权利。不管在国内或国外的道路和公共场所观鸟，都要遵守当地法律、法规和规章制度及生活习惯。

（七）观鸟安全

去观鸟的时候要根据天气和栖息地的状况安全着装，推荐带上防晒霜、帽子、驱虫剂、水、零食和舒适、坚固的鞋子。

当你正在观鸟的时候，要注意脚下和周围的环境，预防遇到对人类有危险的生物。若遇到应回避这些生物，不能触摸或杀死它们，因为它们也是维持这块自然栖息地生态平衡的物种之一。

如果你独自一人外出观鸟，应该让家人知道你要去哪里观鸟并制订备用计划。出门前做好功课，备上地图，了解当地的天气和潮汐的信息等。

（八）积极参与鸟类保护

除了做一个有道德的观（拍）鸟者，在分享鸟类带给我们愉悦的同时，我们也应该为保护它们做出贡献，让人类世世代代都能够欣赏鸟类，享受观鸟所带来的乐趣！

作为一个普通的观（拍）鸟爱好者，我们也可以通过许多微小而重要的方式保护鸟类。比如，尽量减少使用农药，尽量减少对鸟类栖息地的破坏，保护家园附近的天然或人工植被，加入当地或国内的观鸟或环保组织，为鸟类保护做力所能及的工作。

当今社会上，虽然保护鸟类的声音越来越大，但各地猎杀鸟类的事件仍层出不穷。一些鸟类，在不长的时间里，已经在我们眼皮底下从濒危或极危向灭绝的方向迅速滑去，这让每个观鸟者都痛心不已。因此向大众普及观鸟这门自然科学常识课程刻不容缓。在广西，现在有不少民间环保组织在积极地推广观鸟这项活动，"广西天籁自然观察与教育中心"就是这样的组织之一。从孩子做起，学会欣赏鸟类，欣赏动植物，欣赏户外的世界；从野外到课堂，从兴趣到爱心的培养，引导下一代融入爱护大自然的群体中。

四、如何使用本书

　　本书所采用的鸟类分类系统是郑光美（2017）主编的《中国鸟类分类与分布名录（第三版）》。该分类系统既较好地反映了国际鸟类学研究的最新成果，也充分考虑了我国鸟类分类和分布的实际情况，被林业主管部门和学术研究机构广泛使用。

　　本书给出我国常用的鸟类中文名和国际通用的学名和英文名，并根据广西的实际情况，描述该种鸟类鉴别特征、栖息地、行为、分布及种群数量和可能出现的月份。特别需要说明的是，虽然我们已经对广西鸟类进行了多年的调查，但本书所提供的信息尚不能完全概括该种鸟类在广西的真实情况。此外，根据2021年2月国家林业和草原局、农业农村部联合公布新调整的《国家重点保护野生动物名录》，确定鸟类的国家保护等级，以供读者和相关主管部门参考。

使用说明

中文名　英文名

拉丁学名

在广西能观察到的生境类型

在广西的地理分布、种群数量和居留类型

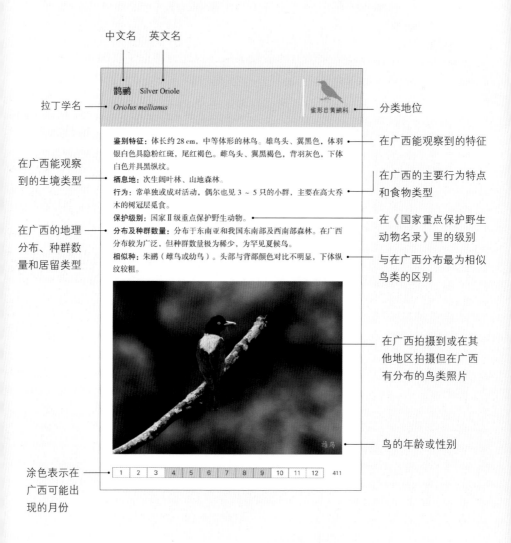

鹊鹂　Silver Oriole

Oriolus mellianus

雀形目 黄鹂科

分类地位

鉴别特征：体长约 28 cm，中等体形的林鸟。雄鸟头、翼黑色，体羽银白色具隐粉红斑，尾红褐色。雌鸟头、翼黑褐色，背羽灰色，下体白色并具黑纵纹。

栖息地：次生阔叶林、山地森林。

行为：常单独或成对活动，偶尔也见 3 ~ 5 只的小群，主要在高大乔木的树冠层觅食。

保护级别：国家 II 级重点保护野生动物。

分布及种群数量：分布于东南亚和我国东南部及西南部森林。在广西分布较为广泛，但种群数量极为稀少，为罕见夏候鸟。

相似种：朱鹂（雌鸟或幼鸟）。头部与背部颜色对比不明显，下体纵纹较粗。

雄鸟

在广西能观察到的特征

在广西的主要行为特点和食物类型

在《国家重点保护野生动物名录》里的级别

与在广西分布最为相似鸟类的区别

在广西拍摄到或在其他地区拍摄但在广西有分布的鸟类照片

鸟的年龄或性别

| 1 | 2 | 3 | 4 | 5 | 6 | 7 | 8 | 9 | 10 | 11 | 12 | 411 |

涂色表示在广西可能出现的月份

024

鸡形目

GALLIFORMES

喙短粗，脚强壮，擅长地面行走，喙基蜡膜裸露。翼短圆，不擅飞行。雌雄多异色，雄鸟常具极为艳丽的羽毛。营巢于地面上，不定数产卵，雏鸟早成性。

中国分布有 1 科 64 种，其中 1 科 18 种见于广西。

红腹锦鸡

雉科 Phasianidae

头顶多有羽冠或肉冠，有些种类尾较长，跗跖常裸出。雄鸟腿部常常有距，部分种类雌雄均有距。

鸡形目雉科

白眉山鹧鸪 White-necklaced Partridge
Arborophila gingica

鉴别特征： 体长约 27 cm，体形中等的鹑类。体羽多褐色，喉部和颈部具黄色、白色和黑色等形成的独特图案。额部和眉纹白色，*guangxiensis* 亚种额部栗褐色。

栖息地： 保存较好的阔叶林。

行为： 性警惕，不容易见，结小群或成对活动，取食植物种子和昆虫。繁殖期早晚常发出独特的口哨声。

保护级别： 国家 II 级重点保护野生动物。

分布及种群数量： 中国特有种，见于我国东南部地区。广西分布有 2 个亚种，*gingica* 亚种分布于大瑶山及其以东的山脉；*guangxiensis* 亚种分布于大明山和九万大山，是广西的特有亚种。2 个亚种种群数量均较少，为留鸟。

guangxiensis 亚种

gingica 亚种

褐胸山鹧鸪　Brown-breasted Partridge

Arborophila brunneopectus

鸡形目雉科

鉴别特征：体长约 28 cm，体形中等的鹧类。体羽多橄榄褐色，眉纹奶油色，喉部具由明显的黑色斑点组成的环带，两胁具明显的黑白色鳞状斑纹。

栖息地：保存较好的阔叶林。

行为：性警惕，不容易见，结小群或成对活动，取食植物种子和昆虫。繁殖期早晚常发出独特的叫声。

保护级别：国家Ⅱ级重点保护野生动物。

分布及种群数量：分布于我国云南南部和广西。广西主要见于西南部地区，较为罕见，为留鸟。

成鸟和幼鸟

1	2	3	4	5	6	7	8	9	10	11	12

中华鹧鸪 Chinese Francolin

鸡形目雉科

Francolinus pintadeanus

鉴别特征：体长约 30 cm，体形中等的鹑类。全身偏褐色，颏、喉和颊部白色，雄鸟身上具明显的白色斑点，雌鸟多黑色横斑。

栖息地：灌草丛或林缘地带。

行为：繁殖季节常发出独特的叫声，成对活动，取食植物种子和昆虫。

分布及种群数量：常见于我国东南部和南部地区。广西各地均有分布，较其他鸡形目鸟类常见，为留鸟。

雄鸟（左）和雌鸟（右）

鹌鹑　Japanese Quail

Coturnix japonica

鸡形目雉科

鉴别特征：体长约 17 cm，小型鹑类。与人工饲养的鹌鹑相似，身材较圆，上体具褐色和黑色横斑及皮黄色矛状长条纹，头具较明显的白色眉纹。

栖息地：农田和草地。

行为：常成小群在农田里觅食，当人靠近时会突然惊飞。

分布及种群数量：繁殖于我国东北地区，在南方地区越冬。广西各地均有分布，但种群数量不多，为冬候鸟。

1	2	3	4	5	6	7	8	9	10	11	12

蓝胸鹑 Blue-breasted Quail

Synoicus chinensis

鸡形目雉科

鉴别特征：体长约 14 cm，小型鹑类。上体多褐色，有较明显的白色纵纹和黑色横纹。雄鸟喉部具黑白色图案，腹部栗色。雌鸟喉部和腹部黄白色。

栖息地：农田和草地。

行为：常成小群在农田里觅食，当人靠近时会突然惊飞。

分布及种群数量：繁殖于我国南部和东南部地区。广西有记录的地点较多，但都较为罕见，为留鸟，但在迁徙季节北部湾地区也有记录。

雌鸟

雌鸟（左）和雄鸟（右）

棕胸竹鸡　Mountain Bamboo Partridge

Bambusicola fytchii

鸡形目雉科

鉴别特征： 体长约 34 cm，体形中等的鹑类。体羽多灰褐色，头部具黑色的眼纹和黄白色的眉纹。上胸栗色，下胸和腹部具明显的黑色斑点。雌雄相似。

栖息地： 林缘和灌木丛。

行为： 繁殖季节常发出响亮的叫声，常成小群活动，杂食性。

分布及种群数量： 见于我国西南地区。广西主要见于西部地区，在西北部山区尤为常见，几乎取代灰胸竹鸡，为留鸟。

灰胸竹鸡 Chinese Bamboo Partridge

Bambusicola thoracica

鉴别特征： 体长约 33 cm，体形中等的鹑类。上体多橄榄褐色，上胸和喉部等具灰色和黄色的特征性图案，两胁和上背具明显的褐色斑点。雌雄相似。

栖息地： 阔叶林和林缘灌木丛。

行为： 繁殖季节常发出响亮的叫声，常成小群活动，杂食性。

分布及种群数量： 见于我国南部和东南部等地区。广西各地均有记录，但其分布区与棕胸竹鸡已经有所重叠，也存在两个种误识的可能性。在广西北部和中部地区较为常见，为留鸟。

1	2	3	4	5	6	7	8	9	10	11	12

红腹角雉　Temminck's Tragopan

Tragopan temminckii

鸡形目雉科

鉴别特征： 体长约 53 cm，体形较大的雉类。雄鸟体羽多栗红色，具小圆斑点，头黑，脸部裸皮蓝色。雌鸟体羽褐色，杂以较多斑点。

栖息地： 针阔混交林和常绿阔叶林。

行为： 常成群在林下觅食，繁殖季节雄鸟求偶时蓝色肉质角明显，喉垂膨胀，颜色艳丽。

保护级别： 国家 II 级重点保护野生动物。

分布及种群数量： 见于我国中部偏南地区。广西主要见于北部湘桂走廊以西的越城岭、天平山、大苗山一带，近年有多次记录，但不常见，为留鸟。

相似种： 黄腹角雉。雄鸟下体棕黄色；雌鸟体羽灰褐色，上体白色斑点较不明显。

雄鸟

雌鸟

1	2	3	4	5	6	7	8	9	10	11	12

黄腹角雉 Cabot's Tragopan

Tragopan caboti

鉴别特征：体长约 58 cm，体形较大的雉类。雄鸟体羽多栗褐色，上体具较大的皮黄色斑点，头黑，脸部裸皮橘黄色，下体棕黄色。雌鸟灰褐色，杂以白色矛状细纹。

栖息地：针阔混交林和常绿阔叶林。

行为：常成群在林下觅食，繁殖季节雄鸟求偶时蓝色肉质角明显，喉垂膨胀，颜色艳丽。

保护级别：国家 Ⅰ 级重点保护野生动物。

分布及种群数量：我国东南部森林特有种。广西见于湘桂走廊以东的海洋山、都庞岭、萌渚岭一带，最近在大瑶山也发现分布。许多原来有记录的地方都已经不再有分布，种群数量正在急剧减少，为留鸟。

相似种：红腹角雉。雄鸟下体栗红色；雌鸟体羽褐色，上体白色斑点相对明显。

雄鸟

鉴别特征：体长约 58 cm，体形大但尾较短的雉类。头黑色，具明显的冠羽和耳羽束，颈部具白斑。体羽褐色，具黑色的矛状纹。雌鸟具冠羽但无长的耳羽束。

栖息地：多岩石的常绿阔叶林和林缘灌木丛。

行为：常单独或成对活动，多以植物种子或果实为食。

保护级别：国家 Ⅱ 级重点保护野生动物。

分布及种群数量：见于我国中部和东部地区。广西几乎为该种的最南分布区，主要见于桂林北部地区。近年有多次记录，但不常见，为罕见留鸟。

鸡形目雉科

红原鸡　Red Junglefowl

Gallus gallus

鉴别特征：雄鸟体长约 70 cm。羽色与家鸡较为相似，但体形相对较小。雄鸟羽色较鲜艳，矩（爪）相对较长。

栖息地：森林及林缘灌木丛、稀树草坡等。

行为：常结小群活动，有时会与家鸡交配。

保护级别：国家 II 级重点保护野生动物。

分布及种群数量：见于我国南部（包括海南岛）和西南部地区。广西主要见于红水河和西江以南地区，其他地区可能也有分布，但需要进一步证实。在桂西南地区较为常见，为留鸟。

雌鸟和幼鸟

雄鸟

白鹇 Silver Pheasant

Lophura nycthemera

鉴别特征： 雄鸟体长可达 120 cm，大型雉类。雄鸟上体白色且密布黑纹，尾白且特别长，下体黑色。雌鸟通体橄榄褐色，脚鲜红色。*rongjiangensis* 和 *nycthemera* 亚种在第一枚初级飞羽和外侧尾羽上稍有区别。

栖息地： 森林和竹林，偶尔也到林缘活动。

行为： 杂食性，常结群活动。

保护级别： 国家 II 级重点保护野生动物。

分布及种群数量： 见于我国南部和东南部地区。广西各地林区均有分布，较为常见。广西分布有 2 个亚种，*nycthemera* 亚种见于广西大部分地区，*rongjiangensis* 亚种见于广西北部与贵州南部相邻的县份，均为留鸟。

雌鸟（左）和雄鸟（右）

1	2	3	4	5	6	7	8	9	10	11	12

白颈长尾雉 Elliot's Pheasant

鸡形目雉科

Syrmaticus ellioti

鉴别特征：体长约80 cm，体形较大的雉类。体羽多褐色，雄鸟颈侧白色，腹部白色，褐色的尾较长并具明显的灰色横斑。雌鸟尾较短，喉部黑色，腹部偏白色。

栖息地：森林和竹林，偶尔也到林缘活动。

行为：杂食性，常结小群活动。

保护级别：国家 I 级重点保护野生动物。

分布及种群数量：我国东南部森林特有种。在广西主要见于东北部和中部地区的少数几个县（区）。种群数量已经急剧下降，许多原来有分布的地点都没有再发现，为罕见留鸟。

相似种：黑颈长尾雉。雄鸟颈侧蓝色，雌鸟喉和前颈褐色。

雄鸟

雌鸟

| 1 | 2 | 3 | 4 | 5 | 6 | 7 | 8 | 9 | 10 | 11 | 12 |

黑颈长尾雉 Hume's Pheasant

Syrmaticus humiae

鸡形目雉科

鉴别特征：体长约 90 cm，体形较大的雉类。体羽多棕褐色，雄鸟头颈部偏蓝黑色，白色的尾较长且具明显黑色的横斑。雌鸟尾较短，下体偏皮黄色。

栖息地：针阔混交林和针叶林，有时也到林缘活动。

行为：杂食性，常结小群活动。

保护级别：国家Ⅰ级重点保护野生动物。

分布及种群数量：见于我国云南、广西和贵州。广西仅见于西北部的少数几个县（区），以隆林金钟山的种群较为丰富，为罕见留鸟。

雄鸟

相似种：白颈长尾雉。雄鸟颈侧白色，雌鸟喉和前颈黑色。

雌鸟

白冠长尾雉 Reeves's Pheasant

Syrmaticus reevesii

鉴别特征： 体长可达 180 cm（雄鸟）或 70cm（雌鸟）的大型雉类。雄鸟头顶、颈圈和眼下白色，背部与上胸金黄色，尾极长。雌鸟偏褐色，头顶和后颈暗栗褐色，尾较短。

栖息地： 以栎类为主的森林地带。

行为： 常成群活动，主要以各种植物种子或果实为食。

保护级别： 国家Ⅰ级重点保护野生动物。

分布及种群数量： 见于我国中部地区和贵州、云南等地。虽经多次调查，广西之前一直没有分布记录，2020 年 5 月在百色雅长兰科植物国家级自然保护区拍摄到一只雄性个体。由于白冠长尾雉在贵州见于红水河对岸的平塘和罗甸等县，与雅长仅一河之隔，因此其在广西西北部的分布记录应该可信，估计为罕见留鸟。应加强对广西西北部红水河流域的调查，为了解白冠长尾雉广西种群的分布和数量状况提供基础资料。

雌鸟

雄鸟

环颈雉 Ring-necked Pheasant

Phasianus colchicus

鸡形目雉科

雌鸟

雄鸟

亚成雄鸟

鉴别特征：体长约 85 cm，体形较大的雉类。雄鸟多红褐色，头部具黑色光泽，红色的眼周裸露明显，尾长并具黑色的细横纹。雌鸟褐色，具较多的浅褐色斑点。*torquatus* 和 *takatsukasae* 亚种体色稍有区别。

栖息地：灌草丛，有时也到农田活动。

行为：常成对或成小群活动，以植物种子或果实为食。

分布及种群数量：见于我国的大部分地区。广西全境均有分布，与国内其他地区相比，广西的环颈雉较为少见。广西分布有 2 个亚种，*torquatus* 亚种见于广西大部分地区，*takatsukasae* 亚种仅见于中越边境地区。2 个亚种均不算常见，为罕见留鸟。该种已经被人工驯养，称之为七彩山鸡，广西各地均有饲养。

| 1 | 2 | 3 | 4 | 5 | 6 | 7 | 8 | 9 | 10 | 11 | 12 |

红腹锦鸡 Golden Pheasant

Chrysolophus pictus

鉴别特征：雄鸟体长可达 110 cm，体形中等但尾部特别长的雉类。体羽主要由金黄色和红色组成。雌鸟多褐色，上体具黑色横斑，下体皮黄色。

栖息地：森林。

行为：常成对或成小群活动，以植物种子或果实为食。

保护级别：国家 Ⅱ 级重点保护野生动物。

分布及种群数量：我国中部地区森林的特有种。广西主要见于东部和东北部地区，种群数量较少，为罕见留鸟。

雌鸟

雄鸟

白腹锦鸡 Lady Amherst's Pheasant

Chrysolophus amherstiae

雄鸟

雌鸟

鉴别特征：雄鸟体长可达 145 cm，体形中等但尾部特别长的雉类。体羽主要由亮绿色和白色组成。雌鸟多褐色，具黑色和皮黄色横斑，下体偏白色。

栖息地：保存不甚完好的森林、灌木丛和林缘地带。

行为：常成对或成小群活动，繁殖期雄鸟喜欢鸣叫。

保护级别：国家Ⅱ级重点保护野生动物。

分布及种群数量：见于我国西南部地区。广西见于西北部百色境内，较红腹锦鸡常见，但种群数量也不多，为留鸟。

1	2	3	4	5	6	7	8	9	10	11	12

小天鹅

雁形目
ANSERIFORMES

　　典型的游禽，体形大小不一，喙多为扁平形，翅长而尖，适于长途迁徙。脚短，前三趾具蹼或半蹼相连。多数雌雄羽色各异。营巢于地面，也有个别营巢于树洞中。雏鸟为早成雏。

　　中国分布有 1 科 54 种，其中 1 科 35 种见于广西。

赤麻鸭

鸭科 Anatidae

包括雁形目绝大多数的种类。喙扁平，少数种类喙型侧扁，前端尖出。前趾间常具全蹼，外形和习性各异。多数种类在广西过冬，仅有少数种类在广西繁殖。

雁形目鸭科

栗树鸭 Lesser Whistling Duck

Dendrocygna javanica

鉴别特征：体长约 40 cm，体形中等的鸭类。上体多黑褐色，背部具有棕色扇贝形纹，胸腹部和尾上覆羽栗色。

栖息地：水库、鱼塘、河流和红树林等。

行为：半夜行性，常成群觅食，以植物性食物为主。

保护级别：国家 II 级重点保护野生动物。

分布及种群数量：繁殖于我国南方地区。广西以南部和中部市（县）较为常见，为留鸟。

鉴别特征：体长约 90 cm，体形较大的游禽。体羽灰褐色，前颈白色，后颈暗褐色。成鸟的额基与喙之间有一条白色细纹。雄鸟上喙基部有一较明显的疣状突。

栖息地：大型湖泊、河流、水库和海湾等。

行为：常成群活动，觅食水生植物。

保护级别：国家 II 级重点保护野生动物。

分布及种群数量：繁殖于我国东北地区，在南方各地越冬。广西目前尚无确切的观察记录，但郑光美（2017）认为广西有分布，估计为罕见冬候鸟。

雁形目鸭科

豆雁　Bean Goose

Anser fabalis

鉴别特征： 体长约 75 cm，体形较大的游禽。体羽多褐色，初级覆羽具黄白色羽缘，尾上覆羽白色，喙黑且具橘黄色的次端条带。

栖息地： 大型湖泊、河流、水库和海湾等。

行为： 常成群活动，觅食水生植物。

分布及种群数量： 繁殖于我国东北地区，在南方各地越冬。广西见于桂林、柳州、崇左及北部湾沿岸，为罕见冬候鸟。广西周边省份都有短嘴豆雁 *Anser serrirostris* 的分布记录，该种与豆雁相比体形较小，颈较粗壮，额弓较陡峭，喙短且基部较厚。短嘴豆雁在广西可能也有分布，应加强相应调查。

灰雁　Graylag Goose

Anser anser

鉴别特征：体长约 80 cm，体形较大的游禽。体羽多灰褐色，翼具棕白色羽缘，喙、脚粉红色。飞羽底部黑色，飞行时与翼前部羽毛形成鲜明的对比。

栖息地：大型湖泊、河流、水库和海湾等。

行为：常成群活动，觅食水生植物。

分布及种群数量：繁殖于我国北方地区，在南方各地越冬。广西见于南宁、桂林、柳州和贺州等市，为罕见冬候鸟。

1	2	3	4	5	6	7	8	9	10	11	12

白额雁　White-fronted Goose

雁形目鸭科

Anser albifrons

鉴别特征：体长约72 cm，体形较大的游禽。体羽多灰色，尾上覆羽和腹部白色，夹杂黑色块斑，喙粉红色，白色块斑环绕喙基。

栖息地：大型湖泊、河流、水库和海湾等。

行为：常成群活动，觅食水生植物。

保护级别：国家Ⅱ级重点保护野生动物。

分布及种群数量：在我国南方各地越冬。广西见于南宁、桂林、百色和北部湾沿岸，为罕见冬候鸟。

相似种：小白额雁。体形较小，喙、颈较短，喙周围的白斑延伸至额部。

鉴别特征：体长约 60 cm，体形较大的游禽。体羽多灰色，尾上覆羽和腹部白色，夹杂黑色块斑，喙粉红色，喙周围的白色斑块延伸至额部。

栖息地：大型湖泊、河流、水库和海湾等。

行为：常成群活动，觅食水生植物。

保护级别：国家 Ⅱ 级重点保护野生动物。

分布及种群数量：在我国南方各地越冬。广西见于南宁、桂林、崇左、百色和北部湾沿岸，为罕见冬候鸟。

相似种：白额雁。体形较大，喙、颈较长，喙周围的白斑不延伸至额部。

斑头雁 Bar-headed Goose

Anser indicus

雁形目鸭科

鉴别特征：体长约 70 cm，体形较大的游禽。体羽多灰褐色，头和颈侧白色，头顶具两道黑色带斑。

栖息地：水域面积较大的水库和湖泊等。

行为：常成群活动，主要以各种植物种子或根茎为食。

分布及种群数量：繁殖于我国西北地区，在云贵高原的湖泊附近越冬。广西曾在百色澄碧湖偶尔观察到其活动，估计为迷鸟或罕见冬候鸟。

红胸黑雁 Red-breasted Goose

Branta ruficollis

鉴别特征： 体长约 54 cm，体形中等的游禽。体羽多黑白色，胸和前颈红色，喙基具明显的白斑。

栖息地： 大型湖泊和水库等。

行为： 常与其他雁类成群活动，觅食水生植物。

保护级别： 国家 II 级重点保护野生动物。

分布及种群数量： 繁殖于西伯利亚，在欧洲东南部地区越冬。我国仅偶见于长江流域的湖泊。广西仅 20 世纪 80 年代在南宁有一个记录，为迷鸟。

红胸黑雁（红圈）与赤麻鸭

小天鹅　Tundra Swan

Cygnus columbianus

鉴别特征：体长约 120 cm，体形很大的游禽。全身雪白，喙黑，喙基有小片黄色。幼鸟灰棕色。

栖息地：大型湖泊、河流和水库。

行为：常成群活动，觅食水生植物。

保护级别：国家 II 级重点保护野生动物。

分布及种群数量：繁殖于我国东北和西北地区，在长江流域各地越冬。广西除百色外，各市均有记录，但种群数量很少，为罕见冬候鸟。

相似种：大天鹅。体形较大，喙基部黄色面积较大，超过鼻孔。

| 1 | 2 | 3 | 4 | 5 | 6 | 7 | 8 | 9 | 10 | 11 | 12 |

大天鹅　Whooper Swan

Cygnus cygnus

鉴别特征：体长约 140 cm，体形很大的游禽。全身雪白，喙黑，喙基有大片黄色。幼鸟灰棕色。

栖息地：大型湖泊、水库和海岸附近。

行为：常成群活动，觅食水生植物。

保护级别：国家 II 级重点保护野生动物。

分布及种群数量：繁殖于我国东北和西北地区，在长江流域各地越冬。广西在南部沿海和北部内陆均有观察记录，估计为罕见冬候鸟。

相似种：小天鹅。体形较小，喙基部黄色面积较小，不超过鼻孔。

1	2	3	4	5	6	7	8	9	10	11	12

翘鼻麻鸭　Common Shelduck

Tadorna tadorna

鉴别特征：体长约 56 cm，体形较大的鸭类。体羽多黑白色，胸部有一栗色横带，喙红色，额基部隆起。

栖息地：大型湖泊、河流、水库和农田等。

行为：常成群活动，觅食水生植物和昆虫。

分布及种群数量：繁殖于我国北方地区，在东南方各地越冬。广西见于东部地区，为罕见冬候鸟。

亚成鸟

成鸟

赤麻鸭 Ruddy Shelduck

Tadorna ferruginea

雁形目鸭科

鉴别特征：体长约 60 cm，体形较大的鸭类。体羽多赤黄色，翼具白色斑块和铜绿色翼镜。雄鸟繁殖羽具黑色颈圈。

栖息地：大型湖泊、河流和水库等。

行为：常成群活动，主要觅食水生植物。

分布及种群数量：繁殖于我国北方地区，在南方各地越冬。广西见于南宁、崇左和北部湾沿岸，为罕见冬候鸟。

雌鸟

雄鸟（左）和雌鸟（右）

鸳鸯 Mandarin Duck

Aix galericulata

雁形目鸭科

鉴别特征：体长约 42 cm，体形较小的鸭类。雄鸟喙红色，羽毛极鲜艳，有极具特征的冠羽和帆羽，几乎不会错认。雌鸟整体为灰褐色，眼周白色，并具标志性的白色眉纹。

雌鸟和幼鸟

栖息地：大型湖泊、水库和河流等，偶尔也到居民区活动。

行为：筑巢于树洞中，常成对或成小群活动，觅食水生植物。

保护级别：国家 II 级重点保护野生动物。

分布及种群数量：繁殖于我国东北地区，在南方地区越冬。在广西为偶见冬候鸟，部分个体在广西西北部和桂林繁殖，估计为留鸟。

棉凫 Asian Pygmy Goose

Nettapus coromandelianus

雁形目鸭科

雄鸟

雄鸟

鉴别特征：体长约 30 cm，体形很小的鸭类。雄鸟背部几乎为绿色，羽毛多为白色。雌鸟颜色较淡，具白色眉纹和黑色的贯眼纹。

栖息地：水草较多的池塘、河流和水库等。

行为：营巢于树洞中，常成对或成小群活动，觅食水生植物。

保护级别：国家 II 级重点保护野生动物。

分布及种群数量：繁殖于我国长江以南地区。广西见于桂林和南部各县（区），为留鸟或夏候鸟。

雌鸟

雁形目鸭科

赤膀鸭 Gadwall

Anas strepera

鉴别特征：体长约 50 cm，体形较大的鸭类。体羽多褐色，次级飞羽具白斑，腿橘黄色。雄鸟喙黑色，雌鸟喙侧橘黄色。

栖息地：大型湖泊、河流、水库和海湾等。

行为：与其他鸭类混群活动，主要以植物为食。

分布及种群数量：繁殖于我国北方地区，在南方地区越冬。广西仅见于南宁和钦州，为罕见冬候鸟。

雄鸟

雌鸟

| 1 | 2 | 3 | 4 | 5 | 6 | 7 | 8 | 9 | 10 | 11 | 12 |

罗纹鸭 Falcated Duck

Anas falcate

雁形目鸭科

雄鸟

鉴别特征：体长约 46 cm，体形中等的鸭类。雄鸟头顶栗色，头侧和颈侧铜绿色，喉白且具黑色横带，具有长而弯曲的黑白色三级飞羽。雌鸟褐色，羽毛具黑色的"U"形斑。

栖息地：大型湖泊、河流、水库和海湾等。

行为：与其他鸭类混群活动，主要以植物为食。

分布及种群数量：繁殖于我国东北地区，在南方地区越冬。广西各地均有观察记录，为罕见冬候鸟。

雄鸟

雌鸟

赤颈鸭 Eurasian Wigeon

雁形目鸭科

Mareca penelope

鉴别特征： 体长约 46 cm，体形中等的鸭类。雄鸟头和颈棕红色，具皮黄色冠羽，显得较为粗大，具绿色的翼镜和白色的翅上覆羽。雌鸟多褐色，腹部白色。

栖息地： 大型湖泊、河流、水库和海湾等。

行为： 与其他鸭类混群活动，主要以植物为食。

分布及种群数量： 繁殖于我国北方地区，在南方地区越冬。广西见于南宁、桂林、崇左、百色和北部湾沿岸，为罕见冬候鸟。

雄鸟

雄鸟

雌鸟

绿头鸭 Mallard

Anas platyrhynchos

鉴别特征：体长约 55 cm，体形较大的鸭类。具紫蓝色的翼镜，是家鸭的祖先之一。雄鸟头和颈呈绿色，并具白色的颈环。雌鸟多褐色，具不明显的黑色贯眼纹。

栖息地：大型湖泊、河流、水库和海湾等。

行为：常成群活动，主要以植物为食。

分布及种群数量：繁殖于我国北方地区，在南方地区越冬。广西见于南宁、桂林、崇左、百色和北部湾沿岸，为罕见冬候鸟。

雄鸟（左）和雌鸟（右）

雌鸟

雄鸟（左）和雌鸟（右）

1	2	3	4	5	6	7	8	9	10	11	12

斑嘴鸭 Spot-billed Duck

雁形目鸭科

Anas zonorhyncha

鉴别特征： 体长约 55 cm，体形较大的鸭类，家鸭的祖先之一。雌雄相似，喙黑，喙端有明显的黄斑。

栖息地： 大型湖泊、河流、水库和海湾等。

行为： 常成群活动，主要以植物为食。

分布及种群数量： 繁殖于我国北方地区，在南方地区越冬。广西各地均有分布，为冬候鸟。广西周边省份有印度斑嘴鸭 *Anas poecilorhyncha* 的分布记录，该种与斑嘴鸭相比不具黑褐色髭纹，翼镜绿色。印度斑嘴鸭在广西可能也有分布，应加强相应调查。

针尾鸭 Northern Pintail

Anas acuta

鉴别特征： 体长约 55 cm，体形较大的鸭类。雄鸟头棕色，下体白色，中央尾羽特长。雌鸟体羽多褐色，尾羽较雄鸟短，但较其他鸭类长。

栖息地： 大型湖泊、河流、水库和海湾等。

行为： 常成群活动，主要以植物为食。

分布及种群数量： 在我国南方地区越冬。广西见于南宁、桂林、崇左和北部湾沿岸，为罕见冬候鸟。

| 1 | 2 | 3 | 4 | 5 | 6 | 7 | 8 | 9 | 10 | 11 | 12 |

绿翅鸭　Green-winged Teal

Anas crecca

鉴别特征： 体长约 37 cm，体形较小的鸭类。雄鸟头栗色，有亮绿色贯眼纹，身体其余部分为灰色，绿色翼镜飞行时较明显。雌鸟褐色，羽毛上较多斑。

栖息地： 各种有较深水域的生境。

行为： 常成群活动，主要以植物为食。

分布及种群数量： 繁殖于我国北方地区，在南方地区越冬。广西各地均有分布，在鸭类中最为常见，为冬候鸟。广西周边一些省份有美洲绿翅鸭 *Anascaro linensis* 的分布记录，该种与绿翅鸭相比胸侧具白色纵纹，绿色眼罩的浅色边缘不明显。美洲绿翅鸭在广西可能也有分布，应加强相应调查。

雌鸟

雄鸟

雄鸟（左）和雌鸟（右）

琵嘴鸭　Northern Shoveler

Spatula clypeata

鉴别特征: 体长约 50 cm，体形较大的鸭类。喙相对粗长，末端呈匙形。雄鸟头绿色，腹部栗色。雌鸟多褐色，具不明显的黑色贯眼纹。

栖息地: 大型湖泊、河流、水库和海湾等。

行为: 常成群活动，主要以植物为食。

分布及种群数量: 繁殖于我国北方地区，在南方地区越冬。广西见于南宁、桂林、崇左和北部湾沿岸，为冬候鸟。

雄鸟

雌鸟

雁形目鸭科

白眉鸭 Garganey

Spatula querquedula

鉴别特征：体长约 37 cm，体形较小的鸭类。雄鸟头颈栗色，具明显的白色眉纹，腹部白色。雌鸟体羽褐色，眉纹较明显。

栖息地：各种有较深水域的生境。

行为：常成群活动，主要以植物为食。

分布及种群数量：繁殖于我国北方地区，在南方地区越冬。广西各地均有分布，为冬候鸟。

雄鸟

雌鸟

花脸鸭 Baikal Teal

Sibirionetta formosa

雁形目鸭科

鉴别特征：体长约 40 cm，体形较小的鸭类。雄鸟脸部具明显的绿色、黄色、黑色花纹，容易识别。雌鸟喙基有白色的斑点，脸侧具不明显的花纹。

栖息地：大型湖泊、河流、水库和海湾等。

行为：与其他鸭类混群活动，主要以植物为食。

保护级别：国家Ⅱ级重点保护野生动物。

分布及种群数量：繁殖于我国东北地区，在南方地区越冬。广西见于南宁、桂林、崇左和北部湾沿岸，为罕见冬候鸟。

雄鸟

赤嘴潜鸭 Red-crested Pochard

Netta rufina

鉴别特征：体长约 50 cm，体形较大的鸭类。雄鸟头栗色，喙赤红色，两肩基部、部分飞羽和两胁白色，形成明显的白斑。雌鸟多褐色，颈侧和喉部灰白色。

栖息地：大型湖泊、河流、水库和海湾等。

行为：常成群活动，潜水取食植物和鱼类。

分布及种群数量：繁殖于我国北方地区，在南方地区越冬。广西偶见于崇左，为罕见冬候鸟。

雄鸟

雌鸟

| 1 | 2 | 3 | 4 | 5 | 6 | 7 | 8 | 9 | 10 | 11 | 12 |

红头潜鸭 Common Pochard

Aythya ferina

雁形目鸭科

鉴别特征： 体长约 45 cm，体形中等的鸭类。雄鸟头栗色，喙黑色，颈和上胸黑色，其余部分灰白色。雌鸟淡棕色，翼灰色。

栖息地： 大型湖泊、河流、水库和海湾等。

行为： 常成群活动，潜水取食植物和鱼类。

分布及种群数量： 繁殖于我国北方地区，在南方地区越冬。广西见于南宁、百色和北部湾沿岸，为冬候鸟。

雄鸟

雄鸟（头红）和雌鸟（头黑）

青头潜鸭 Baer's Pochard

Aythya baeri

鉴别特征： 体长约 45 cm，体形中等的鸭类。雄鸟头和颈黑色，眼白色，上体黑褐色，腹部和两胁白色。雌鸟纯褐色。

栖息地： 大型湖泊、河流、水库和海湾等。

行为： 常成群活动，潜水取食植物和鱼类。

保护级别： 国家 I 级重点保护野生动物。

分布及种群数量： 繁殖于我国东北地区，在南方地区越冬。广西见于南宁、百色、崇左和北部湾沿岸，为罕见冬候鸟。

相似种： 白眼潜鸭。两胁栗色，与下体其他部分对比明显。

雄鸟

白眼潜鸭 Ferruginous Duck

Aythya nyroca

雁形目鸭科

鉴别特征：体长约 40 cm，体形中等的鸭类。雄鸟体羽多栗色，上体暗褐色，白色的臀部较为明显，眼白色。雌鸟羽色相对较暗。

栖息地：大型湖泊、河流、水库和海湾等。

行为：常成群活动，潜水取食植物和鱼类。

分布及种群数量：繁殖于我国北方地区，在南方地区越冬。广西偶见于南宁市区、武鸣和宁明，为冬候鸟。

相似种：青头潜鸭。两胁沾白色，与下体其他部分对比较不明显。

雄鸟

1	2	3	4	5	6	7	8	9	10	11	12

凤头潜鸭 Tufted Duck

Aythya fuligula

鉴别特征：体长约 40 cm，体形中等的鸭类。雄鸟体羽多黑色，腹部白色，具黑色冠羽，眼金黄色。雌鸟羽色相对较暗，冠羽也稍短。

栖息地：大型湖泊、河流、水库和海湾等。

行为：常成群活动，潜水取食植物和鱼类。

分布及种群数量：迁徙经我国北方地区，在南方地区越冬。广西见于南宁、桂林、百色、崇左和北部湾沿岸，较其他潜鸭更为常见，为冬候鸟。

雌鸟（左）和雄鸟（右）

斑背潜鸭 Greater Scaup

Aythya marila

鉴别特征：体长约 45 cm，体形中等的鸭类。雄鸟头和颈黑色，背部多白色，具黑色的细纹。雌鸟多褐色，腹部灰白色，喙基具白色宽环。

栖息地：大型湖泊、河流、水库和海湾等。

行为：常成群活动，潜水取食植物和鱼类。

分布及种群数量：迁徙经我国北方地区，在南方地区越冬。广西偶见于宁明，为冬候鸟。

雌鸟

斑背潜鸭（红圈）和凤头潜鸭

1	2	3	4	5	6	7	8	9	10	11	12

鹊鸭　Common Goldeneye
Bucephala clangula

鉴别特征： 体长约 50 cm，体形较大的鸭类。雄鸟体羽几乎为黑色或白色，眼金黄色。雌鸟多褐色，颈部具灰白色环，喙端橙色。

栖息地： 大型湖泊、河流、水库和海湾等。

行为： 常成群活动，潜水取食植物和鱼类。

分布及种群数量： 繁殖于我国东北地区，在南方各地越冬。广西目前尚无观察记录，但郑光美（2017）认为广西有分布，估计为罕见冬候鸟。

雌鸟（左）和雄鸟（右）

鉴别特征：体长约 50 cm，体形较大的鸭类。喙前端呈钩状。雄鸟体羽几乎由黑色和白色组成。雌鸟自额至后颈栗色，喉部和颊部白色，身体其余部位为褐色。

栖息地：大型湖泊、河流、水库和海湾等。

行为：常成群活动，潜水取食鱼类等动物性食物。

保护级别：国家 II 级重点保护野生动物。

分布及种群数量：繁殖于我国东北地区，在南方地区越冬。广西见于南宁和梧州，为偶见冬候鸟。

雄鸟

1	2	3	4	5	6	7	8	9	10	11	12

雁形目鸭科

普通秋沙鸭 Common Merganser

Mergus merganser

鉴别特征： 体长约 55 cm，体形较大的鸭类。红色的喙前端呈钩状。雄鸟头部、颈部、上背和羽冠黑色，下体纯白色。雌鸟头和羽冠棕褐色。

栖息地： 大型湖泊、河流、水库和海湾等。

行为： 常成小群活动，潜水取食鱼类等动物性食物。

分布及种群数量： 繁殖于我国东北地区，在南方地区越冬。广西见于南宁和北部湾沿岸，为偶见冬候鸟。

相似种： 中华秋沙鸭，雄鸟胸白色，雌鸟上体灰色，两胁有明显的鳞状细纹；红胸秋沙鸭，雄鸟胸锈红色，雌鸟和非繁殖期雄鸟体羽暗褐色，两胁无鳞状斑纹。

雄鸟

雌鸟

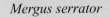

红胸秋沙鸭 Red-breasted Merganser

Mergus serrator

雁形目鸭科

鉴别特征：体长约 55 cm，体形较大的鸭类。喙前端呈钩状。雄鸟头部黑色，并具黑色的羽冠，颈部具白色的环，下颈和胸部锈红色。雌鸟头和羽冠棕褐色，喉和胸污白色。

栖息地：大型湖泊、河流、水库和海湾等。

行为：成群活动，潜水取食鱼类等动物性食物。

分布及种群数量：繁殖于我国东北地区，在南方地区越冬。广西见于北部湾沿岸，为偶见冬候鸟。

相似种：中华秋沙鸭，雄鸟胸白色，雌鸟上体灰色，两胁有明显的鳞状细纹；普通秋沙鸭，雄鸟胸白色，雌鸟和非繁殖期雄鸟上体深灰色，两胁无鳞状斑纹。

雌鸟

| 1 | 2 | 3 | 4 | 5 | 6 | 7 | 8 | 9 | 10 | 11 | 12 |

中华秋沙鸭 Chinese Merganser

雁形目鸭科

Mergus squamatus

鉴别特征：体长约 55 cm，体形较大的鸭类。红色的喙前端呈钩状。雄鸟头部、颈部、上背和羽冠黑色，下体白色，两胁具鳞状黑色细纹。雌鸟头和羽冠为棕褐色。

栖息地：林区附近的水库和河流等。

行为：常成小群活动，潜水取食鱼类等动物性食物。

保护级别：国家Ⅰ级重点保护野生动物。

分布及种群数量：繁殖于我国东北地区，在南方地区越冬。广西各地均有分布。近年来在广西每年观察到 10 ~ 50 只，最大群体可达 18 只，为冬候鸟。

雌鸟

相似种：红胸秋沙鸭，雄鸟胸锈红色，雌鸟和非繁殖期雄鸟体羽暗褐色，两胁无鳞状斑纹；普通秋沙鸭，雄鸟胸白色，雌鸟和非繁殖期雄鸟上体深灰色，两胁无鳞状斑纹。

雌鸟（前）和雄鸟（后）

䴙䴘目
PODICIPEDIFORMES

　　䴙䴘与潜鸟较为相似，但䴙䴘前三趾具瓣状蹼，蹼与蹼之间不相连。䴙䴘的羽毛松软如丝，喙直且尖，两翅短小，尾短。广西当地群众常形容䴙䴘为"鸡头鸭脚"。常成小群或成对生活于淡水中，受到惊吓时立即潜入水中。以鱼类为主食。

　　几乎分布于全球各个水域之中。中国分布有1科5种，均见于广西。

小䴙䴘

鸊鷉科 Podicipedidae

在水面上用枝、叶等筑浮巢，雌雄相似，共同孵化和育雏，除小鸊鷉在广西为留鸟外，其余种均为冬候鸟。

鸊鷉目鸊鷉科

小鸊鷉　Little Grebe
Tachybaptus ruficollis

鉴别特征：体长约 27 cm，体形似小型鸭子。喙尖，脚具瓣蹼。繁殖期喉和前颈偏红，非繁殖期上体灰褐色，下体白色。

栖息地：水库、鱼塘和河流等水较深的区域。

行为：常成对或成小群活动，受惊时喜欢潜水，以小鱼和水生昆虫为食。

分布及种群数量：我国大部分地区均有分布。广西各地都可以见到，为常见留鸟。

亚成鸟

冬羽

冬羽

繁殖羽

赤颈䴙䴘 Red-necked Grebe

Podiceps grisegena

䴙䴘目䴙䴘科

鉴别特征：体长约 53 cm。头顶黑色，头侧和喉白色，后颈和上体黑褐色，前颈灰褐色，下体白色，翼前后缘均为白色，飞行时极明显。繁殖期前颈、颈侧和上胸栗红色，冬羽不明显。

栖息地：水库、鱼塘和河流等水较深的区域。

行为：常成对或成小群活动，主要以各种豆类为食。

保护级别：国家 II 级重点保护野生动物。

分布及种群数量：罕见繁殖于我国东北地区，在华东和华南地区越冬。广西仅龙州有记录，为罕见冬候鸟。

相似种：黑颈䴙䴘。体形较小，下喙略上翘，眼红色。

| 1 | 2 | 3 | 4 | 5 | 6 | 7 | 8 | 9 | 10 | 11 | 12 |

凤头鹳鹛 Great Crested Grebe

Podiceps cristatus

鉴别特征：体长约 50 cm。繁殖期额和头顶黑色，具明显的深色冠羽。冬羽较暗，冠羽短而不明显。

栖息地：面积较大的水库和湖泊等。

行为：常成对或成小群活动，主要以各种鱼类为食。

分布及种群数量：繁殖于我国北方地区，在华南地区越冬。广西各地均有分布，但较为罕见，为偶见冬候鸟。

相似种：角鹳鹛。体形较小，不具羽冠，脸白色部分不高于眼睛以上。

角䴙䴘　Horned Grebe

Podiceps auritus

鉴别特征： 体长约 33 cm。上体黑色，繁殖期贯眼纹和下体栗色。冬羽下体、颈部和脸部多白色，眼红色。

栖息地： 面积较大的水库和湖泊等。

行为： 单独或成对活动，主要以各种鱼类为食。

保护级别： 国家 Ⅱ 级重点保护野生动物。

分布及种群数量： 繁殖于我国东北和西北地区，偶尔在华南地区越冬。广西曾在百色澄碧湖观察到其活动，估计为罕见冬候鸟。

相似种： 凤头䴙䴘。体形较大，具明显的羽冠，脸白色部分高于眼睛以上。

黑颈鹏鷉 Black-necked Grebe

Podiceps nigricollis

鉴别特征：体长约 30 cm。繁殖羽头、颈和上体黑色，眼后有金黄色饰羽。冬羽上体灰色，下体白色，喙全深色，深色的顶冠延伸至眼下。

栖息地：大型水库或池塘。

行为：单独或成对活动，主要以各种鱼类为食。

保护级别：国家 II 级重点保护野生动物。

分布及种群数量：繁殖于我国东北和西北地区，在华南和华东地区越冬。广西分布于南宁和北部湾沿海区域，为罕见冬候鸟。

相似种：赤颈鹏鷉。体形较大，下喙相对平，眼黑褐色。

| 1 | 2 | 3 | 4 | 5 | 6 | 7 | 8 | 9 | 10 | 11 | 12 |

鸽形目

COLUMBIFORMES

陆禽，体形中等，喙、爪平直或稍弯曲，喙基部柔软，被以蜡膜，喙端膨大且具角质，颈和脚均较短，胫全被羽，嗉囊发达。雏鸟为晚成鸟。喜群栖，并有集群迁徙现象。主要以植物的果实、种子等为食，兼食少量的昆虫类等动物性食物。

中国分布有 1 科 31 种，广西分布有 1 科 10 种。广西也曾见过岩鸽 *Columba rupestris* 和灰斑鸠 *Streptopelia decaocto*，考虑到放生个体的可能性，其在广西的分布还需要进一步证实。

红翅绿鸠

鸠鸽科 Columbidae

与家鸽相似，雌雄羽色几乎相同，善于飞行，常成群活动，在树上或悬崖上繁殖，有时也到城市的房屋窗台上做窝。巢较为简单，多产卵 2 枚。

鸽形目鸠鸽科

山斑鸠 Oriental Turtle Dove
Streptopelia orientalis

鉴别特征： 体长约 32 cm，体形中等的偏粉色斑鸠。上体体羽偏棕色，具深色扇贝斑纹，颈侧有明显的黑白相间斜条纹，下体多偏粉色。

栖息地： 开阔的农田和林缘地带。

行为： 常成对或成小群活动，在地面觅食种子或果实。

分布及种群数量： 我国各地均有分布。广西各地均有分布，在林区较为常见，多数为留鸟，部分为冬候鸟。

火斑鸠 Red Turtle Dove

Streptopelia tranquebarica

鸽形目鸠鸽科

鉴别特征：体长约 23 cm，小型的酒红色斑鸠。颈部具黑色的半领圈。雄鸟头部偏灰色，上体偏红色，下体偏粉色。雌鸟色较浅且暗。

栖息地：开阔的农田和平原地带，偶尔也在林缘活动。

行为：常成对或成群活动，有时也与其他斑鸠混群活动，以植物种子或果实为食。

分布及种群数量：我国各地均有分布。广西大部分地区均有分布，主要为冬候鸟，部分为留鸟，较为常见，有些年份种群数量极大。

雌鸟

雄鸟

雌鸟

雄鸟

1	2	3	4	5	6	7	8	9	10	11	12

鉴别特征：体长约 30 cm，体形中等的粉褐色斑鸠。颈侧具白色的珍珠状斑点，体羽多褐色，腹部偏粉色，外侧尾羽前端的白色较明显。幼鸟羽色较灰暗，颈侧无白色斑点。

栖息地：有人为活动的生境，在城市里尤其常见。

行为：常成对活动，在地面觅食种子或果实。

分布及种群数量：主要分布于我国黄河以南地区。广西各地均有分布，为常见留鸟。

斑尾鹃鸠 Barred Cuckoo Dove

Macropygia unchall

鸽形目鸠鸽科

鉴别特征：体长约 38 cm，大型且尾长的褐色鹃鸠。头灰色，颈背呈亮蓝绿色，背和尾部满布黑色或褐色横斑。雌鸟颈背无亮绿色。

栖息地：中低海拔的山地森林。

行为：单独或成对活动，常在树冠层取食果实。

保护级别：国家 II 级重点保护野生动物。

分布及种群数量：见于我国长江以南地区。广西仅见于南部地区，百色也有分布，均极少见，为留鸟。

雄鸟

雄鸟（左）和雌鸟（右）

1	2	3	4	5	6	7	8	9	10	11	12

鉴别特征：体长约 25 cm，体形中等、尾甚短的地栖型斑鸠。雄鸟头顶灰色，额白色，两翼具亮绿色，腰灰色，下体粉红色。雌鸟头顶无灰色。喙均为红色。

栖息地：低海拔的天然林或林缘地带，有时也在人工林里活动。

行为：常单独或成对活动，在地面觅食植物果实。

分布及种群数量：见于我国南部地区。广西主要见于红水河以南的区域，较为常见，为留鸟。

雌鸟

雄鸟

| 1 | 2 | 3 | 4 | 5 | 6 | 7 | 8 | 9 | 10 | 11 | 12 |

厚嘴绿鸠　Thick-billed Green Pigeon

Truron curvirostra

鉴别特征：体长约 27 cm，体形中等、身体厚实的绿鸠。眼周裸皮蓝绿色。雄鸟上体多绛紫色，翼具黄色羽缘和明显的黄色翼斑。雌鸟上体多深绿色。

栖息地：低海拔的天然林。

行为：常成对或成小群活动，在树冠层觅食植物果实。

保护级别：国家Ⅱ级重点保护野生动物。

分布及种群数量：见于我国的海南、云南和广西等地。广西仅分布于西南部地区，非常罕见，为留鸟。

雄鸟

雌鸟

鸽形目鸠鸽科

针尾绿鸠 Pin-tailed Green Pigeon
Treron apicauda

鉴别特征： 体长约 30 cm，体形中等的绿鸠。体羽多绿色，具修长的针形中央尾羽，尾长达十多厘米。雄鸟胸部沾橘黄色，尾下覆羽黄褐色。雌鸟胸浅绿色，尾下覆羽白色。

栖息地： 中低海拔的常绿阔叶林。

行为： 常成对或成小群活动，在树冠层觅食植物果实。

保护级别： 国家 II 级重点保护野生动物。

分布及种群数量： 见于我国西南部地区。广西仅见于百色的西林县和隆林各族自治县，极为罕见，为留鸟。

雄鸟（左）和雌鸟（右）

楔尾绿鸠　Wedge-tailed Green Pigeon

Treron sphenura

鉴别特征: 体长约 33 cm，体形中等的绿鸠。雄鸟上背和翼覆羽紫栗色，其余翼羽和尾羽深绿色。雌鸟色较淡，尾下覆羽和臀浅黄色。

栖息地: 中高海拔的山区森林。

行为: 常成对或成小群在树冠层觅食植物果实。

保护级别: 国家 II 级重点保护野生动物。

分布及种群数量: 见于我国西南部地区。广西仅见于百色和崇左的少数县份，极为罕见，为留鸟。

雌鸟（左）和雄鸟（右）

红翅绿鸠 White-bellied Green Pigeon

Treron sieboldii

鉴别特征：体长约 33 cm，体形中等的绿鸠。腹部偏白色，腹部两侧和尾下覆羽具灰色斑点。雄鸟头顶橘黄色，上背偏灰色，翼覆羽绛紫色。雌鸟体羽多绿色。

栖息地：中低海拔的常绿林及次生林，有时也到林缘和城市公园里活动。

行为：常成对或成小群活动，在树冠层觅食植物果实。

保护级别：国家 II 级重点保护野生动物。

分布及种群数量：罕见于我国南部、中部和东部地区。广西见于南部地区，多数为留鸟，但沿海地区偶尔也观察到迁徙个体。种群数量较少，但较其他绿鸠更为常见。

雄鸟

雌鸟

| 1 | 2 | 3 | 4 | 5 | 6 | 7 | 8 | 9 | 10 | 11 | 12 |

山皇鸠 Mountain Imperial Pigeon

Ducula badia

鉴别特征：体长约 46 cm，大型的深色鸠。头、颈、胸和腹部灰色，略显酒红色。上背和翼覆羽深紫色，下背和腰深灰褐色。尾褐黑，具宽大的浅灰色端带。

栖息地：中低海拔的森林地带。

行为：常成对或成小群活动，在树冠层觅食植物果实。

保护级别：国家 II 级重点保护野生动物。

分布及种群数量：见于我国南部和西南地区。广西仅分布于崇左市和百色市的部分区域，较为少见，为留鸟。

| 1 | 2 | 3 | 4 | 5 | 6 | 7 | 8 | 9 | 10 | 11 | 12 |

绿翅金鸠

沙鸡目
PTEROCLIFORMES

体形似鸽，喙基无软膜，翅端尖形，跗骨被羽，后趾退化或全缺。沙鸡科有2属：毛腿沙鸡属和沙鸡属。

中国分布有1科3种，广西分布有1科1种。

毛腿沙鸡

沙鸡科 Pterolidae

繁殖于荒漠与半荒漠地带，在地面营巢，多成群生活，偶尔会集群迁徙到较远的地方越冬。

沙鸡目沙鸡科

毛腿沙鸡　Pallas's Sandgrouse

Syrrhaptes paradoxus

鉴别特征： 体长约 36 cm。体羽多沙褐色，背部密被黑色横斑，腹部具较大的黑色斑块，尾和翼均较为尖长。脚短，跗跖被羽直至趾部。雄鸟胸部浅灰色，雌鸟喉部具狭窄的黑色横纹。

栖息地： 开阔的农田地带。

行为： 常成小群活动，在地面觅食植物种子。

分布及种群数量： 繁殖于我国北方地区，偶尔有大规模的种群在华北地区越冬。广西冬季有过记录，但较为可疑，不排除逃逸鸟的可能性，为罕见冬候鸟。

雄鸟

| 1 | 2 | 3 | 4 | 5 | 6 | 7 | 8 | 9 | 10 | 11 | 12 |

夜鹰目
CAPRIMULGIFORMES

　　新的夜鹰目包括传统的夜鹰目和雨燕目，多为中小型鸟类，喙均扁宽，适合捕食飞行昆虫。翼尖长，飞行能力较强，但腿部较弱，多数种类进行长途迁徙。

　　中国分布有4科22种，其中2科9种见于广西。我国海南一直有爪哇金丝燕 *Aerodramus fuciphagus* 分布，在广东湛江沿海也曾发现其活动。考虑到该种飞行能力较强，估计广西南部沿海也有其分布。

林夜鹰

夜鹰科 Caprimulgidae

中小型鸟类，喙短但喙裂宽，具粗长的喙须，翼长而尖，通常栖于山林间，为夜行性鸟类，白天蹲伏于森林中的树上，黄昏出来活动，食物以昆虫为主。中国分布有2属7种，广西分布有1属3种。

普通夜鹰 Grey Nightjar

夜鹰目夜鹰科

Caprimulgus indicus

鉴别特征： 体长约27 cm，小型夜鹰类。头扁平，喙短宽，喙须甚长。上体灰褐色，具黑褐色和灰白色斑。喉黑褐色，下喉具白斑，胸灰白色。腹和两胁棕色，布满黑褐色横斑。雄鸟外侧4对尾羽具白斑。

栖息地： 低海拔阔叶林和混交林，也见于林缘灌木丛和农田地区。

行为： 单独或成对活动，夜行性，白天常伏卧于林间树干上，食物以各类昆虫为主。

分布及种群数量： 在我国分布较广，除新疆、西藏外，我国各地均可见。广西各地均有记录，为不常见的夏候鸟，部分为旅鸟。

相似种： 林夜鹰。上体偏黑褐色，浅棕色斑纹较细且稍不明显，喉两侧具白斑，雄鸟一对外侧尾羽呈白色。

长尾夜鹰　Large-tailed Nightjar

Caprimulgus macrurus

鉴别特征：体长约 33 cm，体形较大的夜鹰类。体羽多灰褐色，最外侧初级飞羽具白色的大圆斑，邻近飞羽具 3 道白斑。雄鸟两对外侧尾羽具明显的白斑，雌鸟相应的为皮黄色。

栖息地：森林边缘、红树林、城市和乡村。

行为：单独或成对活动，夜行性，白天多栖于地面或树干上，食物以昆虫为主。

分布及种群数量：见于我国热带地区。广西在防城港和百色记录到其活动，估计为罕见留鸟。

| 1 | 2 | 3 | 4 | 5 | 6 | 7 | 8 | 9 | 10 | 11 | 12 |

林夜鹰 Savanna Nightjar

Caprimulgus affinis

夜鹰目夜鹰科

鉴别特征：体长约 26 cm，小型夜鹰类。上体黑褐色，布满浅棕色细斑纹，喉两侧具白斑，下体皮黄色，具浅色横斑，雄鸟一对外侧尾羽白色。

栖息地：低地开阔地带的丘陵、平原和海滨林地。

行为：单独或成对活动，夜行性，白天多栖于地面或树干上，食物以昆虫为主。

分布及种群数量：分布于我国南方地区。广西主要见于红水河以南区域，为留鸟，其在广西的分布可能有所忽略，较普通夜鹰少见。

相似种：普通夜鹰。上体偏灰褐色，斑点较为清晰突出，下喉具白斑，雄鸟外侧 4 对尾羽具白斑。

| 1 | 2 | 3 | 4 | 5 | 6 | 7 | 8 | 9 | 10 | 11 | 12 |

雨燕科 Apodidae

小型鸟类，喙短扁，喙基甚宽，翅形尖长，尾多叉形，主要在空中生活，结群飞行捕食飞虫，飞行迅速而敏捷。中国分布有 5 属 13 种，广西分布有 3 属 6 种。

短嘴金丝燕　　Himalayan Swiftlet

Aerodramus brevirostris

夜鹰目雨燕科

鉴别特征：体长约 13 cm，小型雨燕。上体黑褐色，下体浅褐色，腰部颜色较淡，尾略呈叉状，翅尖长，折合时突出尾端。

栖息地：山区的石灰岩溶洞中。

行为：集群生活，白天大部分时间都在空中掠食飞虫，飞行时鸣声急促而单调，食物以各类昆虫为主。

分布及种群数量：繁殖于我国西南和中部地区。广西仅在西部地区有过记录，较为少见，为夏候鸟。迁徙期间广西南部沿海地区也偶有记录，其在广西的分布可能被忽略。

白喉针尾雨燕　White-throated Needletail

Hirundapus caudacutus

鉴别特征：体长约 20 cm，小型雨燕。头和上体黑褐色且具蓝绿色金属光泽，颏、喉白色，胸、腹灰褐色，尾羽末端延伸呈针状，尾下覆羽白色。

栖息地：山地森林、草原、河谷、峡谷等开阔地带。

行为：白天多成群在空中飞行捕食，飞行快速而敏捷，食物以各类昆虫为主。

分布及种群数量：繁殖于我国东北地区，迁徙途经南方地区。广西各地均可见，种群数量不算多，为旅鸟。

相似种：灰喉针尾雨燕。体形稍小，颏和喉烟灰色，背部颜色较上体其他部位稍淡。

灰喉针尾雨燕 Silver-backed Needletail

Hirundapus cochinchinensis

夜鹰目雨燕科

鉴别特征： 体长约 18 cm，小型雨燕。头、背、尾黑色且具蓝灰色金属光泽，上背具银白色马鞍形斑块，颏、喉烟灰色，胸、腹暗褐色，尾下覆羽白色。

栖息地： 山地的森林地带。

行为： 常集群在开阔林区上空飞行捕食，飞行迅速，食物以各类昆虫为主。

保护级别： 国家 II 级重点保护野生动物。

分布及种群数量： 繁殖于我国沿海地区及西藏、陕西等内陆地区。广西主要见于西南部的山区森林，为罕见夏候鸟。其分布区可能需要进一步调查，因其在广西繁殖，所以在广西夏季见到的针尾雨燕需要特别留意。

相似种： 白喉针尾雨燕。体形稍大，颏和喉白色，背部颜色与上体其他部位相同。

棕雨燕 Asian Palm Swift

Cypsiurus balasiensis

鉴别特征： 体长约 11 cm，小型雨燕。上体黑褐色，下体灰褐色，翅形尖长，尾叉深。

栖息地： 低海拔开阔地带，尤喜有棕榈树的农田地带。

行为： 白天成群在空中飞行捕食飞虫，食物以各类昆虫为主。

分布及种群数量： 分布于我国热带地区。在广西仅崇左有记录，较为少见，但分布可能有所忽略，为留鸟。

| 1 | 2 | 3 | 4 | 5 | 6 | 7 | 8 | 9 | 10 | 11 | 12 |

白腰雨燕　Fork-tailed Swift

Apus pacificus

鉴别特征：体长约 18 cm，小型雨燕。通体黑褐色，喉偏白色，腰白色，翅狭长，尾叉深。*pacificus* 亚种腰部白斑宽度（约 20 mm）要明显大于 *kanoi* 亚种（约 10 mm）。

栖息地：山坡、河流附近的崖壁和居民区等。

行为：喜结群在开阔地带上空觅食，飞行速度甚快，食物以各种昆虫为主。

分布及种群数量：我国大部分地区均有分布。广西分布有 2 个亚种，*pacificus* 亚种迁徙途经广西，为旅鸟；*kanoi* 亚种在广西繁殖，为夏候鸟。也有部分种群在广西越冬，均较为常见。

相似种：小白腰雨燕。体形稍小，尾微内凹。

1	2	3	4	5	6	7	8	9	10	11	12

小白腰雨燕　House Swift

Apus nipalensis

鉴别特征: 体长约 13 cm，小型雨燕。通体黑褐色，仅颏、喉和腰为白色，尾微内凹。

栖息地: 适应生境广，林区、居民区、崖壁等各类生境均可见。

行为: 常结群活动，有时也与家燕混群于空中掠食，飞行迅速，食物以各类飞行性昆虫为主。

分布及种群数量: 见于我国南方地区。广西各地均有分布，为夏候鸟，部分为留鸟，很常见。

相似种: 白腰雨燕。体形稍大，尾叉深。

1	2	3	4	5	6	7	8	9	10	11	12

鹃形目
CUCULIFORMES

　　中小型鸟类，喙长适中，翅形尖长或短圆，尾多为凸型，与翅等长或较翅长，足为对趾型。繁殖季善鸣叫，叫声洪亮，多数为树栖。在我国多为夏候鸟，全国大部分地区都有分布。主要以昆虫为食，尤喜吃软质毛虫。多为巢寄生性鸟类，自身不营巢，而是将卵产于其他鸟类巢中，由其他鸟类代为孵化并养育其后代。

　　中国分布有 1 科 20 种，广西分布有 1 科 17 种。

翠金鹃（雄鸟）

杜鹃科 Cuculidae

广布于旧大陆（亚洲、非洲和欧洲），多数为巢寄生种类。多数种类在树冠层活动，只有鸦鹃类经常在地面行走。多数种类可能进行长途迁徙，至东南亚或非洲越冬。

鹃形目杜鹃科

褐翅鸦鹃 Greater Coucal
Centropus sinensis

鉴别特征： 体长约 50 cm，大型鹃类。全身除背和两翼为栗色外，其余体羽均为黑色，尾凸且长而宽。

栖息地： 低海拔山地、丘陵、林缘灌木丛、草丛和村边的灌草丛等。

行为： 单个或成对在地面活动，不结群，善奔走而拙于飞行，以动物性食物为主，非巢寄生性鸟类。

保护级别： 国家 II 级重点保护野生动物。

分布及种群数量： 分布于我国南部地区。广西各地均有分布，在南部地区尤其常见，为留鸟。

相似种： 小鸦鹃。体形稍小，体羽具较浅的细纵纹，成鸟虹膜红色不太明显。

成鸟

成鸟

亚成鸟

鉴别特征：体长约 42 cm，中型鹃类。全身除背和两翼为栗色外，其余体羽均为黑色，但羽毛上具有较浅的细纵纹。

栖息地：似褐翅鸦鹃，但更远离居民区而靠近林地。

行为：性机警，喜隐蔽，易惊飞。食物以地面的昆虫和小型动物为主，也食浆果类食物。非巢寄生性鸟类。

保护级别：国家Ⅱ级重点保护野生动物。

分布及种群数量：分布于我国南部和中部地区。广西各地均有分布，主要为夏候鸟，部分为留鸟或冬候鸟，较褐翅鸦鹃少见。

相似种：褐翅鸦鹃。体形稍大，体羽无较浅的细纵纹，成鸟虹膜红色明显。

| 1 | 2 | 3 | 4 | 5 | 6 | 7 | 8 | 9 | 10 | 11 | 12 |

绿嘴地鹃　Green-billed Malkoha

Phaenicophaeus tristis

鹃形目杜鹃科

鉴别特征：体长约 52 cm，大型鹃类。整体羽色灰绿色，喙绿色，眼周具红色裸皮，尾羽极长，尾端白色。

栖息地：低地和山脚林缘灌木丛、竹丛。

行为：常单独或成对活动，多隐蔽在灌木丛下跳跃行进，食物以各种昆虫为主。非巢寄生性鸟类。

分布及种群数量：分布于我国云南南部、广西西南部、广东和海南岛。广西主要见于红水河以南区域，不算常见，为留鸟。

红翅凤头鹃　Chestnut-winged Cuckoo

Clamator coromandus

鉴别特征：体长约 40 cm，中型鹃类。头具长冠，背和尾黑色且带蓝色光泽，领白色且成半领环，喉和上胸红褐色，翅栗色，下胸和腹白色，尾长且凸。

栖息地：丘陵和平原开阔地带的树林和灌木丛。

行为：常单独或成对在开阔林间活动，以毛虫、白蚁为食。巢寄生性鸟类，自己不营巢而将卵寄生于其他鸟类巢中，常见宿主包括画眉、矛纹草鹛、白颊噪鹛等鸟类。

分布及种群数量：繁殖于我国黄河以南区域。广西各地均有分布，不算少见，为夏候鸟，部分为旅鸟。

| 1 | 2 | 3 | 4 | 5 | 6 | 7 | 8 | 9 | 10 | 11 | 12 |

噪鹃 Common Koel

鹃形目杜鹃科

Eudynamys scolopaceus

鉴别特征：体长约 40 cm，中型鹃类。雄鸟通体黑色。雌鸟上体暗褐色且遍布白斑，下体白色且具褐色横斑，喙绿色。鸣声响亮。

栖息地：山地、丘陵的茂密森林，也见于居民区附近的林地。

行为：多单独活动，隐蔽于乔木顶层，杂食性，食物包括昆虫、水果、种子等。巢寄生性鸟类，宿主以鸦科鸟类为主。

分布及种群数量：繁殖于我国黄河以南区域。广西各地均有分布，较为常见，为夏候鸟，部分为旅鸟。

雄鸟

雌鸟

鉴别特征：体长约 17 cm，小型辉绿色鹃类。雄鸟头、颈、胸和其余上体亮绿色，腹白色且具绿色横斑。雌鸟头、枕棕色，上体其余部分绿色，下体白色且具黄褐色横斑。

栖息地：山地平原的茂密常绿林中，也见于城市公园。

行为：单独或成对活动，行动隐蔽。食物以昆虫为主，嗜吃毛虫。巢寄生性鸟类，宿主以柳莺、鹟莺类为主。

分布及种群数量：繁殖于我国西南和南部地区。广西主要见于西部各县（区），较为少见，为夏候鸟。在猫儿山 12 月份也有观察记录，可能为留鸟或冬候鸟。

雌鸟

雌鸟

雄鸟

鉴别特征：体长约 23 cm，全身多横斑的小型鹃类。上体红褐色，布满黑褐色横斑，具浅色眉纹，下体白色，具黑色横斑，尾尖端变窄，所有尾羽端为白色。

栖息地：山林或林缘灌木丛的开阔地带，以及农田附近的树林中。

行为：常站在枯枝顶上长时间鸣叫。食物以昆虫为主，尤喜食鳞翅目幼虫和白蚁。巢寄生性鸟类，宿主以红耳鹎、山椒鸟和小型鹃类为主。

分布及种群数量：繁殖于我国云南南部、四川西南部和广西。广西仅见于西部，极为少见，为夏候鸟。

八声杜鹃　Plaintive Cuckoo

Cacomantis merulinus

鹃形目杜鹃科

鉴别特征：体长约 23 cm，小型鹃类。成鸟整个头和上胸灰色，下胸、腹和臀橙色，背、翅和尾褐色，尾具白色横斑，叫声八声一度。

栖息地：低丘陵、平原的开阔林地、次生林、农耕区林地、果园和城市公园中。

行为：单独或成对活动，性较活跃，繁殖季整天鸣叫不止。食物以昆虫为主，尤喜食毛虫。巢寄生性鸟类，宿主以缝叶莺为主。

分布及种群数量：繁殖于我国南方地区。广西各地均有分布，但以南部较为常见，繁殖季节在南宁市区经常可以观察到其活动，为夏候鸟。

亚成鸟

成鸟

长尾缝叶莺喂八声杜鹃幼鸟

1	2	3	4	5	6	7	8	9	10	11	12

119

乌鹃 Drongo Cuckoo

Surniculus lugubris

鉴别特征：体长约 25 cm，小型黑色鹃类。通体亮黑色，叉尾，尾下覆羽和外侧尾羽腹面具白色横斑。幼鸟与成鸟相似，但通体具不规则白色斑点。

栖息地：丘陵和平原地带的原始林，也见于次生林、林缘灌木丛、农田林地和城市公园。

行为：单独或成对活动于树林中，多停于树林的乔木上层鸣叫。食物以昆虫为主，喜吃毛虫。巢寄生性鸟类，宿主有红头穗鹛和海南蓝仙鹟等。

分布及种群数量：繁殖于我国南部和西南地区。广西各地均有分布，但不算多见，为夏候鸟。

大鹰鹃 Large Hawk Cuckoo

Hierococcyx sparverioides

鹃形目杜鹃科

鉴别特征：体长约 40 cm，羽色略似雀鹰的中型鹃类。头、背灰色，胸棕色，腹具黑白相间的横纹，尾具黑色横斑，尾端白色，次端为棕色横斑。

栖息地：开阔林地或平原林缘地带。

行为：常单独活动，活跃于树冠顶层，穿梭于树顶，繁殖季喜于树顶端鸣叫，声音清脆响亮，主要以昆虫为食。巢寄生性鸟类，宿主有白颊噪鹛和矛纹草鹛等鸟类。

分布及种群数量：繁殖于我国中部、南部和西南地区，仅少数在云南和海南为留鸟。广西各地均有分布，较为常见，为夏候鸟。

| 1 | 2 | 3 | 4 | 5 | 6 | 7 | 8 | 9 | 10 | 11 | 12 |

北棕腹鹰鹃　Northern Hawk Cuckoo

Hierococcyx hyperythrus

鉴别特征： 体长约 29 cm，中型鹃类。头和上体黑褐色，后颈和三级飞羽具较为明显的白斑，喉和下体白色，胸、腹染棕红色，尾端棕色。

栖息地： 低海拔阔叶林、落叶阔叶混交林、次生林和竹林。

行为： 常单独活动，性羞，多活动于树冠顶层，常在黄昏、黎明和阴雨天鸣叫，主要以昆虫为食。

分布及种群数量： 繁殖于我国东北地区，在南方地区越冬。广西各地均有分布，但不常见，为冬候鸟，部分为旅鸟。

相似种： 棕腹鹰鹃。体形稍小，后颈和三级飞羽无明显白斑。

1	2	3	4	5	6	7	8	9	10	11	12

棕腹鹰鹃　Whistling Hawk Cuckoo

Hierococcyx nisicolor

鉴别特征：体长约28 cm，中型鹃类。头、背灰褐色，颏染黑而喉白，胸、上腹和两胁为显眼的棕色，腹下和臀白色，尾具黑色横斑，尾端棕色。

栖息地：常绿林和林缘灌木丛地带。

行为：性机警，常隐蔽于高大乔木上鸣叫，鸣声反复而持久。食物多以昆虫为主，也食浆果。巢寄生性鸟类，不营巢。

分布及种群数量：繁殖于我国长江以南地区。在广西为不常见的夏候鸟，部分为旅鸟。

相似种：北棕腹鹰鹃。体形稍大，后颈和三级飞羽具明显的白斑。

| 1 | 2 | 3 | 4 | 5 | 6 | 7 | 8 | 9 | 10 | 11 | 12 |

小杜鹃 Lesser Cuckoo

Cuculus poliocephalus

鹃形目杜鹃科

鉴别特征: 体长约 25 cm,小型鹃类。外形似中杜鹃,但体形相对较小,上体灰褐色,翅和尾黑褐色,胸和腹白色,具较粗的黑色横斑,相对稀疏或不完整。雌鸟似雄鸟,但具棕色型。

栖息地: 开阔原始林、次生林和林缘灌木丛带。

行为: 常单独活动,性羞,常隐藏于茂密树枝中鸣叫,尤在清晨和黄昏鸣叫频繁,主要以昆虫为食。巢寄生性鸟类,宿主有强脚树莺和小鳞胸鹪鹛等鸟类。

分布及种群数量: 繁殖于我国大部分地区。广西各地均有分布,但较为少见,为夏候鸟,部分为旅鸟。

鉴别特征：体长约 32 cm，中型偏灰色鹃类。上体和胸部灰色，翅形尖长，腹白色具黑色横斑，斑纹较粗且疏，尾具黑色次端斑。鸣声似"光—棍—好—苦"，四声一度。雌鸟胸染棕色，其他似雄鸟。

栖息地：山地或平原地带的混交林、阔叶林和林缘疏林地带。

行为：生性机警，常隐蔽于林下灌木丛中鸣叫，常只闻其声不见其身。食物以昆虫为主。巢寄生性鸟类，宿主有黑卷尾等鸟类。

分布及种群数量：繁殖于我国大部分地区。广西各地均有分布，不算少见，为夏候鸟。

相似种：大杜鹃。腹部黑色横斑较细，鸣声似"布—谷"，两声一度。

成鸟

亚成鸟

成鸟

1	2	3	4	5	6	7	8	9	10	11	12

中杜鹃　Himalayan Cuckoo

Cuculus saturatus

鹃形目杜鹃科

鉴别特征： 体长约 30 cm，中型鹃类。外形似四声杜鹃，上体灰色，下胸和腹白色，腹和两胁具黑色宽横斑，尾无次端黑斑。

栖息地： 保护良好的丘陵山地森林和林缘灌木丛。

行为： 常单独活动，隐蔽于林下灌木丛中而不常见。繁殖期鸣声频繁，声音低沉，重复单调声音。巢寄生性鸟类，宿主多以柳莺类为主。

分布及种群数量： 繁殖于我国长江以南地区。广西各地均有分布，不算少见，多数为夏候鸟，部分为旅鸟。

相似种： 东方中杜鹃。体形略大，翅较长，上体褐色较淡，腹部沾棕色，横斑较细，宽约 2mm。

鉴别特征：体长约 32 cm，中型鹃类。外形似四声杜鹃，上体灰色，稍沾褐色，腹和两胁具黑色宽横斑，腹部和臀部沾棕色，胸和腹白色，尾无次端黑斑。雌鸟有棕色和灰色两种色型，棕色型雌鸟上体棕褐色且密布黑色横斑。

栖息地：各种有树木的生境。

行为：常单独活动，隐蔽于林下灌木丛中而不常见。繁殖期鸣声频繁，声音低沉，重复单调声音。巢寄生性鸟类，宿主多以莺科鸟类为主。

分布及种群数量：繁殖于我国东北地区。迁徙途经广西各地，但较为少见，为旅鸟。

相似种：中杜鹃。体形略小，翅较短，上体褐色较浓，腹部几乎不沾棕色，横斑相对较粗，为 3 ～ 4mm。

1	2	3	4	5	6	7	8	9	10	11	12

大杜鹃 Common Cuckoo

鹃形目杜鹃科

Cuculus canorus

鉴别特征： 体长约 32 cm，中型鹃类。头和上体灰色，腹部白色具细且密的黑色横斑，翅尖长。鸣声似"布—谷"，两声一度。*bakeri* 亚种下体横斑较粗黑，横斑宽度一般达到 2mm。

栖息地： 山地、平原地带的森林，

行为： 常单独活动，飞行快速有力，循直线行进。繁殖期常见于乔木顶端持续鸣叫。食物以昆虫为主，尤嗜吃各种毛虫。典型的巢寄生性鸟类，其宿主种类在所有杜鹃中最多。

分布及种群数量： 夏季繁殖于我国大部分地区。广西分布有 2 个亚种，*canorus* 亚种为旅鸟，*bakeri* 亚种为夏候鸟。广西各地均有分布，较为常见。

相似种： 四声杜鹃。腹部黑色横斑较粗，叫声似"光—棍—好—苦"，四声一度。

鹤形目
GRUIFORMES

多数为涉禽，栖息于水域附近。脚和颈均较长，但喙的长短不一。正常趾型，但后趾一般退化，不适应抓握，因此很少在树上活动。雏鸟晚成性，多数种类具有迁徙习性。

中国分布有 2 科 29 种，广西分布有 2 科 16 种。

棕背田鸡

秧鸡科 Rallidae

中小型涉禽，头小，颈粗，脚长，善于奔走。常在距水面不高的草丛中营巢，夜行性。全世界均有分布，中国分布有 12 属 20 种，广西分布有 10 属 15 种。

鹤形目秧鸡科

花田鸡　Swinhoe's Rail

Coturnicops exquisitus

鉴别特征：体长约 12 cm，体形最小的秧鸡。体羽多褐色，上体具较粗的黑色纵纹和白色细小横斑。次级飞羽白色，飞行时可见翅膀有明显的白斑。

栖息地：河流、水田、池塘和水库等。

行为：半夜行性，常单独活动，主要以水生昆虫为食。

保护级别：国家 II 级重点保护野生动物。

分布及种群数量：繁殖于我国东北地区，在南方地区越冬。广西仅见于北海，种群数量较少，为罕见冬候鸟。

1	2	3	4	5	6	7	8	9	10	11	12

白喉斑秧鸡　Slaty-legged Crake

Rallina eurizonoides

鹤形目秧鸡科

鉴别特征：体长约 25 cm，体形中等的秧鸡。头和胸栗色，上体其余部分褐色，颏部偏白色，腹部黑色，具明显的白色横纹。

栖息地：水田和沼泽等水域地带，有时也在低海拔的潮湿森林活动。

行为：半夜行性，常单独活动，以水生动物为食。

分布及种群数量：见于我国东南部地区。广西各地均有分布，但不多见，为罕见留鸟。

灰胸秧鸡　Slaty-breasted Banded Rail

Lewinia striatus

鉴别特征：体长约 26 cm，体形中等的秧鸡。头顶栗色，背多具白色细纹，下体灰色，两胁和尾下具较粗的黑白色横斑。

栖息地：水田、池塘、水库和沼泽地等各种水域生境。

行为：半夜行性，常单独活动，以水生动物为食。

分布及种群数量：见于我国南部地区。广西各地均有分布，为常见留鸟。

1	2	3	4	5	6	7	8	9	10	11	12

普通秧鸡 Brown-cheeked Rail

Rallus indicus

鹤形目秧鸡科

鉴别特征：体长约 29 cm，体形中等的秧鸡。上体棕褐色，具较多的黑色纵纹，颈和胸部灰色，两胁和尾下具较粗的黑白色横斑，喙红色。

栖息地：水田、池塘、水库和沼泽地等各种水域生境。

行为：半夜行性，常单独活动，以水生动物为食。

分布及种群数量：繁殖于我国北方地区，在南方地区越冬。广西各地均有分布，但不多见，为冬候鸟。

| 1 | 2 | 3 | 4 | 5 | 6 | 7 | 8 | 9 | 10 | 11 | 12 |

133

鹤形目秧鸡科

红脚田鸡　Brown Crake

Zapornia akool

鉴别特征：体长约 28 cm，体形中等的秧鸡。上体全橄榄褐色，脸和胸灰色，腹部和尾下褐色，无横纹，脚暗红色。

栖息地：水田、池塘、水库和沼泽地等各种水域生境。

行为：性隐蔽，常单独或成对活动，以水生动物为食。

分布及种群数量：见于我国南方地区。广西各地均有分布，种群数量一般，为留鸟。

棕背田鸡　Black-tailed Crake

Zapornia bicolor

鉴别特征：体长约 22 cm，体形中等的秧鸡。头和下体烟灰色，颏部颜色较淡，背部橄榄褐色。

栖息地：多植被的溪流、稻田和沼泽生境。

行为：常单独或成对活动，夜行性，以水生动物为食。

保护级别：国家 II 级重点保护野生动物。

分布及种群数量：见于我国西南地区。广西见于百色和北部湾地区，为罕见留鸟。

成鸟

亚成鸟

幼鸟

幼鸟

小田鸡　Baillon's Crake

Zapornia pusilla

鉴别特征：体长约 18 cm，体形稍小的秧鸡。背部具白色纵纹，两胁和尾下具白色细横纹。雄鸟上体多红褐色，雌鸟颜色较暗。

栖息地：水田、池塘、水库和沼泽地等各种水域生境。

行为：常单独活动，较少飞行，以水生动物为食。

分布及种群数量：繁殖于我国北方地区，迁徙途经我国南方地区至东南亚越冬。广西各地均有分布，种群数量较少，大部分为旅鸟，部分为冬候鸟。

| 1 | 2 | 3 | 4 | 5 | 6 | 7 | 8 | 9 | 10 | 11 | 12 |

红胸田鸡　Ruddy-breasted Crake

Zapornia fusca

鹤形目秧鸡科

鉴别特征： 体长约 21 cm，体形稍小的秧鸡。上体褐色，颏白色，头侧和胸棕红色，腹部和尾下具白色细横纹。

栖息地： 水田、池塘、水库和沼泽地等各种水域生境。

行为： 常单独活动，较少飞行，以水生动物为食。

分布及种群数量： 繁殖于我国南部和东部地区。广西各地均有分布，较为常见，大部分为留鸟，部分为旅鸟。

1	2	3	4	5	6	7	8	9	10	11	12

斑胁田鸡　Band-bellied Crake

Zapornia paykullii

鉴别特征：体长约 24 cm，体形中等的秧鸡。上体深褐色，翼上具白色横斑，颏白色，头侧和胸棕红色，腹部和尾下具白色细横纹。

栖息地：多植被的水域生境。

行为：常单独活动，夜行性，以水生动物为食。

保护级别：国家 II 级重点保护野生动物。

分布及种群数量：繁殖于我国东北和华北地区，迁徙途经华中和华东地区。广西偶见于桂林和北部湾地区，为罕见旅鸟。

成鸟

亚成鸟

| 1 | 2 | 3 | 4 | 5 | 6 | 7 | 8 | 9 | 10 | 11 | 12 |

白眉苦恶鸟　White-browed Crake

Amaurornis cinerea

鉴别特征： 体长约 20 cm，体形稍小的秧鸡。体羽多灰褐色，上体具黑色斑点，具黑色的贯眼纹和白色的眉纹。

栖息地： 农田、水库和河流等。

行为： 常单独或成对活动，以水生动物为食。

分布及种群数量： 零星见于我国西南和沿海地区。广西仅偶见于百色、南宁、桂林和防城港，记录极少，估计为罕见留鸟或迷鸟。

白胸苦恶鸟　White-breasted Waterhen

Amaurornis phoenicurus

鉴别特征：体长约 34 cm，体形稍大的秧鸡。上体青灰色，脸部和下体几乎为白色，但臀部棕色。喙偏绿色，基部红色。

栖息地：水田、池塘、水库和沼泽地等各种水域生境。

行为：常成对活动。繁殖期间常在夜间鸣叫求偶，叫声类似"苦恶"。

分布及种群数量：见于我国南方地区。广西各地均有分布，很常见，为留鸟。

亚成鸟

成鸟

幼鸟

| 1 | 2 | 3 | 4 | 5 | 6 | 7 | 8 | 9 | 10 | 11 | 12 |

董鸡　Watercock

Gallicrex cinerea

鹤形目秧鸡科

鉴别特征：体长约 40 cm，体形较大的秧鸡。繁殖期雄鸟体羽黑色，红色的额甲明显。雌鸟灰褐色。

栖息地：多植被的水域生境。

行为：夜行性。繁殖期可整夜鸣叫，叫声如击鼓。以水生动物为食。

分布及种群数量：见于我国大多数地区。广西各地均有分布，不算多见，为夏候鸟。

1	2	3	4	5	6	7	8	9	10	11	12

紫水鸡　Purple Swamphen

Porphyrio porphyrio

鉴别特征：体长约 48 cm，体形较大的秧鸡。体羽多紫蓝色，具明显的红色额甲。

栖息地：多植被的水域生境。

行为：常成对或成小群活动，以水生动物和植物为食。

保护级别：国家 II 级重点保护野生动物。

分布及种群数量：见于我国云南和东南沿海地区。广西记录于贺州、宁明和北部湾沿岸，但近年来只在防城港有繁殖记录，为罕见留鸟。

黑水鸡　Common Moorhen

Gallinula chloropus

鹤形目秧鸡科

鉴别特征：体长约 28 cm，体形中等的秧鸡。体羽灰黑色，仅两胁和尾羽有白色，额甲亮红色。

栖息地：水田、池塘、水库和沼泽地等各种水域生境。

行为：常成对或成小群在水中游泳，取食水生昆虫和软体动物。

分布及种群数量：见于我国各地。广西各地均有分布，为常见留鸟，部分为旅鸟。

亚成鸟

成鸟

成鸟和幼鸟

1	2	3	4	5	6	7	8	9	10	11	12

鹤形目秧鸡科

白骨顶　Common Coot

Fulica atra

鉴别特征： 体长约 40 cm，体形较大的秧鸡。体羽黑色，喙和额甲白色。

栖息地： 水库、沼泽和河流等水域较大的生境。

行为： 成小群游于水面上，取食水生植物根茎。

分布及种群数量： 见于我国各地。广西各地均有分布，较为常见，为冬候鸟。

鹤科 Gruidae

大型涉禽，极为优雅。鹤后趾较高，不能与前三趾形成对握，因此鹤不能站在树上。广西好多地方被称为"万鹤山"，但实际上都没有鹤类，主要由各种鹭类鸟组成。鹤类在广西非常少见，我国分布有 1 属 9 种，广西仅分布有 1 属 1 种。

灰鹤　Common Crane

Grus grus

鹤形目鹤科

鉴别特征： 体长约 120 cm，体形很大的鹤类。体羽多灰色，头顶裸露，为鲜红色，眼后至后枕白色。幼鸟体羽棕褐色，与成鸟不同。

栖息地： 水库和农田等淡水生境。

行为： 常成对或成小群活动，冬季常在农田里取食遗留的种子。

保护级别： 国家 II 级重点保护野生动物。

分布及种群数量： 繁殖于我国东北和西北地区，迁徙至南方地区越冬。广西主要见于南宁和北部湾地区，已经多年没有观察到其活动，群众常把苍鹭等灰色的鹭鸟当成灰鹤，因此可能存在混淆。种群数量较少，为罕见冬候鸟或旅鸟。

| 1 | 2 | 3 | 4 | 5 | 6 | 7 | 8 | 9 | 10 | 11 | 12 |

勺嘴鹬

鸻形目
CHARADRIIFORMES

鸻形目鸟类的分类较为复杂，有时也被分为三个独立的目。多数为中小型涉禽，也有小部分为游禽。多数种类喙细且直，翼多尖长，善于飞行，颈和脚均较长。雌雄鸟相似。

中国分布有 13 科 135 种，广西分布有 12 科 95 种。

金眶鸻

蛎鹬科 Haematopodidae

体形中等，喜食贝类，分布于世界各地的沿海地区。中国仅分布有1属1种，也见于广西。

蛎形目蛎鹬科

蛎鹬 Eurasian Oystercatcher

Haematopus ostralegus

鉴别特征：体长约44 cm，体形稍大的鹬类。体羽以黑色和白色为主，喙和眼睛红色。

栖息地：多岩石的沿海滩涂。

行为：常成小群活动，以软体动物和甲壳类等动物为食。

分布及种群数量：繁殖于我国北方沿海地区，在华南和东南沿海地区越冬。广西见于北部湾沿岸地区，较少见，为冬候鸟。

鹮嘴鹬科 Ibidorhynchidae

体形较为独特的涉禽，喙长而弯曲，常单独活动，主要以蠕虫和水生昆虫为食。繁殖期为 5～7 月，每窝产卵 3～4 枚，雌雄共同孵卵。栖息于中亚和喜马拉雅山脉多石头的高原河岸地带。该科仅鹮嘴鹬 1 属 1 种，偶见于广西。

鹮嘴鹬　Ibisbill

Ibidorhyncha struthersii

鸻形目鹮嘴鹬科

鉴别特征： 体长约 40 cm。上体多灰色，头顶、脸、颏和喉均为黑色，胸腹部白色，上胸具一宽阔的黑色横斑，喙和脚红色。

栖息地： 山区多石头的河流或水库沿岸。

行为： 常单独活动，主要以各种水生昆虫和蠕虫为食。

保护级别： 国家 II 级重点保护野生动物。

分布及种群数量： 见于我国西部高海拔地区，冬季偶至低海拔平原地区活动。广西曾在河池市天峨县境内记录到其活动，估计为迷鸟或罕见冬候鸟。

| 1 | 2 | 3 | 4 | 5 | 6 | 7 | 8 | 9 | 10 | 11 | 12 |

反嘴鹬科 Recurvirostridae

体形较大的涉禽，羽毛多为黑白两色，常集群活动，广泛分布于全世界热带和温带地区。中国分布有 2 属 2 种，广西均有分布。

黑翅长脚鹬 Black-winged Stilt

Himantopus himantopus

鸻形目反嘴鹬科

鉴别特征：体长约 37 cm，体形修长和优雅的涉禽。体羽为黑色和白色，鲜红色的腿极长，不易误识，但幼鸟颜色较浅。

栖息地：沿海湿地，有时也到内陆的水库和河流等生境活动。

行为：成群活动，主要以软体动物、甲壳动物和鱼类为食。

分布及种群数量：见于我国大部分地区。广西各地均有分布，但以沿海地区较为常见，为冬候鸟，但也有部分个体在广西沿海地区繁殖。

| 1 | 2 | 3 | 4 | 5 | 6 | 7 | 8 | 9 | 10 | 11 | 12 |

反嘴鹬 Pied Avocet

Recurvirostra avosetta

鉴别特征：体长约 42 cm，体形较大的涉禽。体羽多白色，仅头顶、颈、肩和翼尖黑色，喙尖长而向上弯曲。

栖息地：沿海湿地，有时也到内陆的水库和河流等生境活动。

行为：成群活动，主要以软体动物、甲壳动物和鱼类为食。

分布及种群数量：繁殖于我国北方地区，在南方地区越冬。广西见于北部湾沿岸地区和百色及崇左等地，不多见，为冬候鸟。

| 1 | 2 | 3 | 4 | 5 | 6 | 7 | 8 | 9 | 10 | 11 | 12 |

鸻科 Charadriidae

中小型涉禽，喙形尖直，鼻孔直裂，趾具微蹼或无蹼。翼尖长，能进行长距离迁徙，迁徙期成大群活动。中国分布有 4 属 18 种，广西分布有 3 属 13 种。

鸻形目鸻科

凤头麦鸡　Northern Lapwing

Vanellus vanellus

鉴别特征：体长约 32 cm，体形中等的涉禽。上体多暗绿色，胸腹部白色，具明显的细长冠羽。

栖息地：有草的湿地、河流和水库等，有时也到农田和草地活动。

行为：成群活动，主要以小型动物为食。

分布及种群数量：繁殖于我国北方地区，在南方地区越冬。广西各地均有分布，较为少见，为冬候鸟。

距翅麦鸡　River Lapwing

Vanellus duvaucelii

鸻形目鸻科

鉴别特征： 体长约 30 cm，体形中等的涉禽。体羽多灰色、白色，但头顶、枕部、喉部、翼角和飞羽黑色。

栖息地： 多卵石的河滩，有时也到农田活动。

行为： 常单独或成对活动，以水生无脊椎动物为食。

分布及种群数量： 见于我国西藏、云南和海南等地。广西记录分布于北部湾地区，但仅于 2011 年 7 月在南宁市邕宁区观察到其活动，估计种群数量已经极为稀少，为罕见留鸟。

鸻形目鸻科

灰头麦鸡 Grey-headed Lapwing

Vanellus cinereus

鉴别特征: 体长约35 cm,体形中等的涉禽。体羽多褐色,头和胸灰色,喙黄色,喙尖端黑色。

栖息地: 开阔的水塘、沼泽和农田等。

行为: 成群活动,主要以小型动物为食。

分布及种群数量: 繁殖于我国北方地区,在南方地区越冬。广西各地均有分布,不太常见,为冬候鸟。

肉垂麦鸡　Red-wattled Lapwing

Vanellus indicus

鸻形目鸻科

鉴别特征：体长约 33 cm，体形中等的涉禽。体羽多褐色和白色，但头顶、枕部、喉部、翼角和飞羽黑色，喙基具明显的红色肉垂。

栖息地：开阔的草地和沙地，有时也到农田活动。

行为：成对或成家庭族群活动，以水生无脊椎动物为食。

分布及种群数量：见于我国云南、贵州、广东和海南。广西目前尚无确切的观察记录，但郑光美（2017）认为广西有分布，估计见于广西南部，为罕见留鸟。

1	2	3	4	5	6	7	8	9	10	11	12

金鸻 Pacific Golden Plover

Pluvialis fulva

鉴别特征：体长约 25 cm，体形中等偏小的涉禽。繁殖期胸腹部黑色，胸侧具白斑，背部具有明显的金黄色斑点，但广西较少见到繁殖羽个体。冬羽斑点偏黄色。

栖息地：沿海滩涂、水塘和河流等湿地。

行为：成小群活动，也与其他鸻鹬类混群，在地上快速行走。

分布及种群数量：繁殖于俄罗斯和阿拉斯加，迁徙途经我国大部分地区。广西见于百色和北部湾地区，迁徙期间较为常见，为冬候鸟，部分为旅鸟。

相似种：灰鸻。体形稍大，体羽偏灰色，背部斑点偏白色，飞行时腋下黑斑明显。

备注：广西在北部湾地区记录有美洲金鸻 *Pluvialis dominica*，为迷鸟（周放等，2011），但郑光美（2017）并未将美洲金鸻列入中国鸟类名录，因此本书暂不收录美洲金鸻。美洲金鸻体形较金鸻稍大，胸侧白斑较大，需在今后进行专门的监测，以确认其在广西的分布。

冬羽

繁殖羽

灰鸻　Grey Plover

Pluvialis squatarola

鸻形目鸻科

鉴别特征： 体长约 25 cm，体形中等的灰色涉禽。繁殖期胸腹部黑色，但在广西较少见到繁殖羽个体。冬羽上体褐灰色，背部斑点偏白色，腋羽基部具黑斑。

栖息地： 沿海滩涂、水塘和河流等湿地。

行为： 成小群活动，也与其他鸻鹬类混群，在地上快速行走。

分布及种群数量： 迁徙途经我国大部分地区，在华南地区越冬。广西见于南宁、贵港和北部湾地区，迁徙期间沿海地区较为常见，为冬候鸟，部分为旅鸟。

相似种： 金鸻。体形稍小，体羽偏棕色，背部斑点偏金黄，飞行时腋下无黑斑。

冬羽

繁殖羽

灰鸻与斑尾塍鹬（红圈）

1	2	3	4	5	6	7	8	9	10	11	12

剑鸻 Ringed Plover

Charadrius hiaticula

鉴别特征：体长约 19 cm，体形中等的丰满鸻类。喙较短，粗且钝。冬羽喙黑色，喙基色浅或近黑色，头顶灰褐色，全胸带和贯眼纹近黑色。亚成鸟的喙全黑，前顶横纹和胸带为灰褐色。飞行时，翼上白色横纹明显，内侧飞羽黑色。脚橘黄色。

栖息地：沿海滩涂、虾塘、海岸及附近湿地。

行为：常单独或成小群活动，有时也与金眶鸻混群。

分布及种群数量：不在我国繁殖，偶见于东北地区和香港。广西见于北部湾沿海滩涂和附近湿地，为偶见冬候鸟，其种群数量和分布可能被忽略。

相似种：长嘴剑鸻，体形较大，喙相对长且粗，飞行时翼上具模糊的浅白色横纹，夏季成鸟贯眼纹显灰褐色而非黑色，黄色眼圈较窄，脚暗黄色；金眶鸻，体形略小，黄色眼圈明显，喙形相对长而尖，飞行时翼上无白色横纹，内侧飞羽褐色，脚黄色。

| 1 | 2 | 3 | 4 | 5 | 6 | 7 | 8 | 9 | 10 | 11 | 12 |

长嘴剑鸻　Long-billed Plover

Charadrius placidus

鸻形目鸻科

繁殖羽

鉴别特征：体长约 22 cm，体形中等而健壮的鸻类。喙略长且粗，全黑色。黄色的眼圈较窄，尾形长，飞行时翼上具模糊的浅白色横纹。繁殖期前顶冠横纹和全胸带为黑色，贯眼纹为灰褐色而非黑色，脚暗黄色。

栖息地：江（河）边、水库岸边和沿海滩涂的多石地带。

行为：常单独或成小群活动。行走迅速，然后边走边觅食。

分布及种群数量：繁殖于我国东部和中部地区，迁徙期至南部地区越冬。广西见于北部湾沿岸和崇左、百色等地，不算常见，为冬候鸟，部分为旅鸟。

相似种：金眶鸻，体形较小，喙相对短且细，飞行时翼上无白色横纹，夏季成鸟贯眼纹黑色而非灰褐色，黄色眼圈较宽，脚黄色；剑鸻，体形略小，无明显黄色眼圈，喙形相对短且粗钝，飞行时翼上具白色横纹，翼上内侧飞羽显黑色而非褐色，脚橘黄色。

冬羽

| 1 | 2 | 3 | 4 | 5 | 6 | 7 | 8 | 9 | 10 | 11 | 12 |

金眶鸻　Little Ringed Plover

Charadrius dubius

鉴别特征：体长约 16 cm，体形较小的鸻类。喙短，黑色。夏季成鸟具黑色的前顶冠横纹、贯眼纹和前胸带，黄色眼圈明显。冬季成鸟黑色的前顶冠横纹消失，贯眼纹和全胸带近黑色，黄色眼圈略窄。飞行时翼上无白色横纹，内侧飞羽灰褐色，脚黄色。

栖息地：干涸或水浅的虾塘、沼泽地、农地，罕见于沿海滩涂。

行为：常单独、成对或集成小群活动。行走迅速，边走边觅食。

分布及种群数量：繁殖于我国大部分地区，在南方地区越冬。广西分布有 2 个亚种，*curonicus* 亚种在广西各地越冬，也有部分个体在北部湾地区繁殖，较为常见；*jerdoni* 亚种在广西西南部为冬候鸟，但也有部分个体繁殖，较为少见。

相似种：剑鸻，体形略大，无明显的黄色眼圈，喙形相对短且粗钝，飞行时翼上具白色横纹，翼上内侧飞羽黑色而非褐色，脚橘黄色；长嘴剑鸻，体形较大，喙相对长且粗，飞行时翼上具模糊的浅白色横纹，夏季成鸟贯眼纹灰褐色而非黑色，黄色眼圈较窄，脚暗黄色。

幼鸟　　繁殖羽　　冬羽　　冬羽

环颈鸻　Kentish Plover

Charadrius alexandrinus

鸻形目鸻科

鉴别特征：体长约 15 cm，体形较小的鸻类。具完整的白色颈圈，喙短，喙全黑色，白色的额与白眉纹贯通。繁殖羽后顶冠沾棕褐色，雄鸟前顶冠横纹、贯眼纹和胸两侧斑块均为黑色。*dealbatus* 亚种羽色偏浅，喙略长，眼线黑色少。

栖息地：海滩、虾塘、水库等湿地。

行为：迁徙和冬季集成大群，常与其他小型鸻鹬类涉禽混群。

分布及种群数量：我国各地均有分布。广西分布有 2 个亚种。*dealbatus* 亚种在广西各地均有分布，很常见，为留鸟，部分为冬候鸟；*alexandrinus* 亚种偶见于百色和河池，为冬候鸟。由于这 2 个亚种差别较小，它们在广西的分布情况可能需要进一步调查。

alexandrinus 亚种

alexandrinus 亚种

alexandrinus 亚种

dealbatus 亚种

蒙古沙鸻　Lesser Sand Plover

Charadrius mongolus

鉴别特征：体长约 20 cm，体形中等的鸻类。喙短而纤细，喉和前颈白色，但后颈颜色较深。繁殖期胸具棕赤色宽横纹，脸部具黑色斑纹，但冬羽胸棕赤色消失，胸两侧呈灰褐色块斑，脸部黑色斑纹略浅，脚偏灰色。

栖息地：海岸、沿海滩涂和虾塘。

行为：冬季常集成大群，与其他小型鸻鹬类涉禽，尤其是铁嘴沙鸻混群。

分布及种群数量：不在我国繁殖，迁徙途经过我国东部和南部沿海地区。广西见于北部湾沿岸和南宁、百色等地，主要为旅鸟，也有部分个体在广西越冬，种群数量一般。广西之前只记录 *mongolus* 亚种分布，但观察发现广西的蒙古沙鸻羽色多样，因此其他亚种可能也在广西有分布。

相似种：铁嘴沙鸻。体形略显高挑，喙较长且粗壮，繁殖羽棕色的胸带较窄，脚偏黄绿色。

铁嘴沙鸻　Greater Sand Plover

Charadrius leschenaultii

鸻形目鸻科

鉴别特征: 体长约 23 cm, 体形较大的鸻类。喙略长且粗壮, 喉和前颈白色, 但后颈颜色较深。繁殖羽胸具棕赤色窄横纹, 脸部具黑色斑纹, 但冬羽棕赤色胸带消失, 胸两侧呈灰褐色块斑, 脸部黑色斑纹略浅, 脚偏绿黄色。

栖息地: 海岸、沿海滩涂和虾塘。

行为: 冬季常集成大群, 与其他小型鸻鹬类涉禽, 尤其是蒙古沙鸻混群。

分布及种群数量: 繁殖于我国的新疆和内蒙古, 迁徙时见于我国全境。广西见于北部湾沿海和南宁、崇左等地, 为常见旅鸟, 部分为冬候鸟, 种群数量较蒙古沙鸻稍少。

相似种: 蒙古沙鸻。体形相对矮胖, 喙相对短而纤细, 繁殖羽棕色的胸带较宽, 脚偏灰色。

1	2	3	4	5	6	7	8	9	10	11	12

东方鸻 Oriental Plover

鸻形目鸻科

Charadrius veredus

鉴别特征：体长约 24 cm，体形较大的鸻类。喙短且纤细，上体全褐色，但部分成鸟头部沾白色，胸带较宽呈棕色，下体余部白色，腿黄色或近粉色。

栖息地：草地、沼泽地、农田等。

行为：常成群迁徙。

分布及种群数量：繁殖于我国北部地区，迁徙时途经东部地区。广西主要见于桂林和北部湾沿岸，为不常见旅鸟。

1	2	3	4	5	6	7	8	9	10	11	12

彩鹬科 Rostratulidae

体形中等，羽色较为鲜艳。繁殖期间雌鸟常较主动，有较强的领域意识和求偶行为。中国仅分布有1属1种，也见于广西。

彩鹬 Greater Painted Snipe

Rostratula benghalensis

鸻形目彩鹬科

鉴别特征： 体长约25 cm，体形中等的涉禽。体羽较鲜艳，雌鸟头和胸深栗色，眼周白色，雄鸟颜色较雌鸟浅。

栖息地： 有植被覆盖的农田、水库和河流等。

行为： 常单独或成对在晨昏活动，主要以昆虫、蛙和螺等小型动物为食。

分布及种群数量： 见于我国东北南部、华北和长江以南地区。广西各地均有分布，但并不多见，为留鸟，部分为冬候鸟。

雄鸟（左）和雌鸟（右）

雄鸟和幼鸟

| 1 | 2 | 3 | 4 | 5 | 6 | 7 | 8 | 9 | 10 | 11 | 12 |

水雉科 Jacanidae

中小型涉禽，脚趾特别长，便于在水面植物上行走。雌鸟体形较雄鸟大，主要分布于热带和亚热带地区。中国分布有2属2种，广西均有分布。

鸻形目水雉科

水雉　Pheasant-tailed Jacana
Hydrophasianus chirurgus

鉴别特征： 体长约35 cm，体形中等的涉禽。后颈金黄色，前颈、胸和翼上覆羽白色，尾极长，繁殖季节可达35 cm以上。亚成鸟上体栗褐色，下体较白。

栖息地： 水面有植被的小型水域。

行为： 常成对在荷叶、水葫芦的叶面上行走。

保护级别： 国家Ⅱ级重点保护野生动物。

分布及种群数量： 见于我国北部和长江以南地区。广西各地均有观察记录，种群数量一般，为夏候鸟。

成鸟

亚成鸟

成鸟

铜翅水雉　Bronze-winged Jacana

Metopidius indicus

鉴别特征：体长约 28 cm，体形中等的涉禽。头颈部黑色，具白色眉纹和红色喙基，背部和翼上覆羽褐色。

栖息地：水面有植被的小型水域。

行为：常单独活动，主要以昆虫为食。

保护级别：国家 II 级重点保护野生动物。

分布及种群数量：见于我国云南和广西。广西仅记录于北部湾地区，但已经多年未观察到其活动，估计为罕见留鸟。

| 1 | 2 | 3 | 4 | 5 | 6 | 7 | 8 | 9 | 10 | 11 | 12 |

鹬科 Scolopacidae

中小型鸟类，喙形直，微向上或向下弯曲。鹬科鸟类生活在滩涂湿地，主要取食小型无脊椎动物。中国分布有 12 属 50 种，其中有 12 属 40 种见于广西，主要分布于沿海地区。

鸻形目鹬科

丘鹬 Eurasian Woodcock

Scolopax rusticola

鉴别特征：体长约 35 cm，大型鹬类。体肥胖，外形似沙锥。颈和脚均较短，喙长且直，上体大部分为锈红色杂斑，头顶至颈背具黑褐色粗横斑纹。

栖息地：林下地面、沼泽地、农地、湿草地和林缘灌木丛地带。

行为：常独栖，白天多隐蔽，夜晚飞至开阔地带进食。

分布及种群数量：在我国东北地区和新疆、四川、甘肃繁殖。迁徙时途经广西大部分地区。为冬候鸟，部分为旅鸟。

姬鹬　Jack Snipe

Lymnocryptes minimus

鸻形目鹬科

鉴别特征：体长约 18 cm，小型鹬类。喙粗短，呈黄色，喙端黑色。头顶黑褐色，中心无纵纹。上体具绿色和紫色光泽。飞行时尾色深而无棕色横斑，尾呈楔形。

栖息地：草地、沼泽、耕地。

行为：性孤僻，常单独在夜间和黄昏活动。

分布及种群数量：不在我国繁殖，迁徙时途经我国东部沿海地区。广西仅见于北部湾沿海地区，为极罕见冬候鸟或旅鸟。

| 1 | 2 | 3 | 4 | 5 | 6 | 7 | 8 | 9 | 10 | 11 | 12 |

孤沙锥 Solitary Snipe

Gallinago solitaria

鸻形目鹬科

鉴别特征： 体长约 29 cm，体形略大的深色沙锥。体羽色较暗，黄色较少，斑纹较细。头顶中央冠纹、眉纹、颊为白色而非皮黄色，胸浅姜棕色，偏白色的下体布满褐色横斑，背部两侧均具 4 条白色纵纹。喙黄绿色，喙端黑色。脚黄绿色。

栖息地： 农地、山溪岸边、湿地和林间沼泽地。

行为： 性孤僻，常单独活动。

分布及种群数量： 繁殖于我国东北地区，在南方地区越冬。广西仅见于北部湾沿海地区，极为少见，为冬候鸟。

针尾沙锥 Pintail Snipe

Gallinago stenura

鉴别特征：体长约 24 cm，小型沙锥。尾羽外侧细窄呈"针状"且颜色浅，但不易见到。脸部条纹皮黄色，喙相对短（约为头长的 1.5 倍），背部花纹细腻，过眼线细直清晰。飞行时翼下无白色宽斑纹，次级飞羽无白色后缘。腿短略细，偏黄色。

栖息地：沼泽、稻田、草地，喜稍干燥的环境。

行为：常成对或结成小群活动。

分布及种群数量：不在我国繁殖，迁徙时途经我国大部分地区。广西各地均有分布，较为常见，为冬候鸟和旅鸟。

相似种：大沙锥。体形较大，腿较粗且多黄色，中央尾羽到外侧尾羽宽度逐渐变小，而非"针状"。

鸻形目鹬科

大沙锥　Swinhoe's Snipe
Gallinago megala

鉴别特征：体长约 28 cm，体形略大的沙锥。中央尾羽到外侧尾羽宽度逐渐变小，脸上条纹皮黄色，喙相对短（约为头长的 1.5 倍），背部花纹细腻，过眼线细直清晰，飞行时翼下无白色宽横纹，次级飞羽无白色后缘，脚短粗且黄。

栖息地：水库岸边、水塘、草地、沼泽和水田等湿地。

行为：常单独、成对或成小群活动。

分布及种群数量：不在我国繁殖，迁徙时途经我国东北和中部地区。广西各地可能都有分布，但非常少见，为冬候鸟。

相似种：针尾沙锥。体形较小，尾略短，腿相对细且黄色少，尾羽外侧细窄呈"针状"。

| 1 | 2 | 3 | 4 | 5 | 6 | 7 | 8 | 9 | 10 | 11 | 12 |

扇尾沙锥　Common Snipe

Gallinago gallinago

鸻形目鹬科

鉴别特征：体长约 26 cm，中型沙锥。外侧尾羽宽，但不易看到。脸皮黄色，喙相对长（约为头长的 2 倍）。背部花纹较粗糙，黄色条纹明显。贯眼纹较模糊且较宽泛。飞行时次级羽具白色宽后缘，翼下具白色宽横纹。腿短粗，为橄榄色。

栖息地：虾塘、草地、沼泽地带和稻田。

行为：常单独或成小群活动，有时也集成数十只的大群。

分布及种群数量：繁殖于我国东北和西北地区，迁徙时经我国大部分地区。广西各地均有分布，但不常见，为冬候鸟，部分为旅鸟。

1	2	3	4	5	6	7	8	9	10	11	12

长嘴半蹼鹬 Long-billed Dowitcher

Limnodromus scolopaceus

鉴别特征：体长约30 cm，体形较小的涉禽。黑褐色的喙长且直，基部较浅。繁殖羽上体呈黑褐色，较为斑驳，下体呈锈红色，胸和两侧具黑色横斑。非繁殖羽上体多灰色，下体偏白色。

栖息地：沿海滩涂湿地。

行为：常与其他水鸟混群活动，主要以各种水生动物为食。

分布及种群数量：繁殖于西伯利亚东北部地区，冬季偶见在华南沿海越冬。广西曾在北部湾沿海观察到其活动，估计为迷鸟或罕见冬候鸟。

长嘴半蹼鹬（红圈）和黑翅长脚鹬

繁殖羽

| 1 | 2 | 3 | 4 | 5 | 6 | 7 | 8 | 9 | 10 | 11 | 12 |

半蹼鹬 Asian Dowitcher

Limnodromus semipalmatus

鸻形目鹬科

鉴别特征： 体长约 35 cm，体形略小的涉禽。喙长且直，全黑色，喙端微显膨胀。飞行时翼下覆羽为白色，背部色深无白色斑纹。繁殖羽通体红褐色，但冬羽红褐色消失，以灰褐色为主。脚黑色。

栖息地： 沿海滩涂、沼泽地。

行为： 单独或成小群活动，常混于塍鹬群中。

保护级别： 国家 II 级重点保护野生动物。

分布及种群数量： 繁殖于我国东北地区，迁徙时途经华东和华南地区。广西主要见于北部湾沿海区域，较为少见，为旅鸟。

1	2	3	4	5	6	7	8	9	10	11	12

鸻形目鹬科

黑尾塍鹬 Black-tailed Godwit

Limosa limosa

鉴别特征：体长约 42 cm，中型涉禽。喙长直且不上翘，近黑色，喙基粉红色。飞行时尾基白色，尾端具黑色斑块，无白背。翼上白色的横斑明显，翼下白色无横纹。繁殖羽上体和胸沾棕红色，下体白色并具黑褐色横纹。脚近黑色。

栖息地：沿海泥滩、虾塘、沼泽和草地。

行为：常集成大群在水边泥滩上边走边觅食。

分布及种群数量：繁殖于我国东北和西北地区，迁徙途经我国大部分地区。广西主要见于北部湾沿海区域，较为常见，内陆地区偶有记录，为冬候鸟，部分为旅鸟。

相似种：斑尾塍鹬。体形略小，腿略短且相对矮墩，喙略上翘，飞行时白色的尾基具灰褐色横纹，背白色明显，翼上无白色的横斑，翼下布满褐色细横纹。

1	2	3	4	5	6	7	8	9	10	11	12

斑尾塍鹬　Bar-tailed Godwit

Limosa lapponica

鸻形目鹬科

鉴别特征： 体长约 37 cm，体形中等的涉禽。喙长且略上翘，近黑色，喙基粉红色。飞行时白色的尾基具灰褐色横纹，背白色明显，翼上无白色横斑，翼下白色且布满褐色细横纹。繁殖羽通体棕红色，下腹无黑色横纹。脚近黑色。

栖息地： 沿海泥滩、沼泽。

行为： 单独、成对或集成小群迁徙。

分布及种群数量： 不在我国繁殖，沿我国东部沿海地区迁徙。广西见于北部湾沿海区域，较黑尾塍鹬少见，为冬候鸟，部分为旅鸟。

相似种： 黑尾塍鹬。体形略大，腿略长且相对高挑，喙直且不上翘。飞行时尾前半部有黑色斑块，尾基白色，无白背。翼上具白色的横斑，翼下无褐色横纹。

繁殖羽

斑尾塍鹬（红圈）和蒙古沙鸻

| 1 | 2 | 3 | 4 | 5 | 6 | 7 | 8 | 9 | 10 | 11 | 12 |

小杓鹬 Little Curlew

Numenius minutus

鉴别特征： 体长约 30 cm，小型杓鹬类。喙长度中等，喙纤细且略下弯，通体皮黄色较多，头顶两侧具褐黑色粗冠纹，冠中央皮黄色，眉纹皮黄色，下腹和臀皮黄色而非白色，飞行时无白腰，脚灰色。

栖息地： 沿海附近干燥的草地、荒地、农地和海岸地带。

行为： 常单独或成小群活动。

保护级别： 国家 II 级重点保护野生动物。

分布及种群数量： 偶见在我国西北地区繁殖，沿我国东部沿海地区迁徙。广西见于北部湾沿海区域，极为少见，为冬候鸟。

相似种： 中杓鹬。体形较大，喙相对粗且长，喙明显下弯，通体皮黄色少，下腹和臀白色而非皮黄色，飞行时腰白色明显。

1	2	3	4	5	6	7	8	9	10	11	12

中杓鹬 Whimbrel

Numenius phaeopus

鉴别特征: 体长约 43 cm，中型杓鹬类。喙长且下弯，头顶两侧具褐黑色粗冠纹，冠中央白色，眉纹浅白，下腹和臀白色而非皮黄色。飞行时腰白色明显，尾、两胁和翼下具褐色横纹，脚灰黑色。

栖息地: 滩涂、岸基、海上木桩和红树林。

行为: 单独或成小群活动。

分布及种群数量: 不在我国繁殖，沿我国东部沿海地区迁徙。广西见于北部湾沿海区域，极为少见，为冬候鸟，部分为旅鸟。

相似种: 小杓鹬。体形较小，喙相对纤细且短，喙微下弯，通体皮黄色较多，下腹和臀皮黄色而非白色，飞行时无白腰。

1	2	3	4	5	6	7	8	9	10	11	12

白腰杓鹬 Eurasian Curlew

Numenius arquata

鸻形目鹬科

鉴别特征：体长约 55 cm，大型杓鹬类。喙甚长且下弯，通体浅红褐色，下腹和臀白色，飞行时翼下白色无横纹，腰白色明显，脚灰色。

栖息地：河岸和沿海滩涂。

行为：多集成小群或大群活动，有时单独与其他种类混群。

保护级别：国家Ⅱ级重点保护野生动物。

分布及种群数量：繁殖于我国东北地区，迁徙时经过华东和华南地区。广西主要见于北部湾沿海区域，内陆地区偶有记录，较为常见，为冬候鸟，部分为旅鸟。

相似种：大杓鹬。体形略大，喙略长，通体深红褐色，下腹和臀红褐色，飞行时腰无白色，翼下褐黑色横纹明显。

大杓鹬　Eastern Curlew

Numenius madagascariensis

鸻形目鹬科

鉴别特征：体长约 63 cm，大型杓鹬类。喙甚长且下弯，通体深红褐色，下腹和臀红褐色，飞行时翼下布满褐黑色横纹，无白腰，脚灰色。

栖息地：沿海滩涂和附近的草地及农田地带。

行为：单独或成松散的小群活动和觅食，常混于白腰杓鹬群中。

保护级别：国家 II 级重点保护野生动物。

分布及种群数量：不在我国繁殖，沿我国东部沿海地区迁徙。广西见于北部湾沿海区域，内陆地区偶有记录，极为少见，为旅鸟。

相似种：白腰杓鹬（见下图左一）。体形略小，喙略短，通体浅红褐色，下腹和臀白色，飞行时腰白色明显，翼下白色无横纹。

大杓鹬（红圈）和白腰杓鹬

| 1 | 2 | 3 | 4 | 5 | 6 | 7 | 8 | 9 | 10 | 11 | 12 |

鹤鹬 Spotted Redshank

Tringa erythropus

鸻形目鹬科

鉴别特征：体长约 30 cm，中型鹬类。喙细、长、直，尖端处微下勾，喙下基红色。过眼线明显，飞行时次级飞羽无白色翼后缘。冬羽上体灰色深，繁殖羽通体黑色具白色斑点。脚橙红色。

栖息地：沿海滩涂、虾塘、沼泽地带。

行为：常结群活动，能在水中游泳。

分布及种群数量：不在我国繁殖，迁徙途经我国大部分地区。广西主要见于北部湾沿海区域，较为常见，但数量不多，内陆地区偶有记录，为冬候鸟，部分为旅鸟。

相似种：红脚鹬。体形略小，脚相对短。喙粗短且端无勾，喙呈双色且半截红色。贯眼纹不明显，冬羽上体灰色略浅，飞行时次级飞羽具明显白色外缘，脚伸出尾较少。

繁殖羽

红脚鹬 Common Redshank

Tringa totanus

鉴别特征：体长约 28 cm，中型鹬类。喙粗且直，呈双色喙，喙黑色且基红。飞行时次级飞羽具明显白色外缘，过眼纹不明显。冬羽上体灰色略浅，繁殖羽下体白色且布满黑褐色纵纹。脚橙红色。

栖息地：沿海滩涂、河口、沼泽、河岸、水塘。

行为：常单独或成小群活动。

分布及种群数量：繁殖于我国北方地区，迁徙时途经过华东和华南地区。广西各地均有记录，较为常见，但数量不多，为冬候鸟，部分为旅鸟。

相似种：鹤鹬。体形稍大，腿相对长。喙相对细而长，且尖端处微下勾，喙红色少，仅下基红。贯眼纹明显，冬羽上体灰色略深，飞行时次级飞羽无白色外缘，脚伸出尾较多。

1	2	3	4	5	6	7	8	9	10	11	12

泽鹬　Marsh Sandpiper

Tringa stagnatilis

鸻形目鹬科

鉴别特征：体长约23 cm，中型的灰褐色和白色鹬类。头小、颈细长、脚长且外形纤细，喙细且直，黑色。额白，尾部横纹明显，飞行时腰白色，翼下白且无斑纹，脚伸出尾甚长。繁殖羽灰褐色，上体、胸部和两胁具黑色斑纹。脚偏黄绿色。

栖息地：沿海滩涂、虾塘及附近的沼泽地。

行为：性羞怯，冬季常结成群，常与青脚鹬混群觅食。

分布及种群数量：不在我国繁殖，迁徙途经我国大部分地区。广西主要见于北部湾沿海区域，很常见，内陆地区偶有记录，为冬候鸟，部分为旅鸟。

1	2	3	4	5	6	7	8	9	10	11	12

青脚鹬 Common Greenshank

Tringa nebularia

鸻形目鹬科

鉴别特征： 体长约 32 cm，中型的灰褐色和白色鹬类。腿长、颈长，外形高挑。喙粗且钝，微向上翘，呈灰色，喙端黑色。尾部横纹明显，飞行时翼下具黑褐色细纹，脚伸出尾端。冬羽上体灰色较深，胸具黑色斑点。脚绿黄色。

栖息地： 沿海滩涂、河口、虾塘和内陆的沼泽地带、水库的泥滩。

行为： 通常单独或成小群活动，与泽鹬混群觅食。

分布及种群数量： 不在我国繁殖，迁徙途经我国大部分地区。广西主要见于北部湾沿海区域，很常见，内陆地区偶有记录，为冬候鸟，部分为旅鸟。

相似种： 小青脚鹬。体形略小，健壮。腿相对短，脚黄色更深。喙相对粗且钝，喙基黄色深。翼下白色且无斑纹，尾白色且横纹不明显。冬羽上体灰色浅且相对白，繁殖羽胸和腹黑色斑点略大。

1	2	3	4	5	6	7	8	9	10	11	12

小青脚鹬 Nordmann's Greenshank

Tringa guttifer

鸻形目鹬科

鉴别特征： 体长约31 cm，中型鹬类。外形似青脚鹬，但头大且颈粗，腿短且健壮。喙粗而钝且微向上翘，呈双色，喙黑色，基部黄。尾白色且横纹不明显。冬羽上体灰色略浅，鳞状纹较多。飞行时脚伸出尾后较少，翼下白色无细纹。脚黄色。

栖息地： 泥地或海边滩涂。

行为： 单独、成对或成小群在淤泥或沙滩上用喙搜寻食物。

保护级别： 国家Ⅰ级重点保护野生动物。

分布及种群数量： 不在我国繁殖，沿我国东部沿海地区迁徙。广西见于北部湾沿海区域，极为少见，为冬候鸟，部分为旅鸟。

相似种： 青脚鹬。体形略大且高挑，腿较长，脚黄色少。喙相对细且尖，喙基黄色少。尾部横纹明显，飞行时翼下具黑褐色细纹。冬羽上体灰色深且相对暗，繁殖羽胸和腹黑色斑点略小。

186

白腰草鹬　Green Sandpiper

Tringa ochropus

鉴别特征：体长约 23 cm，中型鹬类。体形矮壮，喙暗橄榄色，喙端近黑色，上体绿褐色，羽缘杂白色小斑点，胸纵纹多而色暗，腹部和臀白色，尾长等于翼长，飞行时翼上无白色横纹，翼下几乎全黑，腰白色而尾端粗横纹明显。繁殖羽上体白色斑点略大，胸纵纹明显，脚橄榄绿色。

栖息地：水边浅水处、池塘、草地、水田和沼泽地。

行为：常单独或成对活动。

分布及种群数量：很少在我国繁殖，迁徙途经我国大部分地区。广西各地均有分布，不算多见，为冬候鸟，部分为旅鸟。

相似种：林鹬。体形略小，喙相对短，腿长且外形纤细，上体杂色多，白斑较大，白色眉纹长，飞行时翼下色浅。

| 1 | 2 | 3 | 4 | 5 | 6 | 7 | 8 | 9 | 10 | 11 | 12 |

林鹬 Wood Sandpiper

Tringa glareola

鸻形目鹬科

鉴别特征：体长约 20 cm，中型鹬类。体形纤细，脚长，脚淡黄色至橄榄绿色。喙黑色，基部绿黄色。上体灰褐色且杂色多，粗白斑较多，像"花衬衫"，白色眉纹长。飞行时腰白色，尾具横纹，翼上无横纹，翼下色浅，脚伸于尾后。

栖息地：虾塘、农田、沼泽和草地，也到沿海多泥的环境栖息。

行为：常结成松散小群，有时也与其他涉禽混群。

分布及种群数量：很少在我国繁殖，迁徙途经我国大部分地区。广西各地均有分布，在沿海区域很常见，为冬候鸟，部分为旅鸟。

相似种：白腰草鹬。体形略大，喙相对长，腿短且矮壮，上体杂色少，羽缘白点小，白色眉纹短且不过眼，飞行时翼下全黑。

| 1 | 2 | 3 | 4 | 5 | 6 | 7 | 8 | 9 | 10 | 11 | 12 |

灰尾漂鹬　Grey-tailed Tattler

Tringa brevipes

鉴别特征： 体长约 25 cm，体形低矮的中型鹬类。喙粗直且钝，黑色，喙基浅黄绿色。贯眼纹黑色，眉纹浅白色。胸灰暗，腹和臀白色。腿粗短，黄色。繁殖羽上体暗灰色，颈、胸和两胁具褐色斑纹。飞行时翼下色深。

栖息地： 沿海滩涂浅水处和潮间地带。

行为： 常单独或成松散小群觅食。

分布及种群数量： 不在我国繁殖，沿我国东部沿海地区迁徙。广西见于北部湾沿海区域，较为少见，为旅鸟。

1	2	3	4	5	6	7	8	9	10	11	12

翘嘴鹬 Terek Sandpiper

Xenus cinereus

鸻形目鹬科

鉴别特征：体长约 23 cm，体形中等的灰白两色鹬类。喙黑色，长且上翘，喙基黄色。脚短，橘黄色，半截眉纹浅白色。飞行时翼上初级飞羽黑色，次级飞羽白色内缘明显。繁殖羽肩羽黑色。

栖息地：沿海滩涂、岸基和虾塘。

行为：单独或几只在一起活动，偶成小群。进食时与其他涉禽混群，但飞行时常不混群。

分布及种群数量：不在我国繁殖，沿我国东部沿海地区迁徙。广西见于北部湾沿海区域，内陆地区偶有记录，较为少见，多数为旅鸟，部分为冬候鸟。

| 1 | 2 | 3 | 4 | 5 | 6 | 7 | 8 | 9 | 10 | 11 | 12 |

矶鹬　Common Sandpiper

Actitis hypoleucos

鸻形目鹬科

鉴别特征： 体长约 20 cm，中型鹬类。体形低矮，上体褐色，下体白色，胸侧具白色斑块。喙短直，灰色。翼不及尾长，具浅黑色的过眼线，飞行时翼上具白色斑纹。脚短，浅橄榄绿色。

栖息地： 海岸、内陆、池塘的水边及其他突出物上，有时也栖于水边树上。

行为： 常单独或成对活动，停息时尾巴不断上下摆动。

分布及种群数量： 繁殖于我国北方地区，迁徙途经我国大部分地区。广西各地均有分布，很常见，为冬候鸟，部分为旅鸟。

| 1 | 2 | 3 | 4 | 5 | 6 | 7 | 8 | 9 | 10 | 11 | 12 |

翻石鹬 Ruddy Turnstone

Arenaria interpres

鉴别特征：体长约 23 cm，中型鹬类。体形低矮。脚短，橘黄色。喙短粗且呈圆锥状，黑色。冬羽上体、头和胸部具黑色、褐色和白色的复杂图案，繁殖羽体羽色深且上体沾栗色。

栖息地：沿海泥滩、沙滩。

行为：觅食时通常不与其他种类混群，在海滩上翻动石头及其他物体找食甲壳类。

保护级别：国家 II 级重点保护野生动物。

分布及种群数量：不在我国繁殖，沿我国东部沿海地区迁徙。广西见于北部湾沿海区域，较为少见，为旅鸟。

繁殖羽

1	2	3	4	5	6	7	8	9	10	11	12

大滨鹬 Great Knot

Calidris tenuirostris

鸻形目鹬科

鉴别特征：体长约 27 cm，中型灰色滨鹬。喙略长且厚，黑色。冬羽胸色暗且布满小斑点，两胁具细斑点，腰和两翼具白色横斑。繁殖羽的胸黑色较深，白色的下体具较黑较大的斑点，翼具赤褐色横斑。飞行时尾基白色，脚绿灰色。

栖息地：潮间滩涂、沙滩和虾塘。

行为：常结成小群或大群，也单独活动，冬季常与红腹滨鹬混群。

保护级别：国家 Ⅱ 级重点保护野生动物。

分布及种群数量：不在我国繁殖，沿我国东部沿海地区迁徙。广西见于北部湾沿海区域，数量不多，为旅鸟，部分为冬候鸟。

相似种：红腹滨鹬。体形略小，脚略短，相对矮壮，喙略短，浅白色的眉纹明显，飞行时尾基色深。

繁殖羽

大滨鹬（红圈）和红腹滨鹬（蓝圈）

1	2	3	4	5	6	7	8	9	10	11	12

红腹滨鹬　Red Knot

Calidris canutus

鸻形目鹬科

鉴别特征：体长约 24 cm，中型偏灰色滨鹬。喙短且厚，近黑色。腿短显矮壮，绿黄色。眉纹浅白色，上体灰褐色，下体近白色，飞行时尾基色深。繁殖羽下体棕色，上体沾棕色斑纹。*piersmai* 亚种的繁殖羽下体深砖红色，颈背偏红色。

栖息地：沙滩和沿海滩涂。

行为：通常群居，常结成大群活动，与其他涉禽混群。进食时喙快速下啄，有时为取食把整个头都埋进去。

分布及种群数量：不在我国繁殖，沿我国东部沿海地区迁徙。广西分布有 2 个亚种，均只见于北部湾沿海区域，数量不多，为冬候鸟，部分为旅鸟。广西原记录只有 *rogersi* 亚种，但最近发现 *piersmai* 亚种在广西也有分布。

相似种：大滨鹬冬羽。体形略大，相对修长，脚略长，喙略长，眉纹不明显，飞行时尾基白色。

piersmai 亚种

rogersi 亚种

三趾滨鹬　Sanderling

Calidris alba

鸻形目鹬科

鉴别特征：体长约 20 cm，中型滨鹬。喙粗且直，全黑色。黑色的脚仅三根前趾而无后趾，通常肩羽具黑色斑块，飞行时翼上具白色横纹。冬羽上体灰色较浅，比其他滨鹬白，头部灰色少且偏白色。繁殖羽上体沾黑色和棕褐色斑纹。

栖息地：沿海滩涂、沙滩。

行为：喜群栖，有时独行，常混于小型鸻鹬类水鸟群中。通常随落潮在水边奔跑，同时拣食海潮冲刷出来的小食物。

分布及种群数量：不在我国繁殖，沿我国东部沿海地区迁徙。广西见于北部湾沿海区域，内陆地区偶有记录，较为常见，为冬候鸟，部分为旅鸟。

1	2	3	4	5	6	7	8	9	10	11	12

红颈滨鹬　Red-necked Stint

Calidris ruficollis

鉴别特征：体长约 15 cm，小型滨鹬。喙短，略粗，全黑色。冬羽上体灰褐色，下体白色，胸两侧微具灰色纵纹。繁殖羽上体羽色深，头、颈、背、肩红褐色，脚黑色。

栖息地：沿海滩涂、池塘，偶尔到内陆湿地。

行为：与小型鸻鹬类水鸟混群。行动敏捷迅速，常边走边啄食。

分布及种群数量：不在我国繁殖，沿我国东部沿海地区迁徙。广西见于北部湾沿海区域，内陆地区偶有记录，较为常见，为冬候鸟，部分为旅鸟。

相似种：小滨鹬。体形略小，喙相对纤细，长且尖，脚略长，特别是胫长，两翼略短，夏羽颏和喉白色而非红褐色。

勺嘴鹬 Spoon-billed Sandpiper

Calidris pygmeus

鉴别特征： 体长约 15 cm，小型滨鹬。具特征性黑色的勺形喙。冬羽上体覆羽呈鳞片状，灰褐色，下体白色。繁殖羽上体、头、颈、上胸均染棕红色，脚黑色。

栖息地： 沿海滩涂、岸基和虾塘。

行为： 常混于小型鸻鹬类鸟群中栖息、觅食。

保护级别： 国家 I 级重点保护野生动物。

分布及种群数量： 不在我国繁殖，沿我国东部沿海地区迁徙。广西见于北部湾沿海区域，种群数量已经极为稀少，接近灭绝边缘，为冬候鸟，部分为旅鸟。

1	2	3	4	5	6	7	8	9	10	11	12

小滨鹬 Little Stint

Calidris minuta

鸻形目鹬科

鉴别特征：体长约 14 cm，小型滨鹬。外形似红颈滨鹬，但喙纤细，略长且尖。脚也相对长，特别是胫略长。冬羽上体灰色，下体白色。繁殖羽沾棕色，颏和喉白色而非红褐色，背上具明显的白色"V"形斑，脚灰黑色。

栖息地：近海浅水湿地、虾塘。

行为：常单独、成对或结小群活动，或与红颈滨鹬、长趾滨鹬、青脚滨鹬、金眶鸻等鸟类混群觅食。

分布及种群数量：不在我国繁殖，沿我国东部沿海地区迁徙。广西见于北部湾沿海区域，极为少见，为冬候鸟或旅鸟。野外观察时常被误认为是红颈滨鹬。广西对小滨鹬的观察可能有所忽略，需进一步调查。

相似种：红颈滨鹬。体形略大，喙相对粗壮，短且钝，脚略短，特别是胫短，两翼略长，繁殖羽颏和喉红褐色而非白色。

青脚滨鹬 Temminck's Stint

Calidris temminckii

鉴别特征： 体长约 12 cm，小型略矮壮的滨鹬。脚短，绿黄色。喙短，近黑色。头大，颈粗短，眉纹不明显，尾略长于翼尖。冬羽上体暗灰色，胸色灰暗无纵纹，两胁和下体白色。繁殖羽体羽和胸颜色略深，覆羽带略沾棕色和黑色纹。

栖息地： 淡水湿地、虾塘，偶尔也光顾沿海滩涂的潮间带。

行为： 喜同其他滨鹬一起结成小群或大群活动。

分布及种群数量： 不在我国繁殖，迁徙途经我国大部分地区。广西见于北部湾沿海区域，内陆地区偶有记录，较为少见，多数为冬候鸟，部分为旅鸟。

相似种： 长趾滨鹬。头小，颈和脚长，外形纤细。冬羽粗糙而杂斑多，胸具褐色细纵纹，两胁略沾纵纹。繁殖羽上体和头顶冠沾棕色较多，脚黄色略浅。

1	2	3	4	5	6	7	8	9	10	11	12

长趾滨鹬　Long-toed Stint

Calidris subminuta

鉴别特征： 体长约 14 cm，小型滨鹬。体形略纤细，脚略长且为绿黄色，脚趾较长，喙短近黑色，头小颈细，眉纹白。冬羽头顶有黑褐色纵纹，上体覆羽粗糙且杂斑多，胸具细黑褐色纵纹，两胁纵纹少，下体白色。繁殖羽头顶冠沾棕色，上体覆羽色深并沾棕色，下体白色。

栖息地： 虾（池）塘、农田、淡水湿地，偶尔也光顾沿海滩涂的潮间带。

行为： 喜同其他滨鹬一起结成小群或大群活动。

分布及种群数量： 不在我国繁殖，迁徙途经我国东部和中部大部分地区。广西见于北部湾沿海区域，内陆地区偶有记录，较为少见，多数为冬候鸟，部分为旅鸟。

相似种： 青脚滨鹬。头大，颈和脚短，外形矮壮。冬羽暗灰色而杂斑少，胸色暗无纵纹，两胁白色。繁殖羽上体和头顶冠沾棕色较少，脚黄色略深。

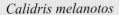

斑胸滨鹬　Pectoral Sandpiper

Calidris melanotos

鸻形目鹬科

鉴别特征： 体长约 22 cm，中型褐色滨鹬。喙呈双色并微下弯，喙黄色，喙端黑色，眉纹浅白色，顶冠具褐色纵纹，污黑的胸部布满黑色细纵纹并突然中止于白色腹部，黑色、白色分界明显。繁殖期雄鸟胸部呈大面积黑色且膨大，脚黄色。

栖息地： 沿海附近湿润的沼泽和草地，偶尔到海湾和海岸地带活动。

行为： 常单独、成对或成小群活动。

分布及种群数量： 不在我国繁殖，沿我国东部沿海地区迁徙。广西仅于北部湾沿海地区有零星记录，为罕见旅鸟。此外，广西之前还有白腰滨鹬 *Calidris fuscicollis* 的分布记录，但考虑到其分布范围较小，在广西的分布尚有待证实，本书暂不收录该物种。

相似种： 尖尾滨鹬。体形小，喙略短，头顶冠棕色明显，胸皮黄色，下体"V"形黑色粗斑纹较多。

1	2	3	4	5	6	7	8	9	10	11	12

尖尾滨鹬　Sharp-tailed Sandpiper

Calidris acuminata

鸻形目鹬科

鉴别特征：体长约 19 cm，中型滨鹬。喙短，黑色，喙基黄绿色。眉纹浅白色，头顶冠棕色明显，胸皮黄色，"V"形黑色粗纵纹自胸沿至白色的下体。飞行时，尾上覆羽中央黑色，两侧白色。繁殖羽体羽色深并多沾棕色，脚黄绿色。

栖息地：滩涂、虾塘、泥沼等湿地。

行为：单独或成小群活动，也与其他鹬类混群活动，常边走边觅食。

分布及种群数量：不在我国繁殖，迁徙途经我国大部分地区。广西见于北部湾沿海区域，内陆地区偶有记录，较为少见，多数为冬候鸟，部分为旅鸟。

相似种：斑胸滨鹬。体形略大，喙略长，头顶冠近褐色而非棕色，胸部污黑色，下体白色，且黑色、白色分界明显。

阔嘴鹬 Broad-billed Sandpiper

Limicola falcinellus

鉴别特征： 体长约 17 cm，小型滨鹬。喙粗壮，近端处突然下弯，看似喙端扭折，喙近黑色。眉纹分叉呈双眉纹状，胸具淡褐色或褐色细斑纹，下体白色。脚短，淡黄绿色。

栖息地： 沿海泥滩、沙滩和虾塘。

行为： 性孤僻，常单独混于小型鸻鹬类鸟群中栖息、觅食。

保护级别： 国家 II 级重点保护野生动物。

分布及种群数量： 不在我国繁殖，迁徙途经我国东部和中部大部分地区。广西见于北部湾沿海区域，较为少见，为旅鸟，部分为冬候鸟。

阔嘴鹬（红圈）和环颈鸻

| 1 | 2 | 3 | 4 | 5 | 6 | 7 | 8 | 9 | 10 | 11 | 12 |

流苏鹬 Ruff

鸻形目鹬科

Calidris pugnax

鉴别特征： 体长约 28 cm，中型鹬类。喙和脚颜色多变，体形差异略大（雄鸟体长约 28 cm，雌鸟体长约 23 cm），喙短且微下弯，腿长，头小，颈长。冬羽的雌雄体羽色相似，上体具鳞状斑纹，羽心深褐色而羽缘浅色。

栖息地： 沿海滩涂、虾塘。

行为： 单独或成小群活动，常与其他涉禽混群。

分布及种群数量： 不在我国繁殖，主要沿我国东部沿海地区迁徙。广西见于北部湾沿海区域，偶尔也在内陆湿地活动，较少见，为冬候鸟，部分为旅鸟。

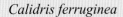

弯嘴滨鹬　Curlew Sandpiper

Calidris ferruginea

鸻形目鹬科

鉴别特征：体长约 21 cm，中型滨鹬。喙长且下弯较滑顺，喙和脚均黑色，飞行时尾上覆羽白色明显。冬羽上体灰色，下体、眉纹和翼上横纹白色。繁殖羽通体深棕色。

栖息地：沿海滩涂、虾塘、水库等浅水湿地。

行为：常成群活动和觅食，也与其他鹬类混群。

分布及种群数量：不在我国繁殖，迁徙途经我国大部分地区。广西见于北部湾沿海区域，内陆地区偶有记录，数量不多，多数为冬候鸟，部分为旅鸟。

相似种：黑腹滨鹬。体形略小，脚相对短，喙相对短且近端处略下弯，飞行时尾部中央色深。

繁殖羽

1	2	3	4	5	6	7	8	9	10	11	12

黑腹滨鹬　Dunlin

Calidris alpina

鉴别特征：体长约 19 cm，小型滨鹬。喙长且近端略下弯，喙和脚均黑色，眉纹浅白色，胸具细纵纹。飞行时尾中央色深，两侧白色。冬羽上体灰褐色，下体白色。繁殖羽上体色深且沾棕色，下体腹中央黑色。

栖息地：沿海滩涂、虾塘，偶尔到内陆湿地活动。

行为：常成群和其他小型涉禽混群，有时也见单独活动。

分布及种群数量：不在我国繁殖，迁徙途经我国东部和中部大部分地区。广西见于北部湾沿海区域，数量不多，多数为冬候鸟，部分为旅鸟。

相似种：弯嘴滨鹬。体形略大，脚相对长，喙略长且下弯较滑顺，飞行时尾上覆羽白色。

繁殖羽

繁殖羽

1	2	3	4	5	6	7	8	9	10	11	12

红颈瓣蹼鹬 Red-necked Phalarope

Phalaropus lobatus

鸻形目鹬科

鉴别特征：体长约 18 cm，小型鹬类。喙较细且直，黑色。脚趾具蹼形，常见游于水上。冬羽上体灰色，下体白色，眼后具条状黑褐色斑块延至眼周，通常头顶黑褐色斑块明显。繁殖羽色深，喉白，棕色的颈部上延至眼后成围兜，上体具金黄色斑。

栖息地：内陆和近海浅水区域、水塘。

行为：常单独、成对或结小群活动，善于游泳，甚不惧人，易于接近。

分布及种群数量：不在我国繁殖，迁徙途经我国大部分地区。广西见于北部湾沿海区域，内陆地区偶有记录，数量不多，多数为旅鸟，部分为冬候鸟。

三趾鹑科 Turnicidae

体形和行为与鹌鹑相似，但缺少后趾。配偶为一雌多雄制，雌鸟体形较大，羽毛相对鲜艳，孵化由雄鸟进行。中国分布有 1 属 3 种，广西均有分布。

林三趾鹑　Common Buttonquail

Turnix sylvatica

鸽形目三趾鹑科

鉴别特征：体长约 15 cm，体形较小的鹑类。体羽多棕褐色，上体具白色纹，胸部棕色，两胁具黑色的斑点。

栖息地：开阔草地。

行为：常单独或成对活动，人靠近时会突然惊飞。

分布及种群数量：见于我国东南部地区。广西各地均有分布，但并不多见，近年来几乎没有准确的观察记录，为罕见留鸟。

雌鸟

黄脚三趾鹑　Yellow-legged Buttonquail

Turnix tanki

鉴别特征：体长约 16 cm，体形较小的鹑类。体羽棕褐色，上体具明显的黑色斑点，腿黄色，与其他三趾鹑不同。雌鸟枕部和上背栗色明显。

栖息地：开阔草地和农田。

行为：常单独或成对活动，人靠近时会突然惊飞。夜间迁徙的时候有趋光习性。

分布及种群数量：见于我国东部和南部大部分地区。广西全境均有分布，迁徙期间较易发现，为冬候鸟或旅鸟。

雄鸟

| 1 | 2 | 3 | 4 | 5 | 6 | 7 | 8 | 9 | 10 | 11 | 12 |

棕三趾鹑 Barred Buttonquail

鸽形目三趾鹑科

Turnix suscitator

鉴别特征：体长约 16 cm，体形较小的鹑类。体羽多黄褐色，上体斑驳，上胸和两胁具黑色的横纹。雌鸟体形略大，颏和喉部黑色。

栖息地：开阔草地和农田。

行为：常单独或成对活动，人靠近时会突然惊飞。夜间迁徙的时候有趋光习性。

分布及种群数量：见于我国南方地区。广西各地均有分布，较其他三趾鹑常见，为留鸟，但在迁徙期间也有观察记录。

雄鸟

雌鸟

燕鸻科 Glareolidae

体形中等，喙短且弯曲，喙基部较宽，翼尖长，尾分叉，飞行时似燕子。中国分布有1属4种，仅有1种见于广西。

普通燕鸻　Oriental Pratincole

Glareola maldivarum

鸻形目燕鸻科

鉴别特征：体长约25 cm，体形稍小的涉禽。体羽多橄榄褐色，翼长，尾叉形。繁殖羽具有黑色的领，但冬羽不明显。

栖息地：人为干扰较少的沿海滩涂、水库、河流或草地生境等。

行为：成小群活动，主要在地面捕食昆虫。

分布及种群数量：繁殖于我国北方地区，迁徙或越冬于我国东部地区。广西见于北部湾地区和南宁、桂林及崇左等地，但以沿海地区较为常见，为冬候鸟，部分个体也在广西沿海地区繁殖，估计为夏候鸟。

| 1 | 2 | 3 | 4 | 5 | 6 | 7 | 8 | 9 | 10 | 11 | 12 |

鸥科 Laridae

新的鸥科包括了原来的鸥科和燕鸥科。鸥类雌雄同色，脚具蹼，常在水面游泳，翅长，擅长长距离飞行，体羽多白色且具黑色翼端，头和上体具不同程度的黑色、灰色和褐色，幼鸟常具褐色杂斑，数年后才能换成成鸟羽色。鸥类较难识别，尤其是亚成体，其体羽颜色多变。主要在海面上捕食鱼类、虾、软体动物和水生昆虫等。中国分布有 19 属 41 种，广西分布有 13 属 28 种。另外，2021 年 7 月在广西北部湾海面有过白腰燕鸥 *Onychoprion aleuticus* 的记录，考虑到该种与广西原记录的种类较为相似，广西是否有白腰燕鸥的分布尚需要进一步调查。

三趾鸥　Black-legged Kittiwake

Rissa tridactyla

鸻形目鸥科

鉴别特征： 体长约 41 cm，体形中等、尾略呈叉形的鸥类。喙黄色，腿黑色，翼尖全黑色。越冬成鸟头和颈背具灰色杂斑。第一年冬鸟喙黑色，顶冠和后领污黑色，飞行时上体具深色不完整的"W"形斑纹，尾端具黑色横带。

栖息地： 海洋，偶尔也在内陆水库活动。

行为： 单独或与其他鸥类混群活动，主要以鱼虾为食。

分布及种群数量： 不在我国繁殖，偶见在我国东部沿海地区和内陆地区越冬。广西仅分布于北部湾沿海地区和靖西，为罕见冬候鸟，估计也有部分个体为旅鸟。

第一年冬羽

细嘴鸥　Slender-billed Gull

Chroicocephalus genei

鉴别特征：体长约 45 cm，体形中等的偏粉红色鸥类。深红色的喙较细长，体羽多白色，下体沾粉红色，翼尖黑色。

栖息地：海岸线附近。

行为：常与其他鸥类混群活动，主要以各种鱼类为食。

分布及种群数量：繁殖于西伯利亚东北部地区，冬季偶见在我国南部沿海和内陆地区越冬。广西曾在北部湾沿海地区观察到其活动，几乎每年都可以看到，但一般只有几个个体，估计为迷鸟或罕见冬候鸟。

细嘴鸥（红圈）与红嘴鸥

| 1 | 2 | 3 | 4 | 5 | 6 | 7 | 8 | 9 | 10 | 11 | 12 |

红嘴鸥 Black-headed Gull

Chroicocephalus ridibundus

鸻形目鸥科

鉴别特征：体长约 40 cm，体形中等的灰色或白色鸥类。喙红色，亚成鸟喙尖黑色。体羽多白色，眼后具特征性的黑色斑点。第一年冬羽多杂褐色斑，翼后缘黑色，尾近尖端处具黑色横带。

栖息地：沿海地带和内陆的水库、河流等湿地生境。

行为：常成群活动，主要以鱼类为食。

分布及种群数量：繁殖于我国东北和西北地区，在南方地区越冬。广西各地均有分布，但以沿海地区较为常见，最为常见的鸥类之一，为冬候鸟。

相似种：棕头鸥。体形稍大，虹膜淡黄色或灰色，初级飞羽基部具大块白斑，黑色翼尖具白色斑点。

第一年冬羽

第一年冬羽

棕头鸥 Brown-headed Gull

Chroicocephalus brunnicephalus

鉴别特征： 体长约 42 cm，体形中等的灰色或白色鸥类。喙红色，亚成鸟喙尖黑色。体羽多白色，初级飞羽基部具大块白斑，黑色翼尖具白色斑点。第一年冬羽翼尖无白色斑点，尾近尖端处具黑色横带。

栖息地： 沿海地带。

行为： 常与其他鸥类混群活动，主要以鱼类为食。

分布及种群数量： 繁殖于我国西北地区，偶见在华南地区越冬。广西曾在北部湾沿海地区观察到其活动，估计为罕见冬候鸟，也有可能是之前未曾准确识别从而导致记录较少。

相似种： 红嘴鸥。体形稍小，虹膜褐色，初级飞羽基部无大块白斑，黑色翼尖无白色斑点。

1	2	3	4	5	6	7	8	9	10	11	12

黑嘴鸥　Saunders's Gull

鸻形目鸥科

Saundersilarus saundersi

鉴别特征：体长约 33 cm，体形较小的灰色和白色鸥类。喙黑色，体羽多白色。繁殖羽头黑色，冬羽眼后具黑色斑点。第一年冬羽多杂褐色斑。

栖息地：沿海地带。

行为：常与其他鸥类混群活动，主要以鱼类、螃蟹和蠕虫为食。

保护级别：国家 I 级重点保护野生动物。

分布及种群数量：繁殖于我国东部沿海地区，在华南沿海地区越冬。广西仅见于北部湾沿海地区，不算多见，为冬候鸟。

第一年冬羽

小鸥 Little Gull

Hydrocoloeus minutus

鸻形目鸥科

鉴别特征：体长约 26 cm，体形较小的鸥类。头和喙黑色，头部黑色后延较长，飞行时翼下颜色较深并具狭窄的白色后缘。冬羽头白色，体羽偏灰色。第一年冬羽偏褐色，翼上斑纹较复杂。

栖息地：沿海地带。

行为：常与其他鸥类混群活动，主要以鱼类和其他动物为食。

保护级别：国家 II 级重点保护野生动物。

分布及种群数量：偶见在我国内蒙古繁殖，迁徙途经我国很多地区，但都非常少见。广西仅见于北部湾沿海地区，极为少见，为冬候鸟。

| 1 | 2 | 3 | 4 | 5 | 6 | 7 | 8 | 9 | 10 | 11 | 12 |

遗鸥 Relict Gull

Ichthyaetus relictus

鉴别特征： 体长约 45 cm，体形中等的鸥类。喙红色，体羽多白色。繁殖期头黑色。非繁殖期头白色，耳部具深色的斑点，头顶和颈背具深色的纵纹。

栖息地： 沿海地带。

行为： 常与其他鸥类混群活动，主要以各种鱼类为食。

保护级别： 国家 I 级重点保护野生动物。

分布及种群数量： 繁殖于我国北部地区，主要在渤海地区越冬，在华南沿海地区偶见。广西曾在北部湾沿海地区观察到其活动，种群数量很小，估计为迷鸟或旅鸟。

遗鸥（左）和红嘴巨燕鸥

渔鸥 Pallas's Gull

Ichthyaetus ichthyaetus

鸻形目鸥科

鉴别特征： 体长约 68 cm，体形较大的鸥类。上体多灰色，繁殖期头黑色，喙近黄色。冬羽喙黄色不明显，头部白色，眼周具暗斑和白色的眼睑，头顶具暗色的纵纹。

栖息地： 海岸线附近和内陆水库、湖泊等湿地生境。

行为： 常与其他鸥类混群活动，主要以各种鱼类为食。

分布及种群数量： 繁殖于我国西北地区的大型湖泊，偶见于华南沿海地区。广西曾在北部湾沿海地区观察到其活动，估计为迷鸟或旅鸟。

成鸟

成鸟

成鸟

亚成鸟

1	2	3	4	5	6	7	8	9	10	11	12

黑尾鸥 Black-tailed Gull

鸻形目鸥科

Larus crassirostris

鉴别特征： 体长约 47 cm，体形中等的鸥类。喙黄色，喙尖红色。上体深灰，下体和腰白色，翼端黑色，尾白色并具宽大的黑色次端带。冬羽头顶和颈背沾灰色，翼尖上具四个白色斑点。第一年幼鸟多褐色，喙粉红色而端黑色。

栖息地： 沿海地带。

行为： 常与其他鸥类混群活动，主要以各种鱼类为食。

分布及种群数量： 繁殖于我国北方沿海地区，在华南地区越冬。广西仅分布于北部湾沿海地区，较为少见，为冬候鸟。

亚成鸟

成鸟

亚成鸟

普通海鸥 Mew Gull

Larus canu

鉴别特征： 体长约 45 cm，体形中等的鸥类。黄绿色的喙较细，冬羽有时喙尖呈黑色。第一、第二枚初级飞羽尖端具白色次端斑，形成大块的白色翼镜。幼鸟多褐色，第一年冬鸟尾具黑色次端带，第二年冬鸟似成鸟但头上褐色较深，翼尖黑色且无翼镜。

栖息地： 沿海地带和内陆的水库，河流等湿地生境。

行为： 常成群活动，主要以鱼类为食，有时候也捕食其他鸟类。

分布及种群数量： 繁殖于我国北方地区，在华南地区越冬。广西主要见于北部湾沿海区域，偶尔也在内陆活动，都不多见，为冬候鸟。

第一年冬羽

1	2	3	4	5	6	7	8	9	10	11	12

灰翅鸥 Glaucous-winged Gull
Larus glaucescens

鉴别特征：体长约 65 cm，体形较大的鸥类。喙黄色，下喙前端具红点。繁殖期体羽多白色，翼和背部偏灰色，飞羽尖端形成白色翼缘。非繁殖期头颈部带灰褐色斑点。第一年冬的幼鸟整体浅褐色，喙黑色。

栖息地：沿海地带。

行为：常成群活动，主要以鱼类为食，有时候也捕食其他鸟类。

分布及种群数量：不在我国繁殖，偶尔见在我国东南沿海地区越冬。广西在北部湾沿海地区偶有记录，为迷鸟或冬候鸟。

第一年冬羽（红圈）

1	2	3	4	5	6	7	8	9	10	11	12

北极鸥 Glaucous Gull

Larus hyperboreus

鸻形目鸥科

鉴别特征：体长约71 cm，体形很大的鸥类。喙黄色，下喙前端具红点。繁殖期背部和翼为浅灰色，其余为白色，飞羽尖端白色而形成白色翼缘。非繁殖期头颈部带浅褐色斑纹。第一年冬的幼鸟偏浅咖啡色，喙端黑色，逐年变淡。

栖息地：沿海地带。

行为：常成群活动，主要以鱼类为食，有时候也捕食其他鸟类。

分布及种群数量：不在我国繁殖，偶尔见在我国东南沿海地区越冬。广西在北部湾沿海地区偶有记录，为迷鸟或冬候鸟。

第一年冬羽

1	2	3	4	5	6	7	8	9	10	11	12

鸻形目鸥科

小黑背银鸥　Lesser Black-backed Gull

Larus fuscus

鉴别特征：体长约 60 cm，体形较大的鸥类。背和翼深灰色，较其他银鸥或相似种色深，同黑色翼端无明显对比。三级飞羽具白色月牙形宽斑，但肩部月牙形斑或细或无。初级飞羽的两枚外侧羽具微小的白色羽端，至第六、第七枚羽逐渐增大。冬羽成鸟头部具少量至中量的纵纹，颈背纵纹最多，喙上无或仅具一丝黑色带，腿黄色。

栖息地：沿海地带和内陆水库湿地。

行　为：常与其他鸥类混群活动，主要以鱼类为食，有时候也捕食其他鸟类。

分布及种群数量：不在我国繁殖，在我国东南沿海地区越冬。广西北部湾沿海区域都有分布，偶见在内陆水库活动，较西伯利亚银鸥和黄腿银鸥常见，为冬候鸟。

西伯利亚银鸥　Siberian Gull

Larus smithsonianus

鉴别特征：体长约 62 cm，体形较大的鸥类。上体深灰色，通常三级飞羽和肩部具白色的月牙形宽斑。合拢的翼上可见多至五枚大小相等的突出白色翼尖。冬羽成鸟头和颈背具深色纵纹，并及胸部。飞行时于第十枚初级飞羽上可见中等大小的白色翼镜，第九枚具较小翼镜。脚粉红色。

栖息地：沿海地带和内陆水库湿地。

行为：常与其他鸥类混群活动，主要以鱼类为食，有时候也捕食其他鸟类。

分布及种群数量：不在我国繁殖，在我国东南沿海地区越冬。广西北部湾沿海区域都有分布，偶见在内陆水库活动，较为少见，为冬候鸟。

1	2	3	4	5	6	7	8	9	10	11	12

黄腿银鸥　Caspian Gull

Larus cachinnans

鸻形目鸥科

鉴别特征： 体长约 60 cm，体形较大的鸥类。上体浅灰色至中灰色，三级飞羽和肩羽具白色的月牙形宽斑，翼合拢时通常可见三个大小相同的白色羽尖，飞行时初级飞羽外侧具大翼镜。冬羽成鸟头和颈背无褐色纵纹，腿鲜黄色至肉色。

栖息地： 沿海地带和内陆水库湿地。

行为： 常与其他鸥类混群活动，主要以鱼类为食，有时候也捕食其他鸟类。

分布及种群数量： 不在我国繁殖，在我国东南沿海地区越冬。广西北部湾沿海区域都有分布，偶见在内陆水库活动，较为少见，为冬候鸟。

黄腿银鸥（红圈）与小黑背银鸥

| 1 | 2 | 3 | 4 | 5 | 6 | 7 | 8 | 9 | 10 | 11 | 12 |

灰背鸥 Slaty-backed Gull

Larus schistisagus

鉴别特征: 体长约 61 cm,体形较大的鸥类。喙黄色,下喙前端具红点。腿粉红色。繁殖期背、肩和翅黑灰色,其余多为白色。非繁殖期头后和颈部具褐色纵纹。第一年冬的幼鸟偏褐色,尾完全深褐色。

栖息地: 沿海地带。

行为: 常与其他鸥类混群活动,主要以鱼类为食,有时候也捕食其他鸟类。

分布及种群数量: 不在我国繁殖,偶尔见在我国东南沿海地区越冬。广西北部湾沿海地区偶有记录,并不多见,为冬候鸟。

| 1 | 2 | 3 | 4 | 5 | 6 | 7 | 8 | 9 | 10 | 11 | 12 |

鸥嘴噪鸥　Gull-billed Tern

Gelochelidon nilotica

鸻形目鸥科

鉴别特征：体长约 39 cm，体形中等的浅色燕鸥。黑色的喙较为突出，尾狭且尖叉。繁殖期头顶全黑色，其余为灰色或白色。非繁殖期头白色，颈背具灰色杂斑，眼具黑色斑块。幼鸟头顶和上体多具褐色杂斑。

栖息地：沿海湿地，偶尔也在内陆水库、鱼塘活动。

行为：单独或与其他鸥类混群活动，多在水面取食鱼、虾等食物。

分布及种群数量：繁殖于我国北方沿海地区，在华南地区越冬。广西主要见于北部湾沿海区域，不算少见，为冬候鸟。

繁殖羽

亚成鸟

冬羽

红嘴巨燕鸥　Caspian Tern

Hydroprogne caspia

鸻形目鸥科

鉴别特征：体长约 49 cm，体形硕大的燕鸥。红色的喙大且明显。繁殖期顶冠为黑色，其余部位偏灰色或白色。非繁殖期头顶花白并具纵纹。幼鸟多褐色杂斑。

栖息地：沿海湿地，偶尔也在内陆水库、鱼塘活动。

行为：单独或与其他鸥类混群活动，多在水面取食鱼、虾等食物。

分布及种群数量：繁殖于我国北方沿海地区，在华南地区越冬。广西主要见于北部湾沿海区域，不算少见，为冬候鸟。

1	2	3	4	5	6	7	8	9	10	11	12

鸻形目鸥科

大凤头燕鸥　Great Crested Tern

Thalasseus bergii

鉴别特征：体长约 45 cm，体形较大的具冠羽的燕鸥。绿黄色的喙较为特别。繁殖期头顶和冠羽黑色，其余部位偏灰色或白色。非繁殖期头顶和冠羽花白并具纵纹。幼鸟多褐色且具白色杂斑。

栖息地：沿海湿地或海面上。

行为：成群或与其他燕鸥混群活动，主要以鱼类为食。

保护级别：国家Ⅱ级重点保护野生动物。

分布及种群数量：繁殖于我国南部沿海地区。广西沿海地区都有分布，以非繁殖期较为常见，但至今尚未在广西海域发现有繁殖地点，估计为冬候鸟，也有可能是留鸟。

相似种：小凤头燕鸥。体形较小，喙橙红色。

小凤头燕鸥　Lesser Crested Tern

Thalasseus bengalensis

鸻形目鸥科

鉴别特征： 体长约 40 cm，体形中等的具羽冠的燕鸥。喙橙红色，上体多灰褐色。繁殖期额和冠均为黑色，冬羽额部白色，幼鸟上体多具近褐色的杂斑。

栖息地： 海岛或海岸线附近的区域。

行为： 常与大凤头燕鸥混群活动，主要以各种鱼类为食。

分布及种群数量： 见于我国南部沿海地区和南沙群岛。广西曾在北部湾沿海地区观察到其活动，极少见，估计为迷鸟或旅鸟。

相似种： 大凤头燕鸥。体形较大，喙绿黄色。

中华凤头燕鸥 Chinese Crested Tern

Thalasseus bernsteini

鸻形目鸥科

鉴别特征：体长约 38 cm，体形中等的具冠羽的燕鸥。喙黄色，喙端黑色。繁殖期头顶和冠羽黑色，其余部位偏灰色或白色。非繁殖期额白色，冠羽黑色且具白色顶纹。幼鸟多褐色和白色杂斑。

栖息地：海岛或海岸线附近的区域。

行为：常与其他燕鸥混群活动，主要以各种鱼类为食。

保护级别：国家 I 级重点保护野生动物。

分布及种群数量：繁殖于我国东部沿海地区，在我国南海或东南亚沿海地区越冬。广西曾在北部湾沿海地区观察到其活动，极罕见，估计为迷鸟或旅鸟。

白额燕鸥 Little Tern

Sterna albifrons

鸻形目鸥科

鉴别特征：体长约 24 cm，体形较小的浅色燕鸥。繁殖期额白色，头顶、颈背和过眼线黑色，喙黄色具黑色喙端。非繁殖期头顶和颈背黑色部分减小，喙几乎为黑色。幼鸟头顶和上背具褐色杂斑。

栖息地：沿海湿地、内陆池塘和水库等。

行为：成群或与其他燕鸥混群活动，主要以鱼类为食。

分布及种群数量：繁殖于我国大部分地区，在华南地区越冬。广西主要见于北部湾沿海区域，偶尔也在内陆活动，较为常见，为夏候鸟。虽然广西夏季都可以观察到白额燕鸥活动，但一直未找到相应的繁殖地点，应加大沿海区域岛屿的调查。

1	2	3	4	5	6	7	8	9	10	11	12

褐翅燕鸥 Bridled Tern

Onychoprion anaethetus

鉴别特征：体长约 37 cm，体形中等的深色燕鸥。额白色延至眼后，上体和头余部偏深褐灰色，下体白色。幼鸟具褐色或黄色的杂斑。

栖息地：岛屿附近或沿海湿地。

行为：成群或与其他燕鸥混群活动，主要以鱼类为食。

分布及种群数量：繁殖于我国南部海域。广西见于北部湾区域，在斜阳岛有较大的繁殖种群，但在其他地区极为少见，为留鸟。

| 1 | 2 | 3 | 4 | 5 | 6 | 7 | 8 | 9 | 10 | 11 | 12 |

粉红燕鸥 Roseate Tern

Sterna dougallii

鸻形目鸥科

鉴别特征：体长约 39 cm，体形中等的燕鸥。白色的尾甚长且深叉。繁殖期头顶黑色，翼上和背部浅灰色，下体白色，胸部淡粉色。非繁殖期前额白色，头顶具杂斑。幼鸟多灰褐色。

栖息地：岛屿附近或沿海湿地。

行为：成群或与其他燕鸥混群活动，主要以鱼类为食。

分布及种群数量：繁殖于我国南部海域。广西见于北部湾区域，较为少见，为夏候鸟，但至今未发现相应的繁殖地点。

1	2	3	4	5	6	7	8	9	10	11	12

黑枕燕鸥 Black-naped Tern

鸻形目鸥科

Sterna sumatrana

鉴别特征：体长约 31 cm，体形略小的白色燕鸥。枕部黑色，其余部分近白色或灰色。幼鸟头顶具褐色杂斑，颈背具近黑色斑。

栖息地：岛屿附近或沿海湿地。

行为：成群或与其他燕鸥混群活动，主要以鱼类为食。

分布及种群数量：繁殖于我国南部海域。广西见于北部湾区域，在斜阳岛有繁殖种群，但种群数量要远少于在斜阳岛繁殖的褐翅燕鸥。沿海其他区域也有分布，但较少见，为留鸟。

普通燕鸥　Common Tern

Sterna hirundo

鸻形目鸥科

鉴别特征：体长约 35 cm，体形略小的燕鸥。繁殖期头顶黑色，其余部分近白色或灰色，喙基红色，仅喙尖偏黑色。非繁殖期额白色，头顶具黑色和白色杂斑，颈背最黑，喙黑色。幼鸟上体褐色浓重，上背具鳞状斑。

栖息地：沿海水域，有时也在内陆淡水区活动。

行为：成群或与其他燕鸥混群活动，主要以鱼类为食。

分布及种群数量：繁殖于我国北方地区，迁徙途经我国大部分地区。广西主要见于北部湾沿海区域，偶尔也在内陆活动，为旅鸟。

1	2	3	4	5	6	7	8	9	10	11	12

灰翅浮鸥　Whiskered Tern

Chlidonias hybridus

鸻形目鸥科

鉴别特征：体长约 25 cm，体形略小的浅色燕鸥。繁殖期头顶黑色，颊、喉和颊部白色，其余部位偏灰色。非繁殖期额白色，头顶具细纹，顶后和颈背黑色，下体白色。幼鸟多具褐色杂斑。

栖息地：沿海湿地或内陆池塘和水库等。

行为：常成群活动，在水面捕食鱼、虾等，偶尔也在地面捕食昆虫。

分布及种群数量：繁殖于我国北方地区，在华南地区越冬。广西主要见于北部湾沿海区域，偶尔也在内陆活动，较为常见，为冬候鸟。

相似种：白翅浮鸥（非繁殖期）。头顶黑色较少，白色颈环较完整，腰白色，具黑色颊纹。

| 1 | 2 | 3 | 4 | 5 | 6 | 7 | 8 | 9 | 10 | 11 | 12 |

白翅浮鸥　White-winged Black Tern

Chlidonias leucopterus

鉴别特征： 体长约 23 cm，体形较小的燕鸥。繁殖期头、背和下体黑色，尾和翼偏白色。非繁殖期上体浅灰色，头后具灰褐色杂斑，下体白色。幼鸟多偏褐色。

栖息地： 沿海湿地或内陆池塘和水库等。

行为： 常成群活动，在水面捕食鱼、虾等，偶尔也在地面捕食昆虫。

分布及种群数量： 繁殖于我国北方地区，在华南地区越冬。广西主要见于北部湾沿海区域，偶尔也在内陆活动，较灰翅浮鸥少见，为冬候鸟。

相似种： 灰翅浮鸥（非繁殖期）。头顶黑色较多，白色颈环不完整，腰灰色，无黑色颊纹。

1	2	3	4	5	6	7	8	9	10	11	12

贼鸥科 Stercorariidae

中到大型海鸟，通常为灰色、棕色。喙粗壮，上喙基部具蜡膜，尖端明显向下勾曲，繁殖期间常具延长的中央尾羽。经常抢劫鸥类和其他水鸟的食物，也捕食其他鸟类的卵和雏鸟，故得名。繁殖于两极地区，会在热带或亚热带海域过冬。中国分布有1属4种，其中2种见于广西。另外，2021年7月在广西北部湾海面有过长尾贼鸥 *Stercorarius longicaudus* 的记录，考虑到该种与广西原记录的种类较为相似，广西是否有长尾贼鸥的分布尚需要进一步调查。

鸻形目贼鸥科

中贼鸥 Pomarine Jaeger

Stercorarius pomarinus

鉴别特征： 体长约56 cm，大型海鸟。暗色型通体黑褐色，仅初级飞羽基部偏白色。浅色型头顶黑色，头侧和领黄色，下体白色。亚成鸟和非繁殖成鸟通体呈褐色，并具较多皮黄色杂斑。

栖息地： 沿海湿地或海面。

行为： 单独或成对活动，偶尔结群。常在空中攻击其他海鸟，迫使其放弃获物，也自己觅食鱼类和软体动物。

分布及种群数量： 繁殖于北极苔原地带，在我国南部沿海地区越冬。广西见于北部湾海域，但记录极少，为罕见冬候鸟。

相似种： 短尾贼鸥。体形较小，喙细，两翼基处狭窄，中央尾羽延长成尖。

短尾贼鸥　Parasitic Jaeger

Stercorarius parasiticus

鉴别特征： 体长约 45 cm，中型海鸟。暗色型通体黑褐色，仅初级飞羽基部偏白色。浅色型头顶黑色，头侧和颈黄色，下体白色。亚成鸟和非繁殖成鸟通体呈褐色，并具较多皮黄色杂斑。

栖息地： 沿海开阔海面和内陆水库等。

行为： 单独或成对活动，偶尔结群。常在空中攻击其他海鸟，迫使其放弃获物，也自己觅食鱼或软体动物等。

分布及种群数量： 繁殖于北极苔原地带，偶见在我国南部沿海地区越冬。广西仅于 2017 年 9 月在武鸣忠党水库有 1 次观察记录，估计为迷鸟。

相似种： 中贼鸥。体形较大，喙较粗，两翼基处较宽，中央尾羽末端钝且宽。

海雀科 Alcidae

典型的海洋鸟类，栖息于海上，只有繁殖期才到海岸岛屿或陆地上。善于游泳和潜水，以鱼类、软体动物和其他海洋无脊椎动物为食。中国分布有 4 属 5 种，广西记录有 1 属 1 种。

鸻形目海雀科

扁嘴海雀　Ancient Murrelet

Synthliboramphus antiquus

鉴别特征：体长约 25 cm，体形略小的海雀。雌雄羽色相似，喙白色且短，呈圆锥状。体羽多黑白二色，背偏灰色，翅窄且短小，黑色的尾较短。

栖息地：海面，偶尔也见于陆地水域。

行为：常单独或成对在海面活动。善潜水捕食，遇险会潜水躲避。

分布及种群数量：繁殖于我国北方海域，在华南沿海地区越冬。广西仅记录于崇左市江州区的白头叶猴公园，应该也见于北部湾海域，估计为罕见冬候鸟或迷鸟。

潜鸟目
GAVIIFORMES

潜鸟的前三趾具蹼，属于游禽，远观与常见的雁鸭类相似，但潜鸟喙直且尖，两翅短小，尾短。喜潜水并善于游泳，但在陆地行走时较为笨拙。以鱼类、甲壳类和软体类动物为食。潜鸟繁殖于高纬度地区，在南方越冬。

中国分布有1科4种，广西分布有1科2种。

红喉潜鸟

潜鸟科 Gaviidae

中型游禽，适合游泳，在陆地上行走时较为笨拙。偶见在广西越冬，主要以鱼类为食。

潜鸟目潜鸟科

红喉潜鸟　Red-throated Diver

Gavia stellata

鉴别特征： 体长约 62 cm。体形似鸭子，但喙尖形。头顶灰褐色，上体余部大都为黑褐色，并散布着白色斑点。繁殖羽喉部偏栗色，但冬羽栗色不明显。

栖息地： 水库、湖泊、鱼塘和河流，冬季也见于沿海附近。

行为： 常单独或成对活动，潜水捕食鱼类。

分布及种群数量： 繁殖于我国东北地区，在我国沿海地区越冬。在广西见于北部湾沿岸，但观察记录很少，为冬候鸟。

相似种： 黑喉潜鸟。体形稍大，喙较厚且平，背部白色斑点不明显。

| 1 | 2 | 3 | 4 | 5 | 6 | 7 | 8 | 9 | 10 | 11 | 12 |

黑喉潜鸟　Black-throated Diver

Gavia arctica

潜鸟目潜鸟科

鉴别特征：体长约 70 cm。喙直，繁殖羽颏、喉和前颈黑色，但冬羽不明显。冬羽上体黑色，头顶和后颈黑灰色，下体白色。

栖息地：水库、湖泊、鱼塘和河流，冬季也见于沿海附近。

行为：常成对或成小群活动，潜水捕食鱼类。

分布及种群数量：繁殖于我国东北地区，在我国沿海地区越冬。广西于 2009 年冬季在靖西县渠洋湖有过一次记录，为偶见冬候鸟。

相似种：红喉潜鸟。体形稍小，下喙上翘，背部具白色斑点。

1	2	3	4	5	6	7	8	9	10	11	12

白额鹱

鹱形目
PROCELLARIIFORMES

中大型海鸟，喙强大具钩，鼻呈管状，用于排出喝海水时所吸入的盐。翼长且尖，善飞行，几乎终日于海上翱翔。前趾具蹼，后趾甚小或不存在。主要以鱼类为食。繁殖于海岛的地面或悬崖上，雏鸟晚成性。广西也有疑似信天翁科 Diomedeidae 鸟类的分布，但还需要进一步证实。

中国分布有 3 科 15 种，广西仅分布有 1 科 1 种。

白额鹱

鹱科 Procellariidae

中型海鸟，种类较多，分布广泛，翼尖长。中国分布有6属9种，广西仅分布有1属1种。

鹱形目鹱科

白额鹱 Streaked Shearwater

Calonectris leucomelas

鉴别特征：体长约50 cm。喙细长，鼻管较短，前额和头顶附近白色，上体余部黑褐色，下体白色。

栖息地：海面或海岛。

行为：常成群于海面，有时与鲸鱼一起捕食各种鱼类和头足类。

分布及种群数量：繁殖于我国北部沿海地区。广西仅见于北海，在斜阳岛附近与布氏鲸一起活动，估计为罕见冬候鸟。

和布氏鲸觅食的白额鹱

鹳形目
CICONIIFORMES

新的鹳形目鸟类仅仅包括鹳科，原来的鹭科和鹮科鸟类被列入鹈形目。大型鸟类，喙长且直，颈和脚也较长，适合在浅水处觅食。在树上营巢繁殖，有的巢非常大。

中国分布有1科6种，其中1科3种见于广西。

钳嘴鹳

鹳科 Ciconiidae

大型水鸟，喙长且粗壮，多在树上营巢，主要以鱼类和软体动物为食。多数为候鸟，主要在广西越冬。中国分布有 4 属 6 种，广西分布有 2 属 3 种，均不在广西繁殖。

鹳形目鹳科

钳嘴鹳 Asian Open-billed Stork

Anastomus oscitans

鉴别特征：体长约 80 cm，体形很大的水鸟。体羽白色，幼鸟为灰色，两翼黑色，喙黄灰色，闭合时有明显的缺口。

栖息地：水库、河流、农田和滩涂等。

行为：成群活动，主要觅食螺类或鱼类。

分布及种群数量：繁殖于印度和东南亚，2006 年首次在我国云南有记录，广西最早于 2010 年在百色观察到。近年来，广西百色、南宁、崇左和柳州的多个市（县）均逐渐有观察记录，最北可至灵川青狮潭水库。钳嘴鹳每年最早 6 月底即可到达广西，有的大群可达上百只，为罕见冬候鸟。或许有部分个体在广西繁殖，但目前尚未发现繁殖巢。

黑鹳 Black Stork

Ciconia nigra

鹳形目鹳科

鉴别特征： 体长约 105 cm，体形很大的水鸟。上体黑色，具金属光泽，胸、腹和尾下白色，喙和腿红色。

栖息地： 大型水库、河流和滩涂等。

行为： 常单独或成小群活动，觅食鱼类。

保护级别： 国家 I 级重点保护野生动物。

分布及种群数量： 繁殖于我国东北和华北地区，在长江以南地区越冬。广西分布于柳州、南宁和北部湾沿岸，为罕见冬候鸟。

东方白鹳 Oriental Stork

Ciconia boyciana

鹳形目鹳科

鉴别特征：体长约 110 cm，体形很大的水鸟。体羽白色，两翼和喙黑色，腿红色。

栖息地：大型水库、河流和滩涂等。

行为：常单独或成小群活动，觅食鱼类。

保护级别：国家 I 级重点保护野生动物。

分布及种群数量：繁殖于我国东北和华北地区，在长江中下游湖泊越冬。广西仅于 20 世纪 90 年代在桂林附近偶有记录，为罕见冬候鸟。

| 1 | 2 | 3 | 4 | 5 | 6 | 7 | 8 | 9 | 10 | 11 | 12 |

鲣鸟目
SULIFORMES

鲣鸟目包括军舰鸟科、鲣鸟科和鸬鹚科等鸟类，体形较大，喙强大具钩，多数具全蹼，四趾均向前，部分种类具有喉囊。大多为海洋性鸟类，以鱼类和软体动物为食。

中国分布有3科11种，广西分布有3科7种。

普通鸬鹚

军舰鸟科 Fregatidae

翼尖极长，尾叉形，常在空中掠夺其他鸟类的食物。雄鸟具鲜红色喉囊，求偶时可充气膨大为球形。我国分布有 1 属 3 种，其中 2 种见于广西。

鲣鸟目军舰鸟科

白腹军舰鸟 Christmas Island Frigatebird
Fregata andrewsi

鉴别特征：体长约 95 cm。体羽多黑色，具绿色光泽。雄鸟喉囊红色，腹部白色，雌鸟下体至翼下和领环均为白色。

栖息地：海洋或沿海岛屿。

行为：常单独活动，主要以在空中掠夺来的其他鸟类喙中的鱼类为食。

保护级别：国家Ⅰ级重点保护野生动物。

分布及种群数量：偶见于我国南海至沿海岛屿。广西目前还没有观察记录，但郑光美（2017）认为广西沿海有分布，估计为迷鸟。

相似种：白斑军舰鸟。体形较小，雄鸟仅两胁和翼下基部白色，雌鸟仅胸腹部和翼下基部白色。

白斑军舰鸟 Lesser Frigatebird

Fregata ariel

鉴别特征： 体长约 75 cm。雄鸟通体黑色，雌鸟颜色较暗。脸红色，幼鸟和非繁殖期成鸟不明显。

栖息地： 沿海海岸和附近岛屿，有时也到内陆河流和水库附近活动。

行为： 常单独活动，主要以在空中掠夺来的其他鸟类喙中的鱼类为食。

保护级别： 国家Ⅱ级重点保护野生动物。

分布及种群数量： 繁殖于我国西沙群岛和东沙群岛。广西仅在南宁、北海和防城港有过观察记录，最北分布可至桂林，估计为迷鸟。

相似种： 白腹军舰鸟。体形较大，雄鸟腹部白色，雌鸟下体至翼下和领环均为白色。

鲣鸟科 Sulidae

群居性热带海洋鸟类，喙长且尖，腿的颜色较为鲜艳。以鱼和鱿鱼为主食，成大群营巢于岛屿上的乔木或灌木上。我国分布有1属3种，其中2种见于广西。

鲣鸟目鲣鸟科

红脚鲣鸟　Red-footed Booby
Sula sula

鉴别特征： 体长约70 cm。体羽多为黑白色或烟褐色。多数个体体羽白色，飞羽黑色。深色型个体和幼鸟体羽多为烟褐色。脚亮红色，喙多偏蓝色。

栖息地： 沿海海岸、海洋和岛屿。

行为： 喜群居，极善飞行，以鱼为食。

保护级别： 国家Ⅱ级重点保护野生动物。

分布及种群数量： 繁殖于我国西沙群岛，冬季偶见在东南沿海地区活动。广西曾在钦州沿海观察到其活动，种群数量极小，估计为罕见留鸟或迷鸟。广西的海洋鸟类调查较少，亟需开展专门的调查，为广西海洋鸟类保护提供基础数据。

相似种： 褐鲣鸟。脚黄绿色，成鸟喙黄色，幼鸟喙灰色。

深色型个体

深色型个体

褐鲣鸟　Brown Booby

Sula leucogaster

鉴别特征：体长约 70 cm。体羽深褐色，腹部白色。雄鸟喙和眼周的裸露皮肤淡蓝色，雌鸟为黄色。

栖息地：沿海海岸、海洋和岛屿。

行为：喜群居，极善飞行，以鱼为食。

保护级别：国家 II 级重点保护野生动物。

分布及种群数量：繁殖于我国西沙群岛和台湾。广西仅记录于北海，为罕见留鸟或迷鸟。

相似种：红脚鲣鸟。脚多偏亮红色，喙多偏蓝色。

1	2	3	4	5	6	7	8	9	10	11	12

鸬鹚科 Phalacrocoracidae

大型食鱼游禽，极善潜水，常张开双翅在枯树上晒太阳。成群生活，常围猎捕食。
中国分布有 2 属 5 种，其中 2 属 3 种见于广西。

鲣鸟目鸬鹚科

黑颈鸬鹚 Little Cormorant

Microcarbo niger

鉴别特征： 体长约 56 cm。体羽多黑色，繁殖羽常带墨绿色的光泽，
头部常具白色丝状羽，亚成鸟上体偏褐色。

栖息地： 水域面积较大的水库和湖泊等。

行为： 成对或成小群活动，主要以各种鱼类为食。

保护级别： 国家 II 级重点保护野生动物。

分布及种群数量： 见于我国云南南部地区，但在广西防城港和钦州也
曾观察到其活动，估计为迷鸟或罕见留鸟。

海鸬鹚 Pelagic Cormorant

Phalacrocorax pelagicus

鲣鸟目鸬鹚科

鉴别特征：体长约 70 cm。体羽黑色具光泽，脸红色，但幼鸟和非繁殖期成鸟不明显。

栖息地：沿海海岸和岛屿附近。

行为：成小群活动，以鱼为食。

保护级别：国家 II 级重点保护野生动物。

分布及种群数量：繁殖于我国东北沿海地区，在南方地区越冬。广西见于北部湾沿海地区，为罕见冬候鸟。

相似种：普通鸬鹚。体形稍大，体羽深褐色，颊部和喉部白色。

| 1 | 2 | 3 | 4 | 5 | 6 | 7 | 8 | 9 | 10 | 11 | 12 |

鲣鸟目鸬鹚科

普通鸬鹚 Great Cormorant

Phalacrocorax carbo

鉴别特征：体长约 80 cm。全身深褐色，头、颈、肩和翼具金属光泽，颊部和喉部白色。繁殖期头、颈有白色丝状羽。

栖息地：水库、河流和湖泊等。

行为：成小群活动，以鱼为食。

分布及种群数量：繁殖于我国北方地区，在南方地区越冬。广西各地水域均有分布，主要为冬候鸟，也有部分为留鸟。广西有些地方将其驯化用以捕鱼，以漓江流域最为知名。

相似种：海鸬鹚。体形稍小，体羽黑色，光泽较明显，颊部和喉部无白色。

鹈形目
PELECANIFORMES

新的鹈形目包括鹈科，也将鹳科和鹭科列入其中。体形相对较大，喙形和生活习性迥异，包括游禽和涉禽两大生态类群，根据分子系统发育的结果将其归为一个目。

中国分布有3科35种，广西分布有3科25种。

夜鹭

鹮科 Threskiornithidae

大型鹭鸟，喙形变化较大。许多种类为全球性濒危种类。中国分布有 5 属 6 种，广西分布有 3 属 4 种。

鹈形目鹮科

黑头白鹮　Black-headed Ibis

Threskiornis melanocephalus

鉴别特征：体长约 70 cm，体形较大的水鸟。体羽全白，头颈裸露，皮肤黑色。黑色的喙长且弯曲，脚也为黑色。

栖息地：大型水库、河流和滩涂等。

行为：常与其他鹭类混群，觅食鱼类等水生动物。

保护级别：国家 I 级重点保护野生动物。

分布及种群数量：繁殖于我国东北地区，在长江以南地区越冬。广西分布于桂林和北部湾沿岸，已经多年未观察到其活动，为罕见冬候鸟。

黑头白鹮（红圈）和栗树鸭

彩鹮　Glossy Ibis

Plegadis falcinellus

鉴别特征：体长 55 cm，体形中等的水鸟。体羽多为绿色和紫色，喙长且弯曲。

栖息地：大型水库、河流、稻田和滩涂等。

行为：常与其他鹭类混群，觅食鱼类等水生动物。

保护级别：国家 I 级重点保护野生动物。

分布及种群数量：偶见在我国长江以南地区越冬。广西仅在防城港、钦州、武鸣和龙州有少量观察记录，估计为罕见旅鸟或迷鸟。

1	2	3	4	5	6	7	8	9	10	11	12

白琵鹭 Eurasian Spoonbill
Platalea leucorodia

鹈形目鹮科

鉴别特征： 体长约 85 cm，体形较大的水鸟。全身羽毛白色，喙扁平似琵琶。

栖息地： 大型水库、河流和滩涂等。

行为： 单独或成小群活动，觅食鱼类。

保护级别： 国家 II 级重点保护野生动物。

分布及种群数量： 繁殖于我国东北和华北地区，在长江下游地区越冬。广西分布于南宁和北部湾沿岸，为罕见冬候鸟。

相似种： 黑脸琵鹭。体形较小，脸部黑色明显，延至眼后。

黑脸琵鹭　Black-faced Spoonbill

Platalea minor

鉴别特征：体长约 70 cm，体形较大的水鸟。全身羽毛白色，喙扁平似琵琶。前额、眼线、眼周至喙基的裸皮黑色。

栖息地：沿海滩涂，偶尔也到内陆湿地活动。

行为：单独或成小群活动，觅食鱼类。

保护级别：国家 I 级重点保护野生动物。

分布及种群数量：繁殖于我国东北和华北地区，在长江以南地区越冬。广西分布于北部湾沿岸，在贺州湿地也曾观察到其活动，为罕见冬候鸟或旅鸟。

相似种：白琵鹭。体形较大，脸部无黑色。

| 1 | 2 | 3 | 4 | 5 | 6 | 7 | 8 | 9 | 10 | 11 | 12 |

鹭科 Ardeidae

大中型涉禽，喙、颈和脚均长。飞行时颈弯成"S"形。大多数种类迁徙，经常集群营巢，一个繁殖群体可成千上万。广西有许多"万鹤山"，也称为"鹭林"，实际上只是鹭科鸟类的集中营巢地。中国分布有9属26种，其中8属19种见于广西。

鹈形目鹭科

大麻鸭 Great Bittern

Botaurus stellaris

鉴别特征：体长约75 cm，体形较大的鸭类。全身几乎为褐色，杂以黑色的斑和纵纹。
栖息地：有植被覆盖的沼泽地。
行为：性隐蔽，常在晨昏单独活动，取食小型鱼类等。
分布及种群数量：我国大部分地区均有分布。广西主要见于大型水域附近，较为罕见，为冬候鸟，部分为旅鸟。

黄斑苇鳽 Yellow Bittern

Ixobrychus sinensis

鉴别特征： 体长约 32 cm，体形较小的皮黄色、黑色苇鳽。成鸟顶冠黑色，两翼黑色，飞行时较明显。亚成鸟全身褐色，并有较多的深色纵纹。

栖息地： 各种多植被的湿地。

行为： 多在早晚单独或成对活动，取食小型鱼类等。

分布及种群数量： 我国东部和南部地区均有分布。广西各地均较为常见，为夏候鸟，部分为留鸟。

相似种： 栗苇鳽。上体栗色较浓，翼尖与背部羽毛同色。

亚成鸟

成鸟

1	2	3	4	5	6	7	8	9	10	11	12

鹈形目鹭科

紫背苇鳽 Von Schrenck's Bittern

Ixobrychus eurhythmus

鉴别特征：体长约 35 cm，体形较小的深褐色苇鳽。雄鸟上体紫栗色，下体皮黄色。雌鸟和亚成鸟上体具黑白色和褐色杂点。

栖息地：各种多植被的湿地。

行为：性隐蔽，常单独活动，取食小型鱼类等。

分布及种群数量：我国东部地区均有分布。广西主要分布于桂林、南宁和北海等地，不太常见，为夏候鸟，部分为旅鸟。

成鸟

亚成鸟

栗苇鳽 Cinnamon Bittern

Ixobrychus cinnamomeus

鹈形目鹭科

鉴别特征：体长约 41 cm，体形略小的苇鳽。全身几乎为橙褐色，成鸟喉和胸具黑色的中线，亚成鸟具较多的斑点。

栖息地：各种多植被的湿地。

行为：性隐蔽，常单独活动，取食小型鱼类等。

分布及种群数量：分布于我国中部和南部地区。广西各地均有分布，较常见，主要为夏候鸟，部分为留鸟。

相似种：黄斑苇鳽。上体栗色较淡，翼尖黑色，与背部羽毛的颜色不同。

成鸟

亚成鸟

| 1 | 2 | 3 | 4 | 5 | 6 | 7 | 8 | 9 | 10 | 11 | 12 |

269

鹈形目鹭科

黑苇鳽 Black Bittern

Ixobrychus flavicollis

鉴别特征：体长约 54 cm，体形中等的近黑色苇鳽。雄鸟颈、喉黄色，侧黄色，具黑色纵纹。

栖息地：有植被覆盖的水库、农田和水塘等。

行为：性隐蔽，常单独活动，取食小型鱼类等。

分布及种群数量：我国南部地区均有分布。广西大部分地区都有记录，但均较为罕见，为夏候鸟，部分为旅鸟。

海南鳽　White-eared Night Heron

Gorsachius magnificus

鹈形目鹭科

鉴别特征： 体长约 58 cm，体形中等的鹭鸟。上体暗褐色，具少许白色斑点，眼具白色眉纹。下体白色，具深色的斑纹。幼鸟与成鸟相似，但翼上白色斑点更明显。

栖息地： 植被较好的溪流、鱼塘和水库等。

行为： 夜行性，常单独或成对觅食鱼类。

保护级别： 国家 I 级重点保护野生动物。

分布及种群数量： 分布于我国东部和南部地区，21 世纪之前的记录非常少，但近年来各地都有一些记录。在广西主要分布于中部和南部地区，近年来陆续也有较多的观察记录，应该为留鸟。分布范围和种群数量可能要多于现有的记录。

亚成鸟

成鸟

1	2	3	4	5	6	7	8	9	10	11	12

鹈形目鹭科

栗头鳽 Japanese Night Heron

Gorsachius goisagi

鉴别特征： 体长约 60 cm，体形稍小的褐色鹭鸟。上体深褐色，具不明显的蠹斑。下体皮黄色，具明显的褐色纵纹。

栖息地： 森林或林缘的溪流、河谷和水塘等。

行为： 单独或成对在夜间觅食鱼类。

保护级别： 国家 II 级重点保护野生动物。

分布及种群数量： 迁徙途经过我国东部沿海地区。广西仅偶见于桂林和北部湾地区，为旅鸟。

相似种： 黑冠鳽。成鸟具黑色冠羽。

| 1 | 2 | 3 | 4 | 5 | 6 | 7 | 8 | 9 | 10 | 11 | 12 |

黑冠鳽 Malayan Night Heron

Gorsachius melanolophus

鉴别特征：体长约 49 cm，体形略小的红褐色鹭鸟。上体栗褐色，具少许细小的黑斑。成鸟具黑色冠羽。幼鸟上体深褐色，具密集的白色细横斑。

栖息地：植被较好的潮湿森林、城市公园或水域附近等。

行为：夜行性，常单独或成对觅食蚯蚓或其他动物。

保护级别：国家 II 级重点保护野生动物。

分布及种群数量：罕见于我国东部和南部地区。广西主要见于南部各地，近年来在南宁的郊区公园也有繁殖记录，但并不多见，为夏候鸟。

相似种：栗头鳽。成鸟不具黑色冠羽。

亚成鸟

成鸟

成鸟（繁殖期）

鹈形目鹭科

夜鹭　Black-crowned Night Heron

Nycticorax nycticorax

鉴别特征：体长约 60 cm，体形中等的黑色、灰色鹭鸟。成鸟顶冠和背部黑色，颈部具有 2 条白色丝状羽，眼红色。幼鸟上体褐色，具白色的星状斑，眼黄色。

栖息地：池塘、农田、滩涂和水库等各种有浅水的区域。

行为：白天休息，黄昏后外出觅食鱼类。

分布及种群数量：常见于我国东部、南部和中部地区。广西各地均有分布，为留鸟，可能也有部分为夏候鸟或冬候鸟。在广西已经越来越常见。

相似种：绿鹭。体形较小，成鸟眼红色，背部与腹部均为深灰色，亚成鸟的斑点相对小。

成鸟

亚成鸟

亚成鸟

绿鹭　Sraited Heron

Butorides striatus

鹈形目鹭科

鉴别特征：体长约 43 cm，体形较小的深灰色鹭鸟。成鸟具有明显的顶冠羽，两翼羽缘皮黄色。幼鸟褐色，翼具白色斑点。*amurensis* 亚种体形相对较大。

栖息地：有植被的池塘、溪流和水库等。

行为：性隐蔽，常成对或单独活动。

分布及种群数量：广西分布有 2 个亚种，均较为常见。*amurensis* 亚种繁殖于我国东北和华北地区，在广西北部湾地区和百色等地越冬；*actophilus* 亚种常见于华南和华中地区，广西各地均有分布，为留鸟。

相似种：夜鹭。体形较大，成鸟眼红色，亚成鸟的斑点更粗大。

亚成鸟

亚成鸟

成鸟

| 1 | 2 | 3 | 4 | 5 | 6 | 7 | 8 | 9 | 10 | 11 | 12 |

鹈形目鹭科

池鹭 Chinese Pond Heron

Ardeola bacchus

鉴别特征： 体长约 47 cm，体形略小的白色鹭鸟。繁殖期头和颈深栗色，胸酱紫色。非繁殖期上体几乎全为褐色，颈部和胸部具深色条纹。亚成鸟与成鸟冬羽较为相似。

栖息地： 农田及其他具有浅水的区域。

行为: 常成小群活动,会与其他鹭鸟集群在树林里营巢,以鱼类为主食。

分布及种群数量： 见于我国南部、中部和北部部分地区。在广西各种鹭类中，池鹭最为常见。为留鸟，可能也有部分为冬候鸟。

繁殖羽

冬羽

冬羽

繁殖羽

| 1 | 2 | 3 | 4 | 5 | 6 | 7 | 8 | 9 | 10 | 11 | 12 |

牛背鹭 Cattle Egret

Bubulcus ibis

鉴别特征：体长约 50 cm，体形略小的白色鹭鸟。体形较粗壮，颈粗头圆。繁殖期头、颈、胸沾橙黄。非繁殖期体羽全白，喙黄色。

栖息地：农田及其他具有浅水的区域。

行为：常成群在牛群附近或牛背上觅食昆虫。

分布及种群数量：见于我国南部和中部地区。广西各地均较为常见，为留鸟，可能也有部分为冬候鸟。

相似种：黄嘴白鹭。颈相对较长，趾黄色。

苍鹭 Grey Heron

Ardea cinerea

鹈形目鹭科

鉴别特征：体长约 92 cm，大型的白色、灰色和黑色鹭鸟。成鸟具黑色的羽冠和贯眼纹，颈具黑色纵纹。

栖息地：水较浅的水库、池塘和沿海滩涂，有时也到农田内活动。

行为：常成小群活动，以鱼类、蛙和其他小型动物为食。

分布及种群数量：全国各地均有分布。广西各地均有分布，较为常见，但种群数量不大，为冬候鸟。

相似种：草鹭。体羽多栗色。

1	2	3	4	5	6	7	8	9	10	11	12

鉴别特征：体长约 80 cm，大型的灰色、栗色和黑色鹭。顶冠黑色并具两道饰羽，颈侧具黑色纵纹。

栖息地：水较浅的水库、池塘，有时到农田内活动。

行为：常成小群活动，以鱼类、蛙和其他小型动物为食。

分布及种群数量：我国各地均有分布。广西多数地区均有分布，但并不常见，为冬候鸟或旅鸟。

相似种：苍鹭。体羽多灰色。

鹈形目鹭科

大白鹭 Great Egret

Egretta alba

鉴别特征： 体长约 92 cm，大型的白色鹭鸟。颈部具特别的扭结，繁殖期常披白色婚羽，冬季喙多呈黄色。

栖息地： 水较浅的滩涂、水库和池塘等。

行为： 常结成小群或单独与其他鹭类活动，以水生动物为食。

分布及种群数量： 繁殖于我国东北和华北地区，在南方地区越冬。广西不甚常见，但大多数地区均有分布，为冬候鸟。在钦州和防城港的鹭林中常有少量个体繁殖。

相似种： 中白鹭。体形较小，相对显矮胖，颈部相对较粗，喙裂通常不过眼后。

中白鹭 Intermediate Egret

Ardea intermedia

鹈形目鹭科

鉴别特征：体长约 69 cm，体形中等的白色鹭鸟。繁殖期具白色的饰羽。喙黄色，具黑色的尖端，颈呈"S"形。脚和趾均为黑色。

栖息地：水较浅的滩涂、水库、池塘和农田等。

行为：常与其他鹭类混群觅食，以鱼等水生动物为食。

分布及种群数量：见于我国东南和华南地区。广西分布于南部地区，为留鸟，较其他鹭类少见。

相似种：大白鹭。体形较大，相对显修长，颈部相对较细长，喙裂通常长于眼后。

繁殖羽

1	2	3	4	5	6	7	8	9	10	11	12

白鹭 Little Egret

Egretta garzetta

鉴别特征：体长约 60 cm，体形中等的白色鹭鸟。喙和腿黑色，趾黄色。繁殖期具白色的装饰羽。

栖息地：水较浅的滩涂、水库、池塘和农田等。

行为：常成小群活动，以鱼类为食。

分布及种群数量：主要分布于我国南部地区。广西各地均较为常见，为留鸟，也有部分为夏候鸟。

繁殖羽

岩鹭　Pacific Reef Egret

Egretta sacra

鉴别特征：体长约 58 cm，体形中等的灰色鹭鸟。腿偏绿色，野外也有白色型个体存在。

栖息地：有岩石的海岸地带或滩涂等。

行为：常成小群活动，以鱼等水生动物为食。

保护级别：国家 II 级重点保护野生动物。

分布及种群数量：见于我国东南地区的海岛。广西分布于北部湾及其周边地区，近年来已经极少观察到其活动，为旅鸟。

1	2	3	4	5	6	7	8	9	10	11	12

黄嘴白鹭　Chinese Egret

Egretta eulophotes

鹈形目鹭科

鉴别特征： 体长约 68 cm，体形中等的白色鹭鸟。喙和趾均为黄色。

栖息地： 水较浅的滩涂和鱼塘等。

行为： 多与其他鹭类活动，以小型鱼类为食。

保护级别： 国家 Ⅰ 级重点保护野生动物。

分布及种群数量： 繁殖于我国东部岛屿，迁徙途经过华东和华中地区。广西主要见于北部湾及其周边地区，内陆地区偶有分布，较为少见，为旅鸟。广西防城港有少量繁殖记录，为夏候鸟。广西有不少媒体报道黄嘴白鹭的记录，但多为牛背鹭的误识，需进一步确认。

相似种： 牛背鹭。颈相对短粗，趾黑色。

鹈鹕科 Pelecanidae

体形极大，喙形宽大直长，上喙尖端向下弯曲呈钩状。具发达的喉囊，可临时储存食物。常成群生活，以鱼类为食。中国分布有 1 属 3 种，其中 2 种见于广西。

斑嘴鹈鹕　Spot-billed Pelican

Pelecanus philppensis

鹈形目鹈鹕科

鉴别特征：体长约 140 cm。体羽多灰色，喙具蓝黑色的斑点，喉囊紫色。

栖息地：沿海海岸、江河、湖泊和沼泽地带。

行为：喜群居，以鱼类为食。

保护级别：国家 I 级重点保护野生动物。

分布及种群数量：繁殖于亚洲南部，在我国南方地区越冬。广西记录于北部湾沿海，已经多年未在广西观察到其活动，为罕见冬候鸟。考虑到斑嘴鹈鹕的分布，估计广西的记录有可能为卷羽鹈鹕的误识。

相似种：卷羽鹈鹕。体形较大，体羽灰白色，喙无斑点。

鹈形目鹈鹕科

卷羽鹈鹕 Dalmatian Pelican
Pelecanus crispus

鉴别特征：体长约 180 cm。体羽灰白色，喉囊黄色，颈背具卷曲的冠羽。

栖息地：河流、河口湿地和沿海海岸地带等。

行为：喜群居，以鱼类为食。

保护级别：国家 I 级重点保护野生动物。

分布及种群数量：繁殖于我国北方地区，在南方地区越冬。广西记录分布于梧州和北部湾沿海，近年只有极个别的观察记录，为罕见冬候鸟。

相似种：斑嘴鹈鹕。体形较小，体羽灰色，喙具斑点。

鹰形目
ACCIPITRIFORMES

　　昼行性肉食猛禽。多数种类体形相对较大，喙强大弯曲，蜡膜裸出，翼长且宽阔，具有较强的飞行能力。脚强且有力，爪锋利弯曲，适合捕食。

　　中国分布有 2 科 56 种，其中 2 科 35 种见于广西。

黑翅鸢

鹗科 Pandionidae

食鱼猛禽，外趾可以向后反转，形成对趾型足，趾上具刺状鳞，便于捕鱼。中国仅分布有 1 属 1 种，广西也有分布。

鹗科

鹰形目鹗科

鹗　Osprey

Pandion haliaetus

鉴别特征：体长约 55 cm，体形中等的猛禽。上体褐色，头顶和下体白色，胸部有棕褐色斑点，雌雄相似。飞行时翼指 5 枚，翼较狭长。

栖息地：水库、海岸和面积较大的池塘。

行为：常单独活动，以鱼类为食。

保护级别：国家 II 级重点保护野生动物。

分布及种群数量：繁殖于我国东北和西北地区，在南方地区过冬。广西主要见于南宁、崇左和北部湾沿岸地区，为罕见冬候鸟。

鹰科 Accipitridae

种类较多，食性不一，体形大小差异较大。中国分布有 25 属 50 种，广西分布有 20 属 34 种。

黑翅鸢 Black-winged Kite

Elanus caeruleus

鹰形目鹰科

鉴别特征：体长约 33 cm，小型的黑白色猛禽。上体实际为灰色，肩部具明显黑斑，其余部分白色。亚成鸟多褐色，虹膜黄褐色。

栖息地：农田、红树林和林缘等开阔生境。

行为：常单独在空中振翅旋停，捕食鼠类和大型昆虫。

保护级别：国家 Ⅱ 级重点保护野生动物。

分布及种群数量：主要见于我国东南地区。广西各地均有分布，较为常见，分布区有逐年扩散的趋势，为留鸟。

成鸟　　亚成鸟　　成鸟　　成鸟

凤头蜂鹰　Oriental Honey Buzzard

Pernis ptilorhynchus

鉴别特征：体长约 56 cm，中型猛禽。具有多种不同色型，下体也可具不同的斑纹。头侧具有短且硬的鳞片状羽毛，非常浓密，便于捕食蜂类。飞行时翼指 6 枚，颈部和尾部均显细长。*ruficollis* 亚种的羽冠较为明显。

栖息地：森林或林缘地带。

行为：常单独或成对活动，喜取食蜂类。

保护级别：国家 II 级重点保护野生动物。

分布及种群数量：繁殖于我国东部和中部地区。广西分布有 2 个亚种，*orientalis* 亚种见于广西各地，迁徙期间在北海尤为常见，为旅鸟；*ruficollis* 亚种见于广西西部地区，为罕见留鸟。

鉴别特征：体长约 55 cm，体形中等的猛禽。全身近褐色，头顶有由 2～3 枚羽毛构成的长黑色冠羽。飞行时翼指 6 枚，翼较宽大。

栖息地：森林或林缘地带。

行为：单独或成对活动，以蜥蜴、蛙、蝙蝠和大型昆虫等动物为食。

保护级别：国家 II 级重点保护野生动物。

分布及种群数量：见于我国西南和华南地区。广西各地林区均有分布，为罕见留鸟。

1	2	3	4	5	6	7	8	9	10	11	12

黑冠鹃隼　Black Baza

Aviceda leuphotes

鉴别特征：体长约 32 cm，小型猛禽。整体黑色，上胸具白色宽斑，头具明显的黑色羽冠。飞行时翼指 5 枚，翼较宽大。

栖息地：森林或林缘地带。

行为：常成对活动，以大型昆虫、蛙类和蜥蜴类为食。

保护级别：国家 II 级重点保护野生动物。

分布及种群数量：我国南方各地均有分布。广西各地均有繁殖，为夏候鸟。桂南一些地区在其迁徙期间可观察到上百只的大群集体活动。

鉴别特征： 体长约 105 cm，大型猛禽。体羽多褐色，头和颈部裸露，具白色丝状羽毛。飞行时翼指 7 枚，飞羽与覆羽黑白反差明显。幼鸟体羽颜色较深。

栖息地： 高原的草地和荒漠生境。

行为： 常成小群活动，以动物尸体为食。

保护级别： 国家 II 级重点保护野生动物。

分布及种群数量： 见于我国西部和中部高原地区。广西仅于 2013 年 1 月在北海发现其活动，估计为迷鸟。

| 1 | 2 | 3 | 4 | 5 | 6 | 7 | 8 | 9 | 10 | 11 | 12 |

鹰形目鹰科

秃鹫 Cinereous Vulture

Aegypius monachus

鉴别特征：体长约 110 cm，大型猛禽。体羽黑褐色，头部裸露。飞行时翼指 7 枚，羽毛破碎状较明显。

栖息地：开阔平原和低山丘陵地带。

行为：常单独活动，以动物尸体为食。

保护级别：国家Ⅰ级重点保护野生动物。

分布及种群数量：繁殖于我国北方地区和青藏高原。广西偶见于南宁、桂林和崇左等地，为罕见冬候鸟。

蛇雕 Crested Serpent Eagle

Spilornis cheela

鹰形目鹰科

鉴别特征：体长约 67 cm，大中型猛禽。上体暗褐色，下体土黄色，具白色虫眼斑，头顶常居冠羽，眼和喙之间的裸皮呈黄色。飞行时翼指 7 枚，翼和尾后部的白斑较明显。

栖息地：保存相对较好的森林或林缘地带。

行为：常成对或成小群活动，边飞边叫，以蛇类和其他两栖类爬行动物为食。

保护级别：国家 II 级重点保护野生动物。

分布及种群数量：见于我国长江以南地区。广西各地均有分布，较为常见，为留鸟。蛇雕在广西一直被认为是留鸟，但观察发现在其迁徙期间，北海冠头岭会有过境记录，卫星跟踪也显示其会周期性移动，因此部分蛇雕在广西应该为旅鸟或冬候鸟。

1	2	3	4	5	6	7	8	9	10	11	12

鹰形目鹰科

短趾雕　Short-toed Snake Eagle

Circaetus gallicus

鉴别特征：体长约 65 cm。头短圆，上体灰褐色，颌、颈和上胸浅棕色。下体白色，腹部和尾下均具较明显的横斑。

栖息地：森林边缘或其他旷野地带。

行为：常单独活动，主要以蛇类为食。

保护级别：国家 II 级重点保护野生动物。

分布及种群数量：繁殖于我国新疆，迁徙时偶经华南地区。广西北海冠头岭偶有其迁徙记录，估计为旅鸟或迷鸟。

| 1 | 2 | 3 | 4 | 5 | 6 | 7 | 8 | 9 | 10 | 11 | 12 |

鹰雕　Mountain Hawk Eagle

Nisaetus nipalensis

鹰形目鹰科

鉴别特征：体长约 74 cm，中大型猛禽。上体褐色，有明显的冠羽。下体白色，具黑色的纹。亚成鸟颜色会随着年龄的增大而变化。飞行时翼指 7 枚，尾具 5 ~ 6 条黑色横带。

栖息地：保存较好的森林和林缘地带。

行为：常单独活动，主要以小型哺乳动物为食。

保护级别：国家 II 级重点保护野生动物。

分布及种群数量：见于我国长江以南地区。广西各地均有分布，但较为少见，为留鸟。

1	2	3	4	5	6	7	8	9	10	11	12

林雕 Black Eagle

Ictinaetus malaiensis

鉴别特征： 体长约 70 cm，大型猛禽。除蜡膜和脚黄色外，其余体羽多为黑褐色，尾下具不明显的浅色黄斑。幼鸟色较浅，下体和翼下显黄色，飞行时翼指 7 枚。

栖息地： 森林地带。

行为： 常单独或成对活动，以小型脊椎动物和鸟类为食。

保护级别： 国家 II 级重点保护野生动物。

分布及种群数量： 见于我国东南和西南地区。广西原先并无林雕的记录（周放等，2011），但近年来在西大明山和百色一带偶见活动个体，估计为留鸟。

| 1 | 2 | 3 | 4 | 5 | 6 | 7 | 8 | 9 | 10 | 11 | 12 |

乌雕 Greater Spotted Eagle

Clanga clanga

鹰形目鹰科

鉴别特征：体长约 65 cm，中大型猛禽。通体颜色较暗，翼下初级飞羽基部有淡色月牙斑，飞行时翼指 7 枚。体羽颜色会随年龄的变化而变化，幼鸟背部和翼部具白色斑点。

栖息地：森林、林缘和其他开阔地带。

行为：单独活动，以小型兽类和鸟类为食。

保护级别：国家 I 级重点保护野生动物。

分布及种群数量：繁殖于我国东北和西北地区，在南方地区越冬。广西记录于南宁、河池、百色和北海等地，为偶见冬候鸟。

1	2	3	4	5	6	7	8	9	10	11	12

鹰形目鹰科

靴隼雕　Booted Eagle

Hieraaetus pennatus

鉴别特征：体长约50 cm，中型猛禽。上体褐色，下体棕色或浅皮黄色。飞行时肩部具明显白斑，翼指6枚。

栖息地：森林和林缘地带。

行为：常单独活动，以鸟类和小型兽类为食。

保护级别：国家Ⅱ级重点保护野生动物。

分布及种群数量：繁殖于我国新疆和东北地区，迁徙期间见于北方地区和华南沿海地区。广西仅在北部湾沿海地区偶有记录，估计为迷鸟或旅鸟。

| 1 | 2 | 3 | 4 | 5 | 6 | 7 | 8 | 9 | 10 | 11 | 12 |

草原雕　Steppe Eagle

Aquila nipalensis

鉴别特征：体长约 76 cm，大型猛禽。体羽深褐色，飞羽常具各种斑点，喙裂可达眼睛中后部，飞行时翼指 7 枚。

栖息地：开阔的农田和水库附近。

行为：单独或成小群活动，以小型哺乳动物和鸟类为食。

保护级别：国家 I 级重点保护野生动物。

分布及种群数量：繁殖于我国北方地区，在南方地区越冬。广西仅记录于南宁和宜州，为偶见冬候鸟。

1	2	3	4	5	6	7	8	9	10	11	12

白肩雕　Imperial Eagle

Aquila heliaca

鉴别特征：体长约 78 cm，大型猛禽。成鸟体羽深褐色，头后颈羽色较浅。亚成鸟体羽密布纵纹。飞行时翼指 7 枚，3 枚初级飞羽颜色较浅，形成翼斑。

栖息地：森林、林缘及开阔的农田和水域等。

行为：单独或成对活动，以鼠类和大型鸟类为食。

保护级别：国家 I 级重点保护野生动物。

分布及种群数量：繁殖于我国新疆，在华南地区越冬。广西记录于南部地区，极为罕见，估计为冬候鸟。

| 1 | 2 | 3 | 4 | 5 | 6 | 7 | 8 | 9 | 10 | 11 | 12 |

金雕 Golden Eagle

Aquila chrysaetos

鹰形目鹰科

鉴别特征：体长约 92 cm，大型猛禽。体羽褐色，头后颈部金黄色。飞行时翼指 7 枚，成鸟翼下覆羽颜色较浅，亚成鸟翼下则成白斑，且尾部也有白斑。

栖息地：山区森林或林缘地带。

行为：单独或成对活动，以中型哺乳动物和大型鸟类为食。

保护级别：国家 I 级重点保护野生动物。

分布及种群数量：繁殖于我国大部分地区。广西记录于桂林、百色、河池和崇左等地，极为罕见，近年来仅在资源县有繁殖记录，为留鸟。

| 1 | 2 | 3 | 4 | 5 | 6 | 7 | 8 | 9 | 10 | 11 | 12 |

鹰形目鹰科

白腹隼雕　Bonelli's Eagle
Hieraaetus fasciatus

鉴别特征： 体长约 72 cm，中大型猛禽。上体暗褐色，背部有一白斑。下体白色，具黑色细纹。亚成鸟棕褐色，幼鸟下体淡栗褐色。飞行时翼较狭长，翼指 6 枚。

栖息地： 森林。

行为： 常成对在天空盘旋，以鸟类和小型兽类为食。

保护级别： 国家 II 级重点保护野生动物。

分布及种群数量： 分布于我国长江以南的大部分地区。广西各地均有分布，以中部的山区较为常见，为留鸟。

凤头鹰 Crested Goshawk

Accipiter trivirgatus

鹰形目鹰科

鉴别特征：体长约 45 cm，中型猛禽。体羽多褐色，具明显的冠羽。喉白色，具明显的黑色喉中线。飞行时翼指 6 枚，白色的尾下覆羽蓬松明显。

栖息地：森林和林缘地带，有时也到城市公园里活动。

行为：单独活动，主要以鼠类和其他小型脊椎动物为食。

保护级别：国家 II 级重点保护野生动物。

分布及种群数量：分布于我国南部地区。广西各地均有分布，为留鸟，是广西森林里最为常见的猛禽之一。

1	2	3	4	5	6	7	8	9	10	11	12

鹰形目鹰科

褐耳鹰　Shikra

Accipiter badius

鉴别特征： 体长约 37 cm，中型猛禽。上体灰色，下体具赤褐色横斑，灰色的喉中线不太明显。飞行时翼指 5 枚。

栖息地： 森林和林缘地带。

行为： 单独活动，主要以鸟类、蛙、蜥蜴、鼠类和昆虫等为食。

保护级别： 国家 II 级重点保护野生动物。

分布及种群数量： 见于我国南部和西部少数地区。广西各地均有分布，但不多见，南部地区稍多，为留鸟。

赤腹鹰 Chinese Sparrowhawk

Accipiter soloensis

鹰形目鹰科

鉴别特征： 体长约 32 cm，小型猛禽。头部至背部为蓝灰色，下体白色，胸和两胁略沾粉色。飞行时翼指 4 枚。

栖息地： 森林和林缘地带。

行为： 单独活动，主要以蛙、蜥蜴和大型昆虫为食。

保护级别： 国家 II 级重点保护野生动物。

分布及种群数量： 繁殖于我国南部地区。广西各地均有分布，北部稍多，主要为夏候鸟，部分为旅鸟。

亚成鸟

鹰形目鹰科

日本松雀鹰　Japanese Sparrowhawk

Accipiter gularis

鉴别特征： 体长约 30 cm，小型猛禽。上体黑灰色，雄鸟胸腹部红褐色，雌鸟具横纹或纵纹。亚成鸟具明显的细喉中线，胸部具纵纹，腹部为点状斑。飞行时翼指 5 枚。

栖息地： 森林或林缘生境。

行为： 常单独活动，以小型鸟类为食。

保护级别： 国家Ⅱ级重点保护野生动物。

分布及种群数量： 在我国东北和华北地区繁殖，在南方地区越冬。广西各地均有分布，为冬候鸟或旅鸟。

相似种： 松雀鹰。喉中线较粗且相对明显，翼指也相对较粗，翼后缘比较弯，飞羽深色横纹较粗。

松雀鹰 Besra

Accipiter virgatus

鹰形目鹰科

鉴别特征： 体长约 33 cm，小型猛禽。上体黑灰色，喉白色且喉中线宽阔明显，亚成鸟喉中线相对较细。胸腹部具褐色横纹或纵纹，飞行时翼指 5 枚。

栖息地： 森林边缘或空旷处。

行为： 单独活动，以小型鸟类为食。

保护级别： 国家 II 级重点保护野生动物。

分布及种群数量： 见于我国南方地区。广西各地均有分布，较为常见，为留鸟。

相似种： 日本松雀鹰。成鸟喉中线几乎不见，亚成鸟喉中线相对较细，翼指也较细，翼后缘比较直，飞羽深色横斑较细。

鹰形目鹰科

雀鹰 Eurasian Sparrowhawk

Accipiter nisus

鉴别特征：体长约 36 cm，小型猛禽。雄鸟上体灰褐色，下体具棕红色横斑，颊部棕色。雌鸟多褐色。飞行时翼指 6 枚。

栖息地：不同类型的森林或林缘生境。

行为：单独活动，主要以鸟类为食。

保护级别：国家 II 级重点保护野生动物。

分布及种群数量：在我国东北和华北地区繁殖，在南方地区越冬。广西各地均有分布，为冬候鸟。

| 1 | 2 | 3 | 4 | 5 | 6 | 7 | 8 | 9 | 10 | 11 | 12 |

苍鹰　Northern Goshawk

Accipiter gentilis

鉴别特征： 体长约 55 cm，中型猛禽。上体灰褐色，下体白色，密布黑色细横纹。大部分个体可见清晰的白色眉纹。亚成鸟胸腹部有深褐色纵纹。飞行时翼指6枚。

栖息地： 森林或林缘地带。

行为： 单独活动，主要以鸟类和鼠类为食。

保护级别： 国家 II 级重点保护野生动物。

分布及种群数量： 在我国东北地区繁殖，在南方地区越冬。广西各地均有分布，但种群数量较少，为罕见冬候鸟。

1	2	3	4	5	6	7	8	9	10	11	12

鹰形目鹰科

白腹鹞 Eastern Marsh Harrier

Circus spilonotus

鉴别特征：体长约 55 cm，中型猛禽。色型较为复杂，具有多个色型，同种之间颜色存在较大的区别。与其他种相比，喙相对大且外凸。

栖息地：开阔的农田、水库和沿海沼泽等。

行为：单独或成对活动，以小型脊椎动物和大型昆虫为食。

保护级别：国家 Ⅱ 级重点保护野生动物。

分布及种群数量：繁殖于我国东北地区，在长江以南地区越冬。广西各地均有分布，不常见，为冬候鸟。此外，广西还有些白头鹞 *Circus aeruginosos* 的观察记录，但多数应该为白腹鹞的误识，广西是否有白头鹞的分布，尚需进一步研究。

白尾鹞　Hen Harrier

Circus cyaneus

鹰形目鹰科

鉴别特征：体长约 46 cm，中型猛禽。雄鸟上体蓝灰色，翼尖黑色。雌鸟多褐色，胸部具黑色纵纹。飞行时翼指 5 枚。腰部白色明显。

栖息地：开阔的农田、水库和沿海沼泽等。

行为：单独或成对活动，以小型脊椎动物和大型昆虫为食。

保护级别：国家 II 级重点保护野生动物。

分布及种群数量：繁殖于我国北方地区，在长江以南地区越冬。广西各地均有分布，较其他鹞常见，为冬候鸟。

相似种：鹊鹞。雄鸟头与身体羽色对比很明显，雌鸟翼下初级飞羽横斑相对模糊。

草原鹞 Pallid Harrier

Circus macrourus

鹰形目鹰科

鉴别特征：体长约 46 cm，中型猛禽。雄鸟上体石板灰色，仅初级飞羽前端黑色。雌鸟褐色，但具白腰。飞行时翼指 4 枚。灰色的体羽与黑色的翼尖对比明显。

栖息地：开阔的农田和林缘生境。

行为：单独活动，以鼠类为主要食物。

保护级别：国家 II 级重点保护野生动物。

分布及种群数量：繁殖于我国西北地区，在南方地区越冬。广西各地均有分布，但数量较少，为罕见冬候鸟或旅鸟。

鹊鹞　Pied Harrier

Circus melanoleucos

鉴别特征：体长约 46 cm，中型猛禽。雄鸟头、喉和胸部黑色，其余部分为白色。雌鸟多褐色，腹部白色。飞行时翼指 5 枚。黑色的头部与白色的腹部对比明显。

栖息地：开阔的农田、沼泽和水域地带。

行为：单独活动，以小型动物为食。

保护级别：国家 II 级重点保护野生动物。

分布及种群数量：繁殖于我国东北地区，在南方地区越冬。广西各地均有分布，但数量较少，为冬候鸟。

相似种：白尾鹞。雄鸟头与身体羽色对比较不明显，雌鸟翼下初级飞羽横斑相对清晰。

1	2	3	4	5	6	7	8	9	10	11	12

黑鸢 Black kite

Milvus migrans

鉴别特征： 体长约 60 cm，中型猛禽。体羽多褐色，耳羽黑色。亚成鸟身体有较多白斑。飞行时翼指6枚，尾轻微分叉，易与其他猛禽区别。

栖息地： 开阔平原、水域和低山丘陵地带。

行为： 单独或成对活动，以小鸟和鼠类等为食，有时也会成小群在水面取食死鱼。

保护级别： 国家 II 级重点保护野生动物。

分布及种群数量： 我国各地均有分布。广西各地均较为常见，为留鸟。

相似种： 栗鸢。体形较小，耳羽与周围颜色一致，尾圆形。

成鸟

亚成鸟

亚成鸟

亚成鸟

栗鸢 Brahminy Kite

Haliastur indus

鉴别特征：体长约 44 cm，中型猛禽。体羽多栗红色，头、颈和上胸白色，并具棕色细纹。飞行时可见黑色翼指 6 枚，与栗色翼反差明显。亚成鸟体羽近褐色，第二年鸟体羽偏灰白色。

栖息地：有高大树木的水域生境。

行为：常单独或成对活动，主要以鱼类为食。

保护级别：国家 II 级重点保护野生动物。

分布及种群数量：我国偶有记录于长江中下游地区和南方各地。广西原记录于梧州、崇左和北部湾沿岸，为夏候鸟。南宁部分水库近年有亚成鸟的记录，是否有繁殖种群尚需要进一步确认，北海冠头岭也偶有过境记录。

相似种：黑鸢。体形较大，耳羽较周围颜色明显偏黑，尾略分叉。

成鸟　　亚成鸟　　亚成鸟　　亚成鸟

白腹海雕　White-bellied Sea Eagle

Haliaeetus leucogaster

鉴别特征： 体长约 70 cm，大型猛禽。上体和两翼褐色，头、颈和下体白色，初级飞羽黑色，尾楔形。幼鸟体羽几乎为褐色，尾为白色。

栖息地： 沿海地带，偶尔会在内陆深处活动。

行为： 常单独或成对活动，主要以鱼类为食。

保护级别： 国家 I 级重点保护野生动物。

分布及种群数量： 分布于我国沿海地带。广西原先并无白腹海雕的记录（周放等，2011），近年来迁徙季节偶尔在北部湾沿海地区有观测记录。郑光美（2017）也认为广西有分布，估计为迷鸟或旅鸟。

成鸟

亚成鸟

亚成鸟

亚成鸟

白尾海雕　White-tailed Sea Eagle

Haliaeetus albicilla

鉴别特征： 体长约 85 cm，大型猛禽。喙黄色，体羽几乎为褐色。飞行时翼指 7 枚，白色的尾羽呈楔形。亚成鸟体羽显斑驳，白色尾较不明显。

栖息地： 开阔的大型水域。

行为： 常单独或成小群活动，以鱼类为食。

保护级别： 国家 I 级重点保护野生动物。

分布及种群数量： 我国多数地区都有分布记录。广西目前尚无观察记录，但郑光美（2011）认为广西有分布，估计为罕见冬候鸟。

亚成鸟

鹰形目鹰科

灰脸鵟鹰 Grey-faced Buzzard

Butastur indicus

鉴别特征：体长约 43 cm，中型猛禽。上体棕褐色，胸腹部密布红褐色横纹，喉中线较为明显。飞行时翼指 5 枚，端部发黑。成鸟具明显的白色眉纹。

栖息地：森林、林缘或农田等开阔生境。

行为：单独活动，迁徙期间结群，主要以鸟类、鼠类和大型昆虫为食。

保护级别：国家 Ⅱ 级重点保护野生动物。

分布及种群数量：在我国东北和华北地区繁殖，迁徙途经南方地区。广西见于南宁、百色、崇左和北部湾沿岸，为冬候鸟或旅鸟。

| 1 | 2 | 3 | 4 | 5 | 6 | 7 | 8 | 9 | 10 | 11 | 12 |

大鵟 Upland Buzzard

Buteo hemilasius

鉴别特征： 体长约 63 cm，中型猛禽。体色变化较大，暗色型上体暗褐色。浅色型头顶、后颈和下体几乎为白色，胸侧和两胁具褐色斑。飞行时翼指 5 枚，浅色翼窗和深色腕斑对比较明显。

栖息地： 高山森林、荒漠和草甸地带。

行为： 常单独活动，主要觅食各种鼠类。

保护级别： 国家 II 级重点保护野生动物。

分布及种群数量： 繁殖于我国北方地区和青藏高原，偶见在南方地区越冬。广西记录于百色、金秀和崇左等地，为冬候鸟。这些记录或许可疑，其在广西的具体分布情况尚需要进一步调查。

相似种： 普通鵟。体形较小，初级飞羽翼窗相对不太明显，腹部深色斑相连。

1	2	3	4	5	6	7	8	9	10	11	12

普通鵟 Eastern Buzzard

Buteo japonicus

鹰形目鹰科

鉴别特征：体长约 55 cm，中型猛禽。体色变化较大，上体暗褐色。飞行时翼指 5 枚，可见特征性深色腕斑。

栖息地：开阔的林缘、农田和水库地带。

行为：单独活动，主要觅食各种鼠类。

保护级别：国家 II 级重点保护野生动物。

分布及种群数量：在我国东北地区繁殖，南方地区越冬。广西各地均有分布，较为常见，为冬候鸟。

相似种：大鵟。体形较大，初级飞羽上翅翼窗较明显，腹部深色斑不相连。

鸮形目
STRIGIFORMES

俗称猫头鹰，多具心形脸盘，双眼向前，喙和爪弯曲且锐利，视力发达，飞行快而有力，性凶猛，不喜结群，多为夜行性。常活动于开阔山地、农田和村寨附近的森林。食物以鼠类为主，也吃小鸟和昆虫。

中国分布有2科32种，广西分布有2科18种。

领角鸮

鸱鸮科 Strigidae

夜行性猛禽，种类较多，体形、习性和行为差异较大，有的种类面盘不明显，在树洞或石缝中营巢，雏鸟晚成性。中国分布有 10 属 29 种，其中 8 属 15 种见于广西。

鸮形目鸱鸮科

黄嘴角鸮　Mountain Scops Owl

Otus spilocephalus

鉴别特征：体长约 20 cm，小型棕褐色鸮类。棕褐色面盘，头两侧具明显耳羽簇，无明显的粗横纹或纵纹，肩具一列白色斑块。

栖息地：低海拔的山地常绿林、混交林和林缘地带。

行为：夜行性，常单独或成对在黎明、黄昏和夜间活动，白天藏于树丛或山洞中，捕食鼠类、小型鸟类、蜥蜴和昆虫。

保护级别：国家Ⅱ级重点保护野生动物。

分布及种群数量：主要见于我国南部地区的森林。广西各地均有分布，但不多见，为留鸟。

成鸟

亚成鸟

领角鸮　Collared Scops Owl

Otus lettia

鉴别特征： 体长约 24 cm，小型偏灰褐色鸮类。上体沙褐色且散布黑褐色羽干杂纹，后颈基部具翎领，下体皮黄色具黑色羽干纵纹。

栖息地： 山地阔叶林、混交林和村屯周边的林地。

行为： 常单独活动，夜行性，白天多藏于茂密的树枝间，主要以鼠类和昆虫为食。

保护级别： 国家 II 级重点保护野生动物。

分布及种群数量： 我国大部分地区均可见。广西各地均有分布，为留鸟。

相似种： 红角鸮。体形相对较小，后颈无明显翎领。

1	2	3	4	5	6	7	8	9	10	11	12

红角鸮　Oriental Scops Owl

Otus sunia

鉴别特征： 体长约 19 cm，小型鸮类。灰色面盘，耳羽簇明显，上体灰褐色，密布黑褐色羽干纹，肩羽具白斑，下体灰白色且散布黑色纵纹。具有灰色和栗红色两种色型。*stictonotus* 亚种下体的黑褐色羽干较少且细。

栖息地： 山地、丘陵阔叶林和混交林，也见于居民区附近的林地。

行为： 一般在黄昏和夜间单独活动，白天藏于茂密的树枝中，飞行无声且快而有力，常从一棵树飞到另一棵树。食物主要以昆虫和小型啮齿动物为主。

保护级别： 国家 II 级重点保护野生动物。

分布及种群数量： 我国大部分地区均可见，北方种群为夏候鸟，南方种群为留鸟，种群数量稀少。广西记录有 2 个亚种，*malayanus* 亚种在广西各地均可见，为留鸟；*stictonotus* 亚种仅在广西沿海地区有记录，为旅鸟。2 个亚种均不算少见。

相似种： 领角鸮。体形相对较大，后颈具明显翎领。

雕鸮 Eurasian Eagle-owl

Bubo bubo

鉴别特征： 体长约 72 cm，大型黑褐色鸮类。耳羽簇长，通体黄褐色，喉白色，上体多黑色斑点，下体具黑色纵纹。

栖息地： 山地森林、林缘灌木丛和裸露的岩石峭壁上。

行为： 通常远离人群，夜行性，白天藏于密林中闭目休憩，听觉灵敏，轻微惊动即伸颈张望。主要以各种鼠类为食。

保护级别： 国家 II 级重点保护野生动物。

分布及种群数量： 分布遍及全国各地。广西各地均有分布，但近年来几乎很少有记录，估计种群数量稀少，为罕见留鸟。

亚成鸟

| 1 | 2 | 3 | 4 | 5 | 6 | 7 | 8 | 9 | 10 | 11 | 12 |

327

林雕鸮　Spot-bellied Eagle Owl

Bubo nipalensis

鉴别特征：体长约 56 cm，体形硕大的棕黑色鸮类。耳羽簇长而明显，面盘灰白色，上体深褐色，具皮黄色杂斑，下体皮黄色，头顶具棕色横斑，喉、胸具黑色细横斑，横斑至下腹变宽，喙黄色，脚皮黄色且被羽。

栖息地：茂密潮湿的亚热带或热带常绿落叶阔叶林。

行为：几乎都为夜行性，多单独活动，食物包括大型鸟类、哺乳动物、爬行动物和鱼类。

保护级别：国家 II 级重点保护野生动物。

分布及种群数量：主要分布于我国西南部地区。广西仅记录于龙州县弄岗国家级自然保护区，种群数量极为稀少，为罕见留鸟。

褐渔鸮　Brown Fish Owl

Ketupa zeylonensis

鸮形目鸱鸮科

鉴别特征：体长约 53 cm，大型鸮类。耳羽簇明显，喉部有较大的白色块斑，羽色整体偏褐色，上体具粗壮的黑白色斑纹，下体具明显的黑色细纵纹。

栖息地：水源地附近的开阔林区地带，包括海岸、水库、河流、鱼塘。

行为：常单独活动，半昼行性，午后才开始从密林中出来觅食，通常在水面上飞翔搜寻猎物，食物以鱼、蛙等水生动物为主。

保护级别：国家Ⅱ级重点保护野生动物。

分布及种群数量：分布于我国南部沿海地区。在广西大部分地区都有记录，为罕见留鸟。

相似种：黄腿渔鸮。体形稍大，整体橙色更多，上体斑纹颜色更重。

| 1 | 2 | 3 | 4 | 5 | 6 | 7 | 8 | 9 | 10 | 11 | 12 |

黄腿渔鸮 Tawny Fish Owl

Ketupa flavipes

鉴别特征： 体长约 60 cm，大型鸮类。体形似褐渔鸮，稍大，耳羽簇明显，具白色喉斑，整体橙棕色，上体具黑褐色宽阔羽干斑纹，下体具黑褐色细羽干纵纹。

栖息地： 水域附近的阔叶林或次生林，包括河流、溪流、水库等。

行为： 常单独活动，半昼行性，多在下午和黄昏外出觅食，常栖于乔木高枝监视水面，发现猎物即猛扑下来。主要以鱼类为食，也捕食鼠类、昆虫、鸟类等。

保护级别： 国家 II 级重点保护野生动物。

分布及种群数量： 分布于我国中部和南部地区。广西仅在兴安和龙胜有过记录，为罕见留鸟。

相似种： 褐渔鸮。体形稍小，上体褐色，下体黄褐色。

| 1 | 2 | 3 | 4 | 5 | 6 | 7 | 8 | 9 | 10 | 11 | 12 |

褐林鸮 Brown Wood Owl

Strix leptogrammica

鸮形目鸱鸮科

鉴别特征： 体长约 48 cm，大型鸮类。面盘明显，无耳羽簇，具短白色眉纹，眼圈黑色，喉白色，上体栗褐色，肩、翅和尾具白色横斑，下体皮黄色，密布细的褐色横斑。

栖息地： 山地常绿林和混交林，也见于林缘地带。

行为： 多单独活动，夜行性，白天多藏于茂密的树冠层，性机警。主要以鼠类为食，也捕食鸟类、蛙类和大型昆虫等。

保护级别： 国家 II 级重点保护野生动物。

分布及种群数量： 分布于我国南方地区。在广西大多数林区都有记录，数量稀少，为罕见留鸟。

1	2	3	4	5	6	7	8	9	10	11	12

灰林鸮 Tawny Owl

Strix aluco

鸮形目鸱鸮科

鉴别特征：体长约 38 cm，体形中等的鸮类。面盘明显，无耳羽簇。上体棕色和褐色相杂，翅具明显白翼斑。下体浅棕色，具黑褐色羽干纵纹和浅褐色横斑。

栖息地：低地常绿林、混交林和林缘灌木丛地带，尤喜河谷森林地带。

行为：多单独活动，夜行性，白天多蹲伏于密林中，黄昏和晚上出来活动。食物以鼠类为主，也食蛙类、小鸟和昆虫等。

保护级别：国家 II 级重点保护野生动物。

分布及种群数量：主要分布于我国黄河以南地区。在广西大部分地区都有记录，为罕见留鸟。

领鸺鹠　Collared Owlet

Glaucidium brodiei

鸮形目鸱鸮科

鉴别特征：体长约 15 cm，小型多横斑鸮类。面盘不明显，无耳羽簇，眼先和眉纹白色，具浅黄色领圈，上体灰褐色，布满浅黄色横斑，后颈具浅黄色领，领两侧有黑斑，下体白色，两胁具棕褐色宽纵纹和横纹。

栖息地：山地、丘陵的森林和林缘地带。

行为：除繁殖期外，常单独活动，主要在白天活动，常在夜间持续鸣叫。主要以鼠类和昆虫为食。

保护级别：国家 II 级重点保护野生动物。

分布及种群数量：见于我国南方地区。广西各地均有分布，种群数量相对丰富，为常见留鸟。

相似种：斑头鸺鹠。体形较大，无颈后领斑，喉部白斑明显。

1	2	3	4	5	6	7	8	9	10	11	12

斑头鸺鹠 Asian Barred Owlet

Glaucidium cuculoides

鉴别特征：体长约 23 cm，小型多横斑鸮类。面盘不明显，无耳羽簇，具短的白色眉纹，头和上体褐色，多具细横斑，喉具明显白斑，下体白色，下胸和两胁多褐色横纹，腹具褐色纵纹。

栖息地：丘陵，平原的阔叶林、混交林、林缘灌木丛，以及村寨、农田周边林地。

行为：常单独活动，主要为昼行性，常在林中飞动，捕食小鸟、鼠类、蛙等。

保护级别：国家 II 级重点保护野生动物。

分布及种群数量：见于我国南方地区。广西各地均有分布，种群数量很丰富，为常见留鸟。

相似种：领鸺鹠。体形较小，具颈后领斑，喉部白斑常不明显。

亚成鸟

纵纹腹小鸮　Little Owl

Athene noctua

鸮形目鸱鸮科

鉴别特征：体长约 24 cm，小型鸮类。头扁平，面盘不甚明显，无耳羽簇，浅色平眉在前额连成"V"形，上体褐色，缀以白色斑点和纵纹，下体白色且多褐色纵纹。

栖息地：低地丘陵、平原森林地带，也见于农田和村屯附近的树林。

行为：主要在夜间活动，常栖息在大树和电线杆上静待猎物。食物以鼠类和昆虫为主，也捕食小鸟、蜥蜴等小型动物。

保护级别：国家 II 级重点保护野生动物。

分布及种群数量：在我国北方和西北大部分地区为留鸟。在广西南宁和桂林少数地方有过记录，种群数量稀少，估计为罕见冬候鸟，这些记录或许需要进一步证实。

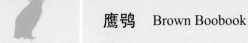

鹰鸮 Brown Boobook

Ninox scutulata

鸮形目鸱鸮科

鉴别特征：体长约 27 cm，小型鸮类。形似鹰，头圆，无面盘和耳羽簇，前额白色。上体暗褐色，肩具白斑。下体白色，水滴状的褐色斑连成纵纹。

栖息地：低地阔叶林、混交林、林缘灌木丛地带，也见于农田地区的林地。

行为：多单独活动，夜行性，白天藏于茂密的树枝中，飞行迅速无声，主要以昆虫为食，也捕食鼠类、小鸟、蛙类等。

保护级别：国家 II 级重点保护野生动物。

分布及种群数量：分布于我国东部和南部地区。在广西大部分地区均有记录，为留鸟，种群数量一般。

| 1 | 2 | 3 | 4 | 5 | 6 | 7 | 8 | 9 | 10 | 11 | 12 |

长耳鸮 Long-eared Owl

Asio otus

鉴别特征：体长约 35 cm，中型鸮类。面盘和耳羽簇明显，耳羽簇竖直呈黑褐色耳状，上体棕黄色且密布黑褐色羽干纹。下体皮黄色，杂有黑褐色纵纹。眼橙红色。

栖息地：针叶林、针阔混交林和阔叶林，也见于林缘疏林地带。

行为：平时多单独或成对活动，是典型的夜行性鸟类，白天隐蔽于树枝上。在迁徙期间常结成 10 ~ 20 只的小群。主要以啮齿类动物为食，也吃昆虫、小鸟等。

保护级别：国家 II 级重点保护野生动物。

分布及种群数量：繁殖于我国东北地区，迁徙途经我国大部分地区，在华南和华东沿海地区越冬。广西仅中部少数地区有过记录，为罕见冬候鸟。

相似种：短耳鸮。无明显长耳羽簇，腹部羽干纵纹不分枝形成横斑。

鸮形目鸱鸮科

短耳鸮　Short-eared Owl

Asio flammeus

鉴别特征： 体长约 37 cm，中型鸮类。外形似长耳鸮，面盘明显，但羽簇短且不明显。眼周黑色，上体黄褐色且密布黑色和黄色斑点及条纹，下体皮黄色，具黑色羽干纵纹，但羽干纹不分枝形成横斑。

栖息地： 低地、丘陵、平原、湖岸等各类有草的开阔生境，越冬多见于低海拔有草的开阔地带。

行为： 多在晚上和夜间捕食，但白天也见活动，平时多栖息于地面或草丛中，多贴地飞行。主食鼠类，也食小鸟和昆虫。

保护级别： 国家 II 级重点保护野生动物。

分布及种群数量： 繁殖于我国东北地区，在我国其他地区越冬。广西多个地点有过记录，为罕见冬候鸟。

相似种： 长耳鸮。具明显的长耳羽簇，腹部羽干纵纹分枝形成横斑。

草鸮科 Tytonidae

夜行性猛禽，面盘均完整，下方变小，呈明显的心形。主要栖息于山间草地生境，以小型鼠类、鸟类、蛇、蛙和昆虫等为食。常在地面营巢，雏鸟晚成性。中国分布有 2 属 3 种，均见于广西。

仓鸮　Barn Owl

Tyto alba

鸮形目草鸮科

鉴别特征：体长约 37 cm，体形中等的鸮类。具白色心形面盘，上体为斑驳的棕黄色且具黑色和白色斑点，下体白色且散布暗褐色斑点。

栖息地：开阔的林地、丘陵、农田和村寨附近的森林。

行为：常在黄昏和夜间单独活动，白天栖息于树上或树洞中，飞行无声且快而有力，主要以鼠类为食，也捕猎鸟类。

保护级别：国家 II 级重点保护野生动物。

分布及种群数量：原记载在我国仅见于云南，但近年来在广西南部地区已经有多次记录，最北已达柳州。这些记录很多来自市场，很少有来自野外的观察记录，因此其在广西的分布和种群情况需要进一步调查，估计为罕见留鸟。

相似种：草鸮。上体暗褐色，下体皮黄色，眼先具黑斑。

草鸮　Eastern Grass Owl

Tyto longimembris

鸮形目草鸮科

鉴别特征：体长约 40 cm，中型鸮类。具心形面盘，上体暗褐色且散布黑白色斑点，下体皮黄色且具暗褐色细斑，眼先具黑色斑。

栖息地：山地、丘陵和居民区附近的林地、灌木丛、草丛。

行为：夜行性，食物以老鼠及其他小型哺乳类动物为主，也捕食鸟类、爬行类、昆虫等。

保护级别：国家 II 级重点保护野生动物。

分布及种群数量：见于我国西南和华南地区。广西各地均可见，俗称"猴面鹰"，但种群数量不算太多，为留鸟。

相似种：仓鸮。上体棕黄色，下体白色，眼先无黑斑。

栗鸮 Bay Owl

Phodilus badius

鉴别特征： 体长约 29 cm，体形中等的栗红色鸮。体形似仓鸮，但相对小，心形面盘，头两侧有羽簇突起，上体栗红色且具黑白色斑点，下体皮黄色且散布黑色斑点，尾短，具黑色横斑。

栖息地： 山地茂密的阔叶林、次生林。

行为： 常单独或成对活动，夜行性，多在黄昏、黎明和夜间活动，捕食鼠类、小型爬行类、两栖类、鸟类及昆虫等。

保护级别： 国家Ⅱ级重点保护野生动物。

分布及种群数量： 主要见于我国热带森林之中。在广西分布于中越边境地区，种群数量较少，为罕见留鸟。

| 1 | 2 | 3 | 4 | 5 | 6 | 7 | 8 | 9 | 10 | 11 | 12 |

红头咬鹃

咬鹃目
TROGONIFORMES

中小型鸟类，喙短厚，具发达的喙须，眼周裸露，翅短圆，尾甚长，雌雄异色，主要栖息于我国南方热带和亚热带森林中，树栖性鸟类，以昆虫、两栖类等动物性食物为主，但也吃植物性食物。

中国分布有1科3种，广西分布有1科2种。

红头咬鹃

咬鹃科 Trogonidae

热带鸟类，为异趾型（第一、第二趾向后，第三、第四趾向前），颜色鲜艳，在树洞里营巢，雏鸟晚成性。

咬鹃目咬鹃科

橙胸咬鹃 Orange-breasted Trogon

Harpactes oreskios

鉴别特征： 体长约 29 cm，中型鸟类。雄鸟头和颈橄榄绿色，背和尾红褐色，翼上覆羽具黑白相间的细窄横斑，胸、腹橙黄色。雌鸟头和颈为灰橄榄色，翼上覆羽为黑棕相间的横斑。

栖息地： 低海拔常绿阔叶林。

行为： 多单独在树冠中上层活动，有时也会到地面觅食，食物以昆虫为主，也吃植物果实。

保护级别： 国家 II 级重点保护野生动物。

分布及种群数量： 在我国广西和云南均有分布。广西仅记录于百色和环江，近年来缺乏准确的观察记录，因此早年的记录或许有些可疑，估计为罕见留鸟。

雄鸟

雌鸟

红头咬鹃　Red-headed Trogon

Harpactes erythrocephalus

鉴别特征: 体长约 37 cm,中型鸟类。雄鸟头、颈、喉、胸和腹血红色,下胸具窄月形环带,背和尾棕栗色,翅上覆羽密布白色细横斑。雌鸟头、颈、胸黄褐色,翅上覆羽密布白色细横斑,后转为棕色。

栖息地: 低海拔常绿林及次生密林。

行为: 树栖性鸟类,多单独或成对活动,性羞,常站在茂密的树枝或藤条上突袭猎物。食物以昆虫为主,也食浆果。

保护级别: 国家Ⅱ级重点保护野生动物。

分布及种群数量: 见于我国南方地区。广西各地的天然林里均有分布,但不算常见,为留鸟。

雄鸟

雌鸟

1	2	3	4	5	6	7	8	9	10	11	12

冠斑犀鸟

犀鸟目
BUCEROTIFORMES

犀鸟目包括犀鸟科和戴胜科的鸟类，主要分布于旧大陆地区，大多数种类喙形较长，食物多种多样。腿适合攀爬，在洞穴里营巢，幼鸟晚成性。

中国分布有2科6种，广西分布有2科2种。

戴胜

犀鸟科 Bucerotidae

犀鸟多为中到大型鸟类，巨大的喙形非常独特，取食果实和小型动物。中国分布有 5 属 5 种，广西仅有冠斑犀鸟分布。在广西西南部地区，有些居民曾反映见过类似棕颈犀鸟 *Aceros nipalensis* 的动物，但一直未被证实。

犀鸟目犀鸟科

冠斑犀鸟 Oriental Pied Hornbill
Anthracoceros albirostris

鉴别特征：体长约 75 cm，大型鸟类。全身以黑白色为主，具米黄色大盔突，盔突上具黑斑。头部黑色，眼下具白斑，上体和两翼均为黑色，飞行时可见白色翼后缘。喉部和上胸黑色，下胸和腹部白色。

栖息地：中低海拔的常绿阔叶林。

行为：非繁殖期成小群，多在树冠层活动，采食浆果或植物种子，也捕食昆虫甚至小型脊椎动物。

保护级别：国家 I 级重点保护野生动物。

分布及种群数量：分布于我国云南、西藏和广西。广西见于西南部保存较好的森林之中，目前种群数量已经极为稀少，为留鸟。另外，在大明山也发现了冠斑犀鸟，但需要进一步确认其是否为野生种群。

雄鸟

雌鸟（左）和雄鸟（右）

| 1 | 2 | 3 | 4 | 5 | 6 | 7 | 8 | 9 | 10 | 11 | 12 |

戴胜科 Upupidae

头顶有特征性扇状冠羽，细长的喙部明显向下弯曲，以虫类为主食。中国只分布有 1 属 1 种，也见于广西。

戴胜　Common Hoopoe

Upupa epops

犀鸟目戴胜科

鉴别特征：体长约 30 cm，体形中等。全身以橘黄色、黑色和白色为主，喙长且下弯，头具冠羽，冠羽尖端黑色，两翼和尾具黑白相间的条纹。*longirostris* 亚种喙相对较长，背部暗棕色较深。

栖息地：开阔地带，如农田，草地等。

行为：单独或成对活动，常在地面行走觅食，食物为昆虫、蚯蚓等。受到惊扰时冠羽会立起。

分布及种群数量：在我国广泛分布。*epops* 亚种在广西各地均有分布，多为冬候鸟；*longirostris* 亚种在广西南部地区有记录，为留鸟。与我国北方地区相比，戴胜在广西并不算常见。

蓝须蜂虎

佛法僧目
CORACIIFORMES

形态各异，喙的形状也长短不一，脚通常不太发达，生活方式和栖息环境差别较大，但都在洞穴里营巢，多数种类以昆虫和鱼类为食。

中国分布有3科23种，广西分布有3科11种。

普通翠鸟

蜂虎科 Meropidae

体形中等，细长的喙通常向下弯曲。羽色较艳丽，雌雄相似。以捕捉空中飞虫为食，尤其喜吃各种蜂类。在土壁上挖隧道为巢，一些种类有合作繁殖的行为。中国分布有 2 属 9 种，其中 2 属 3 种见于广西。

佛法僧目蜂虎科

蓝须蜂虎　Blue-bearded Bee-eater

Nyctyornis athertoni

鉴别特征：体长约 30 cm，体形中等的绿色蜂虎。胸部蓝色羽毛蓬松似垂髯，喙长尖且下弯。亚成鸟全身绿色。

栖息地：森林和林缘地带。

行为：单独或成小群活动，在林间快速飞行捕食昆虫。

保护级别：国家 II 级重点保护野生动物。

分布及种群数量：分布于我国云南、广西、海南等地。在广西主要见于西南部和中部地区的森林之中，为偶见留鸟。

栗喉蜂虎 Blue-tailed Bee-eater

Merops philippinus

佛法僧目蜂虎科

鉴别特征：体长约 30 cm，体形中等的蜂虎。头和上背绿色，具黑色贯眼纹。腰至尾部蓝色，翼上覆羽绿色，喉部栗色。

栖息地：沿海地区的开阔沙地和内陆河谷地带。

行为：群居，低空快速飞行或乘风滑翔以捕捉飞虫。繁殖季节在土壁上挖洞筑巢。

保护级别：国家 II 级重点保护野生动物。

分布及种群数量：繁殖于我国西南和华南地区。广西主要见于沿海地区，在内陆偶有分布，为夏候鸟，部分为旅鸟。

| 1 | 2 | 3 | 4 | 5 | 6 | 7 | 8 | 9 | 10 | 11 | 12 |

蓝喉蜂虎　Blue-throated Bee-eater

Merops viridis

鉴别特征：体长约 30 cm，体形中等的蜂虎。头顶至上背部为栗色，喉部和尾部蓝色，其余部分绿色，具黑色贯眼纹。亚成鸟尾羽短，头顶至上背绿色。

栖息地：植被低矮稀疏的开阔地带。

行为：群居，常站在树枝上伺机捕捉飞过的昆虫。

保护级别：国家 II 级重点保护野生动物。

分布及种群数量：主要分布于我国长江以南地区。在广西分布于东部和南部地区，为罕见夏候鸟，部分为旅鸟。

佛法僧科 Coraclldae

羽色鲜艳的中型攀禽，以昆虫和小型脊椎动物为食，主要分布于旧大陆的热带和亚热带地区。中国分布有 2 属 3 种，广西仅分布有 1 属 1 种。

三宝鸟　Dollarbird

Eurystomus orientalis

佛法僧目佛法僧科

鉴别特征： 体长约 30 cm，体形中等。喙红色（亚成鸟黑色），形状宽厚。头近黑灰色，喉蓝紫色，其余部分暗蓝绿色。飞行时可见蓝白色翅斑。

栖息地： 森林边缘或林地上层。

行为： 常见成对停留于视野开阔的树枝上，在飞行中捕捉昆虫。

分布及种群数量： 广泛分布于我国大部分地区。广西各地均有分布记录，为夏候鸟或旅鸟，种群数量一般。

翠鸟科 Alcedinidae

多为颜色艳丽的小型食鱼鸟类，也有些翠鸟体形较大，颜色以黑白色为主。喙直且尖，腿极弱，常在河岸边的土坡上挖洞营巢。中国分布有7属11种，其中5属7种见于广西。

佛法僧目翠鸟科

白胸翡翠 White-throated Kingfisher

Halcyon smyrnensis

鉴别特征： 体长约27 cm，中大型翠鸟。全身以蓝色、褐色、白色为主。颏至胸白色，头、颈、肩和下体褐色，翼上、背部至尾部亮蓝色，飞行时翅尖呈黑褐色。

栖息地： 开阔水域的周边，有时也到缺水的农田物生境活动。

行为： 常单独活动，食物以鱼和水生节肢动物为主，也捕猎小型陆栖脊椎动物。

保护级别： 国家 II 级重点保护野生动物。

分布及种群数量： 广泛分布于我国长江以南地区。广西各地均有分布，为留鸟，种群数量一般。

蓝翡翠 Black-capped Kingfisher

Halcyon pileata

鉴别特征： 体长约 27 cm，中大型翠鸟。喙红色，头黑色，颈具白色颈环，喉部白色延伸至胸部，背部艳蓝色，翼上覆羽黑色，飞行时可见白色翼斑和黑色翼尖。

栖息地： 大型开阔水域。

行为： 常单独活动，食物以鱼和水生节肢动物为主，也捕猎小型陆栖脊椎动物。

分布及种群数量： 广泛分布于我国大部分地区。广西各地均有分布，沿海地区相对较为常见，为偶见留鸟，部分为冬候鸟。

| 1 | 2 | 3 | 4 | 5 | 6 | 7 | 8 | 9 | 10 | 11 | 12 |

普通翠鸟 Common Kingfisher

Alcedo atthis

佛法僧目翠鸟科

鉴别特征：体长约 16 cm，小型翠鸟。上体亮蓝色，下体棕色，背部具浅金属蓝色，颏白色，耳羽橘黄色，具有橘黄色贯眼纹。雄鸟喙全黑色，雌鸟下喙橘黄色。

栖息地：各种开阔水域，如鱼塘、湖泊、河流及其周边地区等。

行为：单独或成对活动，栖于岩石或探出的枝头上，快速俯冲入水捕鱼。

分布及种群数量：广泛分布于我国大部分地区。广西各地均有分布，为常见留鸟。

相似种：斑头大翠鸟。体形较大，耳羽蓝色。

雄鸟

雄鸟

雌鸟

斑头大翠鸟　Blyth's Kingfisher

Alcedo hercules

鉴别特征：体长约 23 cm，体形中等的翠鸟。上体为黑褐色，多带蓝色斑点，背部金属蓝色，胸腹栗色，耳羽蓝色，颊白色。雄鸟下喙黑色，雌鸟下喙红色。

栖息地：森林内河流、溪水岸边。

行为：单独出现，常立于近水树枝上观察并伺机捕鱼。

保护级别：国家 Ⅱ 级重点保护野生动物。

分布及种群数量：主要见于我国东南部地区和云南南部地区。广西一些保存较好的森林内偶有分布，并不多见。因为与普通翠鸟较为相似，其分布可能有所忽略，为罕见留鸟。

相似种：普通翠鸟。体形较小，耳羽橘黄色。

雌鸟

三趾翠鸟　Oriental Dwarf Kingfisher

Ceyx erithacus

鉴别特征：体长约 14 cm，小型翠鸟。全身以橙红色与蓝紫色为主，喙橙红色，头顶亮红褐色，枕部两侧具蓝紫色斑。背部和翼上覆羽蓝紫色，喉部至整个下体为明黄色。

栖息地：茂密森林内的水边。在防城港火车站内也曾发现一只死亡的个体，显示其栖息地可能会更广些。

行为：单独或成对活动，主要觅食水生昆虫和鱼类等。

分布及种群数量：分布于我国云南、海南、广西和台湾等地。在广西分布于西南地区，为罕见留鸟。

| 1 | 2 | 3 | 4 | 5 | 6 | 7 | 8 | 9 | 10 | 11 | 12 |

冠鱼狗　Crested Kingfisher

Megaceryle lugubris

鉴别特征：体长约 40 cm，大型翠鸟。具明显耸立的冠羽，上体黑色且具白色斑点，下体白色，胸部具黑色斑纹。

栖息地：河流和水库周边，更偏好林间的大型水域。

行为：单独或成对出现，站于水面树枝或石头上观察鱼情，然后迅速俯冲入水捕捉猎物。

分布及种群数量：广泛分布于我国中部、东部和南部地区。在广西各地均有记录，但不多见，为偶见留鸟。

相似种：斑鱼狗。体形较小，冠羽不甚发达且具白色眉纹。

斑鱼狗　Pied Kingfisher

Ceryle rudis

鉴别特征：体长约 27 cm，体形中等的翠鸟。喙黑色，长且尖，头具黑色冠羽和白色眉纹，上体为斑驳的黑白色，下体白色，胸部具黑色横带。雄鸟胸带较雌鸟更宽。*insignis* 亚种喙相对较长。

栖息地：各种大型静水水域或缓慢流动的河流。

行为：单独或成对出现，偶见集小群活动。常振翅飞停于水面上观察鱼情，然后迅速俯冲入水捕捉猎物。

分布及种群数量：广泛分布于我国东北以南地区。广西分布有 2 个亚种。*insignis* 亚种广泛分布于广西各地，*leucomelanura* 亚种仅见于那坡和隆林等地，均为常见留鸟。

相似种：冠鱼狗。体形更大，具明显的耸立冠羽且无白色眉纹。

雌鸟

雄鸟

雄鸟

1	2	3	4	5	6	7	8	9	10	11	12

啄木鸟目
PICIFORMES

中型攀禽，脚趾为对趾型，多数种类喙直如凿状，适合啄木。尾部一般较为坚硬，在树上行走时能起到支撑作用。在树洞内营巢，雏鸟晚成性。

中国分布有3科43种，广西分布有2科18种。

大斑啄木鸟

拟啄木鸟科 Capitonidae

体形较粗壮，喙粗大，并具发达的喙须，颜色鲜艳，不擅长飞行，不会啄木，以果子和昆虫为主食。我国分布有 1 属 9 种，其中 5 种见于广西。

啄木鸟目拟啄木鸟科

大拟啄木鸟 Great Barbet

Psilopogon virens

鉴别特征：体长约 35 cm，中型拟啄木鸟。喙淡黄色，大且宽厚，头、颈、喉部蓝黑色，胸和背部暗褐色，腹部淡黄且杂有绿色纵纹，尾部绿色，臀部红色。

栖息地：山地阔叶林。

行为：单独或成对活动，偶见集小群。在树冠层活动，以植物果实为食。

分布及种群数量：我国南方各地均有分布。广西常见于保存较好的森林中，为常见留鸟。

黄纹拟啄木鸟　Green-eared Barbet

Psilopogon faiostrictai

啄木鸟目拟啄木鸟科

鉴别特征：体长约 25 cm，中型拟啄木鸟。全身以绿色为主，喙黑色，头部具深色纵纹，耳羽绿色。

栖息地：常绿阔叶林和林缘地带。

行为：单独或成对活动，以植物果实为食。

分布及种群数量：我国偶有记录于广西和广东部分地区。广西只见于龙州，数量极为稀少，为罕见留鸟。

1	2	3	4	5	6	7	8	9	10	11	12

金喉拟啄木鸟 Golden-throated Barbet
Psilopogon franklinii

啄木鸟目拟啄木鸟科

鉴别特征：体长约 25 cm，中型拟啄木鸟。额红色，头顶黄色，枕部红色，贯眼纹黑粗，颏和喉部黄色，下喉和颊灰色。上体绿色，下体淡黄绿色。

栖息地：中等海拔山区的常绿森林。

行为：单独或成对活动。以浆果或种子等植物性食物为主，偶尔也捕捉昆虫。

分布及种群数量：分布于我国西藏、云南和广西。在广西主要分布于西部地区的森林，不算多见，为留鸟。

黑眉拟啄木鸟 Chinese Barbet

Psilopogon faber

鉴别特征： 体长约 20 cm，中小型拟啄木鸟。喙黑色，宽且厚，头部有红、黄、黑、蓝、绿五色，眉纹宽大呈黑色。颏至前胸依次为黄、蓝、红、绿四色，身体其余部分绿色。

栖息地： 中等海拔的山地森林。

行为： 单独或成对活动，不甚好动，在森林上层取食植物浆果或种子。

分布及种群数量： 见于我国南部地区。在广西北部和中部森林里较为常见，经常可以听到其独特的叫声，为常见留鸟。有些记录显示其分布已经到了中越边境地区，但需要进一步证实。广西之前记录为 *sini* 亚种，但广西采集的标本与海南岛的 *faber* 亚种较为相似，因此广西分布的黑眉拟啄木鸟是何亚种尚需进一步研究。

蓝喉拟啄木鸟　Blue-throated Barbet

啄木鸟目拟啄木鸟科

Psilopogon asiatica

鉴别特征：体长约20 cm，中小型拟啄木鸟。喙尖黑色，基部浅黄绿色。头顶红色，中间有一黑色带，头部其余部分蓝色。前胸两侧各一红斑，身体其余部分绿色或浅绿色。

栖息地：中低海拔的山地森林。

行为：单独或成对活动，在森林上层取食植物浆果或种子。

分布及种群数量：分布于我国云南、贵州和广西。广西各地均有分布，以西部的林区较为常见，冬季有时候会到低海拔的城市活动，为留鸟。

啄木鸟科 Picidae

体形大小相差较大，喙强硬且直，舌头长且能伸缩，便于捕食树干内的昆虫。脚具4趾，为对趾型，个别种类仅3趾。平尾或楔状尾，主动挖洞筑巢，洞内常无巢材，幼鸟晚成性。中国分布有14属33种，其中9属13种见于广西。

蚁䴕 Eurasian Wryneck

Jynx torquilla

啄木鸟目啄木鸟科

鉴别特征：体长约 17 cm，小型啄木鸟。体羽灰褐色，喙呈圆锥形，较其他啄木鸟更短。头部具黑褐色贯眼纹，颏至胸部具黑白相间的横纹。上体深褐色，斑驳似树皮。下体浅灰色，具黑色斑点或小横斑。

栖息地：林地低处或开阔地带的灌木丛。

行为：通常单独活动，不啄木，以舌头钩取树皮间的昆虫为食，或在地面啄食蚂蚁。

分布及种群数量：繁殖于我国东北和华北地区，在华南地区越冬。广西各地均有观察记录，不算少见，为冬候鸟。

| 1 | 2 | 3 | 4 | 5 | 6 | 7 | 8 | 9 | 10 | 11 | 12 |

斑姬啄木鸟　Speckled Piculet

Picumnus innominatus

鉴别特征：体长约 10 cm，体形纤小的啄木鸟。脸具黑白色纹，上体橄榄色，下体白色具黑色斑点或横纹，尾部中央有白色纵带，两侧为黑色。雄鸟前额橘黄色。*malayorum* 亚种头顶褐色较重，腹部偏黄绿色。

栖息地：茂密林地的中下层，偏好竹林。

行为：像山雀一样的啄木鸟，常在枯枝上攀缘活动，啄食昆虫。

分布及种群数量：我国中部、东部、南部和西南部地区均有分布。广西各地林区均有分布，共 2 个亚种。*malayorum* 亚种分布于广西西部，*chinensis* 亚种见于广西其他地区，均为偶见留鸟。

malayorum 亚种

malayorum 亚种

chinensis 亚种

1	2	3	4	5	6	7	8	9	10	11	12

白眉棕啄木鸟　White-browned Piculet

Sasia ochracea

鉴别特征： 体长约 9 cm，体形纤小的啄木鸟。翅膀和头顶橄榄色，背部至尾部为棕色到橄榄色的渐变，下体棕色。雄鸟前额黄色，雌鸟前额棕色。脚仅 3 趾。

栖息地： 常绿阔叶林或次生林，尤喜竹林。

行为： 在林地中下层的细枝上移动，常跟随"鸟浪"一起活动，喜欢在枯竹里筑洞营巢。

分布及种群数量： 我国云南、广西和贵州部分地区有分布。在广西见于大部分地区，以西南地区较为常见，为留鸟。

雌鸟

雄鸟

1	2	3	4	5	6	7	8	9	10	11	12

棕腹啄木鸟　Rufous-bellied Woodpecker

Dendrocopos hyperythrus

鉴别特征：体长约 20 cm，体形中等的啄木鸟。喙长且尖，眼周白色，头部其他部分至腹部均为棕色，背部至尾部黑色且带白色斑点，臀红色。雄鸟顶冠和枕红色，雌鸟顶冠黑色且具白点。

栖息地：中高海拔地区林地，冬季或迁徙季节也到低海拔的林缘和城市公园活动。

行为：单独或成对活动，沿树干自下而上地攀缘啄击，捕捉树干内或树皮下的昆虫。

分布及种群数量：在我国东北地区繁殖，迁徙至华南地区越冬。广西各地均有分布，但种群数量不多，为冬候鸟或旅鸟。

雄鸟

雄鸟

| 1 | 2 | 3 | 4 | 5 | 6 | 7 | 8 | 9 | 10 | 11 | 12 |

星头啄木鸟　Grey-capped Woodpecker

Dendrocopos canicapillus

啄木鸟目啄木鸟科

鉴别特征：体长约 15 cm，中小型啄木鸟。喙短尖，全身具黑白相间的条纹，背部黑色具白斑，腹部白色略带棕色，并具深灰色纵纹。雄鸟枕部两侧具红色条纹。

栖息地：各种类型的林地。

行为：单独或成对行动，多在树木中上部啄击觅食。

分布及种群数量：我国大部分地区均有分布。广西各大林区都有观察记录，但种群数量不多，为留鸟。

雌鸟

雌鸟

1	2	3	4	5	6	7	8	9	10	11	12

大斑啄木鸟　Great Spotted Woodpecker

Dendrocopos major

啄木鸟目啄木鸟科

鉴别特征：体长约 24 cm，体形中等的啄木鸟。上体以黑色为主，颊部和翼上具明显的白斑。下体白色，下腹和臀部红色。雄鸟枕部具红色斑，雌鸟无。

栖息地：各种类型的林地，偏爱以乔木为主的视野较为开阔的树林。

行为：单独或成对活动，沿树干自下而上地攀缘啄击，捕捉树干内或树皮下的昆虫。

分布及种群数量：在我国广泛分布。在广西各地均可见，但种群数量不多，为留鸟。

雌鸟

雄鸟

| 1 | 2 | 3 | 4 | 5 | 6 | 7 | 8 | 9 | 10 | 11 | 12 |

鉴别特征： 体长约 34 cm，大型啄木鸟。喙形长，全身以黄绿色为主，枕部至颈部具明显的黄色冠羽。雄鸟喉部黄色，雌鸟喉部灰褐色。

栖息地： 中低海拔的常绿阔叶林。

行为： 常组成以家族为单位的小群体活动，食物以昆虫为主。

保护级别： 国家 II 级重点保护野生动物。

分布及种群数量： 分布于我国西南和华南地区。广西在西南地区有过记录，但已经多年没有观察到其活动，估计为罕见留鸟。

相似种： 黄冠啄木鸟。体形较小，头侧具红色小斑块。

雌鸟

黄冠啄木鸟　Lesser Yellownape Woodpecker

啄木鸟目啄木鸟科

Picus chlorolophus

鉴别特征： 体长约 25 cm，体形中等的啄木鸟。全身以黄绿色为主。喙短尖，枕部至颈部具黄色冠羽，上体绿色，下体灰黑绿色，腹部具白色横纹。雄鸟眉纹和颊纹红色，雌鸟顶部冠羽两侧红色。

栖息地： 亚热带山地森林。

行为： 单独出现，有时与其他鸟混群组成"鸟浪"。

保护级别： 国家 II 级重点保护野生动物。

分布及种群数量： 分布于我国南部地区。广西在西南地区有过记录，但已经多年没有观察到其活动，估计为罕见留鸟。

相似种： 大黄冠啄木鸟。体形较大，头部无红色小斑块。

雌鸟

花腹绿啄木鸟　Laced Woodpecker

Picus vittatus

啄木鸟目啄木鸟科

鉴别特征：体长约 30 cm，体形中等的啄木鸟。体羽多绿色，喉、胸部皮黄色，腹部具明显的绿色羽缘花纹。雄鸟顶冠红色，雌鸟为黑色。

栖息地：开阔的森林和林缘地带。

行为：常单独或成对活动，在树干或地面取食昆虫。

分布及种群数量：在我国仅记录于云南南部地区，但在广西弄岗国家级自然保护区也有零星记录，估计为罕见留鸟。

1	2	3	4	5	6	7	8	9	10	11	12

灰头绿啄木鸟 Grey-headed Woodpecker
Picus canus

啄木鸟目啄木鸟科

鉴别特征：体长约 27 cm，体形中等的啄木鸟。上体背部绿色，下体灰绿色。头部灰色，眼先和颊纹黑色。雄鸟额至头顶红色，雌鸟灰色无红斑。*sordidor* 亚种体形相对较大，背部的金褐色较少。

栖息地：林地及林地边缘。

行为：常单独出现，在树干上下快速移动寻找昆虫，偶尔采食植物果实或种子。

分布及种群数量：我国大部分地区都有分布。广西分布有 2 个亚种，*sobrinus* 亚种见于广西大多数市（县），*sordidor* 亚种仅记录于西北地区。种群数量一般，为留鸟。

雄鸟

雌鸟

竹啄木鸟　Pale-headed Woodpecker

Gecinulus grantia

鉴别特征：体长约 25 cm，体形中等的啄木鸟。全身以橄榄色与红褐色为主。头部淡黄绿色，上体从颈部至尾部为橄榄绿色略带红褐色，下体橄榄色。雄鸟头顶沾红色。

栖息地：竹林或阔叶次生林。

行为：单独或成对活动，在竹丛内活动，敲击竹竿时发出响亮的啄击声。

分布及种群数量：分布于我国南部大部分地区。广西分布于西南地区和中部林区，记录极少，估计为罕见留鸟。

雌鸟

1	2	3	4	5	6	7	8	9	10	11	12

黄嘴栗啄木鸟　Bay Woodpecker

Blythipicus pyrrhotis

啄木鸟目啄木鸟科

鉴别特征：体长约 30 cm，体形中等的啄木鸟。喙长且尖，淡黄色。上体褐红色带黑斑，下体黑灰色。雄鸟枕两侧具红斑。

栖息地：山地常绿森林。

行为：不錾击树木，发出似人笑的响亮叫声。

分布及种群数量：主要分布于我国南部地区。广西各地林区均有分布，不算太少见，为留鸟。

相似种：栗啄木鸟。体形较小，喙较小，且不显黄色，雄鸟眼下后方具红斑。

雄鸟和幼鸟

雄鸟

| 1 | 2 | 3 | 4 | 5 | 6 | 7 | 8 | 9 | 10 | 11 | 12 |

栗啄木鸟　Rufous Woodpecker

Micropternus brachyurus

啄木鸟目啄木鸟科

鉴别特征：体长约 20 cm，体形中等的啄木鸟。全身以红褐色为主，且具黑色横斑。雄鸟眼下后方具红斑。

栖息地：次生林或人工园林等开阔林地。

行为：单独或成对活动，常以蚂蚁为食，并在蚁巢里繁殖。

雄鸟

分布及种群数量：分布于我国西南和华南地区。在广西区内各地均有记录，不算多见，为留鸟。

相似种：黄嘴栗啄木鸟。体形较大，喙长且尖，黄色明显，雄鸟枕两侧具红斑。

雌鸟

金喉拟啄木鸟

隼形目
FALCONIFORMES

中小型猛禽，喙部呈钩状，爪部弯曲锐利，适合捕猎。羽色通常较为简单，多由棕色、栗色、灰色等组成。翼长且狭尖，善于快速飞行。白天活动，以大型昆虫和小型脊椎动物为食。

全世界都有分布，中国分布有1科12种，其中1科8种见于广西。

游隼（亚成鸟）

隼科 Falconidae

体形较小，喙较鹰稍短，先端具齿突。鼻孔圆形，具鼻柱骨。翅长且狭尖，尾较细长。

隼形目隼科

白腿小隼 · Pied Falconet

Microhierax melanoleucus

鉴别特征： 体长约 17 cm，体形极小的猛禽。头部和整个背部蓝黑色，白色的眉纹延伸至前额，下体白色。

栖息地： 森林和林缘地带。

行为： 常单独或成对停留在高大乔木的树枝上，以大型昆虫和小型鸟类为食。

保护级别： 国家 II 级重点保护野生动物。

分布及种群数量： 分布于我国西南、华南和华东地区，现已极为罕见。广西大部分地区均有分布记录，但已经多年未观察到其活动，近年来在西林、柳州和猫儿山有零星记录，但都需要进一步证实，估计为罕见留鸟。

黄爪隼　Lesser Kestrel

Falco naumanni

鉴别特征：体长约 30 cm，体形相对较小的猛禽。雄鸟头和尾部蓝灰色，背部和肩部棕黄色。雌鸟整体为淡栗色，具黑色的横斑。尾具黑色次端斑和白色端斑，爪浅黄白色。

栖息地：开阔的林缘和农田地带。

行为：常单独或成对活动，以大型昆虫和小型哺乳动物为食。

保护级别：国家 II 级重点保护野生动物。

分布及种群数量：繁殖于我国北方地区，在南方地区越冬。广西原先并无黄爪隼的记录（周放等，2011），但郑光美（2017）认为广西有分布。由于黄爪隼和红隼较为相似，因此估计在广西的分布有所忽略，为罕见冬候鸟。

相似种：红隼。爪黑色（最可靠的区别），体形稍大。雄鸟背部砖红色，翼下颜色相对较深；雌鸟或亚成鸟背部红褐色，黑色横斑较密，髭斑较明显。

雄鸟

雄鸟

雄鸟

雄鸟

1	2	3	4	5	6	7	8	9	10	11	12

385

红隼 Common Kestrel

Falco tinnunculus

鉴别特征： 体长约 37 cm，小型猛禽。背部多为砖红色，具黑色斑点，眼下具明显的黑褐色髭纹。雄鸟头顶和颈部灰色。飞行时翼指不明显，尾端黑色明显。

栖息地： 不同类型的生境，农田和水库等开阔生境较为常见。

行为： 常单独或成对活动，以小型脊椎动物和大型昆虫为食。

保护级别： 国家Ⅱ级重点保护野生动物。

分布及种群数量： 我国各地均有分布。广西各地也有分布，是最为常见的猛禽之一，为留鸟，部分为冬候鸟。

相似种： 黄爪隼，爪黄白色（最可靠的区别），体形稍小，雄鸟背部棕黄色，翼下偏白色，雌鸟或亚成鸟背部红褐色稍淡，黑色横斑较稀，髭斑较不明显；灰背隼，体形稍小，雄鸟上体多青灰色，雌鸟或亚成鸟背部红褐色较淡，眉纹较明显。

亚成雄鸟

雄鸟

雄鸟

雌鸟

1	2	3	4	5	6	7	8	9	10	11	12

红脚隼 Amur Falcon

Falco amurensis

隼形目隼科

鉴别特征：体长约 28 cm，小型猛禽。雄鸟上体大多为石板黑色，腿、腹部和臀棕色。雌鸟上体具鳞状斑纹，颊部白色，胸腹部具黑色横斑，臀部棕色较浅。

栖息地：开阔的农田和水域等。

行为：迁徙期间常成小群站立于电线上，以大型昆虫为食。

保护级别：国家 II 级重点保护野生动物。

分布及种群数量：繁殖于我国东北地区，迁徙途经我国大部分地区。广西各地均有分布，以沿海和东部地区较多，迁徙期间可观察到大群活动，最大群可达数百只，为旅鸟，部分为冬候鸟。

相似种：燕隼。多在繁殖季节单独或成对出现，眼下髭纹明显，胸腹部纵纹较粗，爪黑色。

| 1 | 2 | 3 | 4 | 5 | 6 | 7 | 8 | 9 | 10 | 11 | 12 |

灰背隼 Merlin

Falco columbarius

隼形目隼科

鉴别特征： 体长约 28 cm，小型猛禽。雄鸟上体多青灰色，并具黑色纵纹，颈具褐色领圈，下体土黄色。雌鸟和亚成鸟褐色，眉纹更明显。

栖息地： 开阔的农田或林缘等。

行为： 单独活动，以小型鸟类和鼠类为食。

保护级别： 国家 II 级重点保护野生动物。

分布及种群数量： 繁殖于我国西北地区，在南方地区越冬。广西见于大部分地区，但记录并不多，估计在野外观察中缺少准确的识别，为罕见冬候鸟。

相似种： 红隼。体形稍大，雄鸟背部砖红色，雌鸟或亚成鸟背部红褐色稍深，无眉纹。

雌鸟

| 1 | 2 | 3 | 4 | 5 | 6 | 7 | 8 | 9 | 10 | 11 | 12 |

燕隼　Eurasian Hobby

Falco subbuteo

隼形目隼科

鉴别特征：体长约 31 cm，小型猛禽。上体为暗蓝灰色，具有明显的髭纹和较细的眉纹。下体白色，具较粗的黑色纵纹。臀部红色，亚成鸟臀部红色不明显。

栖息地：开阔的疏林、林缘或农田地带。

行为：常单独或成对活动，以鸟类为食，飞翔速度较快。

保护级别：国家Ⅱ级重点保护野生动物。

分布及种群数量：繁殖于我国大多数地区。广西各地均有分布，种群数量一般，多数为夏候鸟，部分为旅鸟。

相似种：红脚隼。多在迁徙季节成群出现，眼下髭纹不明显，胸腹部纵纹较细，爪橙红色。

雄鸟

雌鸟

鉴别特征：体长约 26 cm，小型猛禽。上体黑色，下体浓栗色，具黄色眼圈。亚成鸟下体具黑色细纵纹。

栖息地：开阔的疏林和林缘地带。

行为：单独或成对活动，主要以大型昆虫、小鸟和蝙蝠为食。

保护级别：国家 II 级重点保护野生动物。

分布及种群数量：偶见于我国云南、西藏和广西的极少数地区。广西见于西南部喀斯特地区，种群数量极少，为偶见留鸟。

1	2	3	4	5	6	7	8	9	10	11	12

游隼　Peregrine Falcon

Falco peregrinus

鉴别特征：体长约 45 cm，体形相对较大的猛禽。成鸟上体多深灰色，眼下具有明显的黑色斑块，尾下密布细横纹。亚成鸟羽色偏黄，眼下黑斑不明显。

栖息地：开阔的水域、农田和林缘等。

行为：常单独活动，快速出击捕食鸟类，以大型鸟类和小型哺乳动物为食。

保护级别：国家 II 级重点保护野生动物。

分布及种群数量：全国各地均有分布。广西大部分地区均有分布，但不多见，为冬候鸟，部分为留鸟。广西的游隼在颊纹宽度和体色上有所不同，因此可能会有 2 个亚种分布，需要进一步调查。

| 1 | 2 | 3 | 4 | 5 | 6 | 7 | 8 | 9 | 10 | 11 | 12 |

绯胸鹦鹉

鹦形目

PSITTACIFORMES

体形大小差异较大，典型的攀禽。上喙钩曲且具蜡膜，趾4枚，对趾型，适于抓握。体羽艳丽，多为绿色或绿蓝色和红色等。

主要分布于热带地区，中国自然分布有1科9种，广西记录有1科6种，其中2种为逃逸鸟。另外，一些在市场里常见的虎皮鹦鹉 *Melopsittacus undulatus* 和鸡尾鹦鹉 *Nymphicus hollandicus* 等，由于驯化时间较长，虽然偶尔在野外也能观察到逃逸个体，但未形成固定的种群，因此暂不将其列入广西鸟类名录。

绯胸鹦鹉（雄鸟）

鹦鹉科 Psittacidae

上喙弯曲，足为对趾型。多成小群生活，取食果实和种子，在树洞或其他洞穴里营巢，幼鸟晚成性。

鹦形目鹦鹉科

亚历山大鹦鹉　Alexandrine Parakeet

Psittacula eupatria

鉴别特征：体长约 58 cm，体形较大的绿色鹦鹉。喙红色，尖端黄色。雄鸟颈部具一条黑色和粉红色环状条带，肩部有紫红色斑块。雌鸟无环带，肩部色块不明显。

栖息地：自然环境下栖息于海拔 900 m 以下的森林和种植园等生境，在南宁主要在绿化较好的城市公园活动。

行为：单独或成小群活动，取食植物种子、果实、花和嫩叶等。

保护级别：国家 Ⅱ 级重点保护野生动物。

分布及种群数量：自然分布于东南亚、南亚和我国云南南部地区。在广西南宁的青秀山等公园经常可以观察到其成小群活动，为逃逸鸟。

相似种：红领绿鹦鹉。体形较小，喙尖端不偏黄，雄鸟肩部不具紫红色斑块。

雄鸟

红领绿鹦鹉 Rose-ringed Parakeet

Psittacula krameri

鉴别特征： 体长约 40 cm，体形中等的绿色鹦鹉。喙红色，雄鸟颈部有一条黑色接粉红色的环状条带。

栖息地： 自然环境下栖息于海拔 1600 m 以下的森林和种植园等生境，在南宁主要在绿化较好的城市公园和小区活动。

行为： 单独或成对活动，取食植物种子、果实、花和嫩叶等。

保护级别： 国家 II 级重点保护野生动物。

分布及种群数量： 自然分布于东南亚、南亚和云南的极西部地区。在广西的部分公园和小区偶尔可以观察到其单独或成对活动，为逃逸鸟。

相似种： 亚历山大鹦鹉。体形较大，喙尖端黄色，雄鸟肩部具紫红色斑块。

雌鸟

1	2	3	4	5	6	7	8	9	10	11	12

鹦形目鹦鹉科

灰头鹦鹉 Grey-headed Parakeet

Psittacula finschii

鉴别特征：体长约 35 cm，体形中等的绿色鹦鹉。体羽多绿色，头青灰色，喉黑色，肩羽上具栗色斑块。亚成鸟栗斑常不太明显。

栖息地：常绿阔叶林和林缘地带。

行为：常成小群活动，以植物果实和种子为食。

保护级别：国家 Ⅱ 级重点保护野生动物。

分布及种群数量：见于我国云南和四川。广西曾在那坡县德孚县级自然保护区偶尔观察到其活动，估计为罕见留鸟。

1	2	3	4	5	6	7	8	9	10	11	12

花头鹦鹉 Blossom-headed Parakeet

Psittacula roseata

鉴别特征：体长约 30 cm，体形中等且尾特长的绿色鹦鹉。雄鸟头玫瑰粉色，黑色的喉部延伸成黑色颈环，肩部具小块深栗色斑。雌鸟头灰色。

栖息地：开阔的森林生境和林缘地带。

行为：成对或成小群活动，取食植物果实和种子。

保护级别：国家 II 级重点保护野生动物。

分布及种群数量：见于我国广东、广西和云南西部地区。广西记录于南部和西南部地区，但已经多年未观察到其活动，估计为罕见留鸟。

雌鸟

雄鸟

| 1 | 2 | 3 | 4 | 5 | 6 | 7 | 8 | 9 | 10 | 11 | 12 |

鹦形目鹦鹉科

大紫胸鹦鹉　Lord Derby's Parakeet
Psittacula derbiana

鉴别特征： 体长约 43 cm，体形稍大且尾长的鹦鹉。头和下体几乎全为紫蓝灰色，具黑色的眼线和喉部。雄鸟上喙亮红色，雌鸟喙全黑色。

栖息地： 开阔的森林生境和林缘地带。

行为： 成对或成小群活动，取食植物果实和种子。

保护级别： 国家 Ⅱ 级重点保护野生动物。

分布及种群数量： 见于我国西藏、云南、四川和广西西南部地区。广西仅记录于龙州，但已经多年未观察到其活动，估计为罕见留鸟。

雄鸟

| 1 | 2 | 3 | 4 | 5 | 6 | 7 | 8 | 9 | 10 | 11 | 12 |

绯胸鹦鹉　Red-breasted Parakeet

Psittacula alexandri

鹦形目鹦鹉科

鉴别特征： 体长约 34 cm，体形中等的胸部粉红色的鹦鹉。成鸟头紫灰色，具明显的黑色髭纹和眼先。亚成鸟的头黄褐色。雄鸟喙显红色，雌鸟喙多黑色。

栖息地： 开阔的森林生境和林缘地带。

行为： 成对或成小群活动，取食植物果实和种子。

保护级别： 国家 II 级重点保护野生动物。

分布及种群数量： 见于我国西藏、云南、海南和广西西南部地区。广西仅记录于西南和西北一带，但已经很少观察到其活动，估计为罕见留鸟。

雌鸟

雄鸟

长尾阔嘴鸟

雀形目
PASSERIFORMES

　　雀形目是生活中最常见的鸟类分类单元，为中、小型鸣禽，喙形多种多样，栖息于不同的生境，取食不同的食物。大多数种类鸣管结构及鸣肌复杂，善于鸣叫，因此有时候也将它们统称为鸣禽。大多数种类能修建精美的巢用于繁殖，雏鸟多为晚成性。

　　雀形目是鸟类中进化程度最高的类群，也是种类最多的一个目，我国分布有55科817种，广西有47科400种，分别占广西鸟类科数、种数的51.1%和53.8%。

灰燕鸲

中等大小的雀形目鸟类，体羽鲜亮，身体较粗壮，腿发达，但尾较短。主要分布于热带和亚热带地区的森林中，性孤僻，较少成群活动。多在地面营巢，雏鸟晚成性。中国分布有1属8种，其中4种见于广西。

雀形目八色鸫科

蓝枕八色鸫　Blue-naped Pitta

Pitta nipalensis

鉴别特征：体长约25 cm。雄鸟头部至后颈部为辉蓝色，背部多为绿色，下体棕褐色。雌鸟以褐色为主，枕部多为暗绿色。

栖息地：热带森林和稀疏的灌丛地带。

行为：常单独或成对活动，多在林下地面或灌丛间觅食动物性食物。

保护级别：国家 II 级重点保护野生动物。

分布及种群数量：国内分布于西藏东南部、云南南部和广西。广西主要分布于西南部，但记录极少，估计为罕见留鸟。

相似种：蓝背八色鸫。枕部与背部的颜色差异较小，眼后黑纹相对明显，腰部为蓝色。

雄鸟

蓝背八色鸫　Blue-rumped Pitta

Pitta soror

鉴别特征：体长约 24 cm。雄鸟额部及头顶为橄榄棕色，颈背部及腰部为淡蓝色，两胁及腹部为棕茶黄色。雌鸟多橄榄色，头顶及颈背部偏绿。

栖息地：热带森林和稀疏的灌丛地带。

行为：常单独或成对活动，多在林下地面或灌丛间觅食动物性食物。

保护级别：国家 II 级重点保护野生动物。

分布及种群数量：国内分布于海南、云南和广西。广西主要见于西南部，最北可至大瑶山，为罕见留鸟。

相似种：蓝枕八色鸫。枕部与背部的颜色差异较大，眼后黑纹相对不明显，腰部蓝绿色。

雄鸟

雌鸟

| 1 | 2 | 3 | 4 | 5 | 6 | 7 | 8 | 9 | 10 | 11 | 12 |

仙八色鸫 Fairy Pitta

Pitta nympha

雀形目八色鸫科

鉴别特征：体长约 20 cm。头部为深栗褐色，具一条宽阔的黑色贯眼纹。上体多为深绿色，翼上覆羽具钴蓝色的斑，初级飞羽也有显著的白色翼斑。下体多为皮黄色，腹中部和臀部血红色。

栖息地：亚热带森林和稀疏的林缘地带，迁徙期间也在城市森林里活动。

行为：常单独或成对活动，多在林下地面或灌丛间觅食动物性食物。

保护级别：国家Ⅱ级重点保护野生动物。

分布及种群数量：在我国繁殖于东部及中部的森林之中，广西大部分林区均有分布，为夏候鸟。也有部分个体迁徙经过广西，南宁市内几个地点春季均有稳定的过境记录，估计为旅鸟。

相似种：蓝翅八色鸫。下体偏黄色，翼上覆羽斑为紫罗兰色，头部对比较不明显。

| 1 | 2 | 3 | 4 | 5 | 6 | 7 | 8 | 9 | 10 | 11 | 12 |

蓝翅八色鸫　Blue-winged Pitta

Pitta moluccensis

雀形目八色鸫科

鉴别特征：体长约 20 cm。头部前额至枕部为浅栗褐色，具一条宽阔的黑色贯眼纹。上体多为深绿色，翼上覆羽具紫罗兰色的斑，初级飞羽也有显著的白色翼斑。下体多为茶黄色，腹中部和臀部为血红色。

栖息地：热带森林和稀疏的灌丛地带，在沿海地区常在红树林附近活动。

行为：常单独或成对活动，多在林下地面或灌丛间觅食动物性食物。

保护级别：国家 II 级重点保护野生动物。

分布及种群数量：国内主要分布于云南，沿海地区也偶有记录。广西仅记录于合浦，为罕见夏候鸟，估计为迷鸟的可能性更大。

相似种：仙八色鸫。下体偏黄白色，翼上覆羽斑为钴蓝色，头部对比较明显。

| 1 | 2 | 3 | 4 | 5 | 6 | 7 | 8 | 9 | 10 | 11 | 12 |

阔嘴鸟科 Eurylaimidae

体形矮胖，羽毛鲜艳，两性羽色相似。喙较宽，腿相对较弱。常在树上营悬挂巢，主要栖息在热带森林之中。中国分布有2属2种，均见于广西。

雀形目阔嘴鸟科

长尾阔嘴鸟 Long-tailed Broadbill

Psarisomus dalhousiae

鉴别特征： 体长约24 cm的绿色鸟类。顶冠及颈背部为黑色，喉部及脸部黄色，眼后具有一黄色斑点。

栖息地： 常绿阔叶林、次生林。有时也在农田的电线上营巢繁殖。

行为： 常结群活动，主要以昆虫和其他节肢动物为食。

保护级别： 国家II级重点保护野生动物。

分布及种群数量： 国内分布于西藏、云南、贵州和广西。广西主要分布于西南和西北地区，最北可至大明山，种群数量一般，为留鸟。

银胸丝冠鸟　Silver-breasted Broadbill

Serilophus lunatus

雀形目阔嘴鸟科

鉴别特征： 体长约 17 cm 的粉灰色鸟类。具黑色的眉纹和蓝色的翼斑，肩、背及腰部为栗色，尾羽黑色，但尾端白色。雌鸟胸部具细小的白色横带。

栖息地： 保存较为完好的常绿阔叶林或混交林。

行为： 多结小群在树冠下层及林下活动，主要以昆虫为食。

保护级别： 国家 II 级重点保护野生动物。

分布及种群数量： 分布于我国西藏东南部、云南、海南和广西。广西仅见于西南部，较长尾阔嘴鸟明显少见，为罕见留鸟。

雄鸟

雌鸟

| 1 | 2 | 3 | 4 | 5 | 6 | 7 | 8 | 9 | 10 | 11 | 12 |

黄鹂科 Oriolidea

体形中等，羽毛多为黄色或红色，鸣声动听，典型的树栖鸟，常在树冠层活动，主要取食昆虫。多数种类在广西繁殖，在亚洲南部越冬。我国分布有 1 属 7 种，其中 4 种见于广西。

雀形目黄鹂科

黑枕黄鹂　Black-naped Oriole
Oriolus chinensis

鉴别特征：体长约 26 cm，中等体形的黄鹂。贯眼纹及枕部黑色，飞羽多为黑色，其他均为明黄色。当年生亚成鸟黑色贯眼纹不明显。

栖息地：繁殖于森林，但迁徙季节可出现在各种环境的树上。

行为：常单独或成对活动，偶尔集小群，常在高大乔木的树冠层觅食。

分布及种群数量：繁殖于我国大部分地区，在印度及东南亚越冬。广西全区各地均有分布，多数为旅鸟，小部分为夏候鸟，种群数量一般。

亚成鸟

亚成鸟

成年雄鸟

黑头黄鹂 Black-hooded Oriole

Oriolus xanthornus

鉴别特征: 体长约 23 cm，中等体形的黄鹂。头部、颈部及上胸部为黑色，下体黄色，翼及尾羽黑色，喙红色。

栖息地: 针叶林和针阔叶混交林。

行为: 常单独或成对活动，秋冬季节亦成群，多在树冠层觅食。

分布及种群数量: 分布于印度、东南亚和我国云南及广西西南部。广西仅见于宁明，数量稀少，极罕见，为留鸟。

1	2	3	4	5	6	7	8	9	10	11	12

雀形目黄鹂科

朱鹂 Maroon Oriole

Oriolus traillii

鉴别特征： 体长约 25 cm，中等体形的林鸟。雄鸟头部、上胸部及翼黑色，其他部位均为绛红色。雌鸟上背部及背部深灰色，尾下覆羽及尾羽绛紫红色，腹部及下胸白色且密布黑色纵纹。

栖息地： 常绿阔叶林、落叶阔叶林和针阔叶混交林。

行为： 单独或成对活动，常在乔木冠层间或树枝间觅食。

分布及种群数量： 分布于南亚、东南亚和我国西南部、台湾、海南及广西。广西主要见于西部各市县，南宁的城市公园也有过记录，种群数量较少，为罕见留鸟。

相似种： 鹊鹂（雌鸟或幼鸟）。黑色头部与灰色背部对比明显，下体纵纹较细。

雄鸟

雌鸟

鹊鹂 Silver Oriole

Oriolus mellianus

雀形目黄鹂科

鉴别特征：体长约 28 cm，中等体形的林鸟。雄鸟头、翼黑色，体羽银白色具隐粉红斑，尾红褐色。雌鸟头、翼黑褐色，背羽灰色，下体白色并具黑纵纹。

栖息地：次生阔叶林、山地森林。

行为：常单独或成对活动，偶尔也见 3 ~ 5 只的小群，主要在高大乔木的树冠层觅食。

保护级别：国家 II 级重点保护野生动物。

分布及种群数量：分布于东南亚和我国东南部及西南部森林。在广西分布较为广泛，但种群数量极为稀少，为罕见夏候鸟。

相似种：朱鹂（雌鸟或幼鸟）。头部与背部颜色对比不明显，下体纵纹较粗。

雄鸟

| 1 | 2 | 3 | 4 | 5 | 6 | 7 | 8 | 9 | 10 | 11 | 12 | 411 |

莺雀科 Vireonidae

包括原来的白腹凤鹛和鸱鹛类。体形较小，颜色通常较其他的鹛类鲜艳。喙相对发达，适合捕捉昆虫，多在树冠层活动。我国分布有 2 属 6 种，其中 2 属 4 种见于广西。

雀形目莺雀科

白腹凤鹛　White-bellied Erpornis

Erpornis zantholeuca

鉴别特征： 体长约 13 cm，体形较小的鹛类。上体橄榄绿色，具不太明显的羽冠，下体灰白色，尾下覆羽黄色。

栖息地： 阔叶林或林缘地带。

行为： 常成小群跟随其他鸟类在森林冠层觅食昆虫或果实。

分布及种群数量： 见于我国南方地区。广西各地均有分布，以南部地区较常见，为留鸟。

红翅鵙鹛　Blyth's Shrike Babbler

Pteruthius aeralatus

鉴别特征：体长约 17 cm，中等体形的鹛类。雄鸟上背部为灰色，头、翼和尾均为黑色，具白色的眉纹，三级飞羽黄色。雌鸟颜色较浅，头部为灰色。

栖息地：山区森林的树冠层。

行为：多单独或成对活动，有时也和其他鸟类混群觅食。

分布及种群数量：见于我国华中和华南地区。除沿海地区外，广西各地均有分布，但不常见，为留鸟。

雌鸟

雄鸟

雄鸟

1	2	3	4	5	6	7	8	9	10	11	12

栗喉鵙鹛 Black-eared Shrike Babbler

雀形目莺雀科

Pteruthius melanotis

鉴别特征: 体长约 11 cm,体形较小的鹛类。上体橄榄绿色,前额亮黄色,眼圈白色,黄色耳羽后具半圆的黑色斑,颏部、喉部及上胸部为栗色,翼具两道白色条斑。雌鸟喉部偏黄,翼斑为皮黄色。

栖息地: 山区的常绿阔叶林。

行为: 常与其他鸟类在树冠层混群活动。

分布及种群数量: 见于我国西藏、云南和广西。广西仅见于西林县和那坡县,极罕见,为留鸟。

相似种: 栗额鵙鹛。额栗色,耳羽后无黑色的半圆斑。

雄鸟

雌鸟

栗额鹀鹛 Clicking Shrike Babbler

Pteruthius intermedius

鉴别特征： 体长约 11 cm，体形较小的鹀类。上体橄榄绿色，前额、颊部、喉部及上胸部为栗色，翼具两道白色条斑。雌鸟下体颜色较浅。

栖息地： 山区的常绿阔叶林。

行为： 常与其他鸟类在树冠层混群活动。

分布及种群数量： 见于我国云南、海南和广西。广西仅见于中部和北部的森林之中，较罕见，为留鸟。

相似种： 栗喉鹀鹛。额黄色，耳羽后具黑色的半圆斑。

山椒鸟科 Campephagidae

小型到中型鸣禽，体形多修长，喙强而有力，羽色多较鲜艳，雌雄颜色通常不同。主要栖息于森林，以昆虫为食。在树上筑碗状巢繁殖。部分种类有迁徙行为。我国分布有 3 属 11 种，其中 3 属 9 种见于广西。

雀形目山椒鸟科

大鹃鵙 Large Cuckoo-shrike

Coracina macei

鉴别特征： 体长约 28 cm，全身大部分为灰白色，喙较粗壮的林鸟。雄鸟上体及胸部灰色，脸部及颏部黑色，飞羽黑色具近白色的羽缘。雌鸟体色较雄鸟略淡。

栖息地： 次生林和原生林。

行为： 通常单独或成对活动。常停留在林间空地边缘最高树木的树顶上。

分布及种群数量： 分布于我国南方地区。广西见于西南地区，数量很少，为罕见留鸟。

相似种： 暗灰鹃鵙。体形稍小，脸部及颏部色浅，三枚外侧尾羽的尖端均为白色。

暗灰鹃鵙 Black-winged Cuckooshrike

Lalage melaschistos

雀形目山椒鸟科

鉴别特征： 体长约 23 cm。全身大部分为浅灰色，两翼亮黑色，尾羽末端白色。雌鸟全身羽色略浅。*intermedia* 亚种背部灰色较浅，尾下覆羽偏白。

栖息地： 各种各样的有林地带，多在林缘活动。

行为： 常单独或成对活动于林中最高树木的冠层。

分布及种群数量： 繁殖于我国黄河以南的大部分地区。广西分布有 2 个亚种，*avensis* 亚种分布在广西西部，*intermedia* 亚种见于广西大部分地区。多数为迁徙旅鸟，也有少量在广西繁殖，为夏候鸟。种群数量不算少见。

相似种： 大鹃鵙。体形稍大，脸部及颏部黑色，三枚外侧尾羽的尖端棕灰色。

avensis 亚种

avensis 亚种

intermedia 亚种

intermedia 亚种

粉红山椒鸟 Rosy Minivet

Pericrocotus roseus

雀形目山椒鸟科

鉴别特征：体长约 20 cm，体形略小的山椒鸟。头顶及上背部为灰色，颏部及喉部白色。雄鸟头部及下体粉红色，雌鸟腹部为浅黄色。

栖息地：海拔 2000 m 以下开阔的森林，偶尔也见于人工松树林和桉树林中。

行为：常集群活动于林缘高大树木顶端，觅食昆虫。

分布及种群数量：主要分布于我国南方地区。广西大部分林区均有分布，但不多见，为夏候鸟。

雄鸟

雄鸟

雌鸟

小灰山椒鸟 Swinhoe's Minivet

Pericrocotus cantonensis

雀形目山椒鸟科

鉴别特征：体长约 18 cm，体形略小的山椒鸟。大部分体羽黑色、灰色及白色，前额明显白色。腰部颜色略浅，沾褐色。下体羽色污白。

栖息地：海拔 1500 m 以下的各种森林，迁徙期间也到城市公园和农村周边活动。

行为：成小群在高大树木中上层觅食昆虫。

分布及种群数量：繁殖于我国东部及南部森林，冬季迁徙至东南亚越冬。在广西北部林区繁殖，为罕见夏候鸟。广西大部分地区为旅鸟，不算常见。

相似种：灰山椒鸟。下体颜色明显偏白，腰部和上体均为纯灰色。

雄鸟

雄鸟

雌鸟

雌鸟

灰山椒鸟　Ashy Minivet

Pericrocotus divaricatus

鉴别特征： 体长约 18 cm，体形略小的山椒鸟。上体多灰色，枕部及眼先为黑色，额部及下体为白色。

雌鸟

栖息地： 迁徙期间多出现在城市公园和农村的风水林等有林地带。

行为： 集小群在树木中上层活动，捕食昆虫。

分布及种群数量： 繁殖于我国东北地区，迁徙时见于广西全境，少量个体在沿海区域越冬。迁徙季节较常见。

相似种： 小灰山椒鸟。下体颜色偏灰白，腰部沾褐色，与上体的灰色有区别。

雄鸟

| 1 | 2 | 3 | 4 | 5 | 6 | 7 | 8 | 9 | 10 | 11 | 12 |

灰喉山椒鸟 Grey-chinned Minivet

Pericrocotus solaris

雀形目山椒鸟科

鉴别特征： 体长约 19 cm 的典型山椒鸟。头部两侧及喉部为灰色。雄鸟腹部多为红色，雌鸟腹部和翼斑多为浅黄色。

栖息地： 海拔 2000 m 以下的低山丘陵和山脚平原地区的天然林中，偶尔也到人工林活动。

行为： 繁殖期成对活动，其他时候多成群活动，常与其他山椒鸟混群活动，觅食昆虫。

分布及种群数量： 分布于我国南方地区。在广西各地均有分布，为广西最常见和分布范围最广的山椒鸟。种群数量较多，为留鸟。

相似种： 长尾山椒鸟、短嘴山椒鸟、赤红山椒鸟。雄鸟头部两侧及喉部为黑色，雌鸟上喙基部具模糊的暗黄色。

雌鸟

雄鸟

雄鸟

长尾山椒鸟 Long-tailed Minivet

Pericrocotus ethologus

鉴别特征： 体长约 20 cm 的典型山椒鸟。雄鸟头部两侧及喉部为黑色，翼斑较不规则。雌鸟腹部和翼斑多为浅黄色。

栖息地： 海拔 2000 m 以下的低山丘陵和山脚平原地区的天然林中，偶尔也到人工林活动。

行为： 繁殖期成对活动，其他时候多成群活动，常与其他山椒鸟混群活动，觅食昆虫。

分布及种群数量： 分布于我国华中及西南地区。广西主要见于西部及中部地区，较其他地区山椒鸟少见，为夏候鸟。

相似种： 灰喉山椒鸟，雄鸟头部两侧及喉部为灰色，雌鸟上喙基部黑色；短嘴山椒鸟，翼斑为较规则的"7"字；赤红山椒鸟，翼斑不规则，几乎为斑点。

雌鸟

雄鸟

| 1 | 2 | 3 | 4 | 5 | 6 | 7 | 8 | 9 | 10 | 11 | 12 |

短嘴山椒鸟　Short-billed Minivet

Pericrocotus brevirostris

雀形目山椒鸟科

鉴别特征：体长约 19 cm 的典型山椒鸟。雄鸟头部两侧及喉部为黑色，翼斑为较规则的"7"字。雌鸟腹部和翼斑多为浅黄色。

栖息地：海拔 2000 m 以下的低山丘陵和山脚平原地区的天然林中，偶尔也到人工林活动。

行为：繁殖期成对活动，其他时候多成群活动，也常与其他山椒鸟混群活动，觅食昆虫。

分布及种群数量：分布于我国华南及西南地区。在广西主要见于西部及中部地区，种群数量一般，为夏候鸟。

相似种：灰喉山椒鸟，雄鸟头部两侧及喉部为灰色，雌鸟上喙基部黑色；长尾山椒鸟，翼斑较不规则；赤红山椒鸟，翼斑不规则，几乎为斑点。

雌鸟

雄鸟

1	2	3	4	5	6	7	8	9	10	11	12

赤红山椒鸟　Scarlet Minivet

Pericrocotus flammeus

鉴别特征： 体长约 20 cm 的典型山椒鸟。雄鸟头部两侧及喉部为黑色，翼斑为不规则的斑点。雌鸟腹部和翼斑多为浅黄色。

栖息地： 海拔 2000 m 以下的低山丘陵和山脚平原地区的天然林中，偶尔也到人工林活动。

行为： 繁殖期成对活动，其他时候多成群活动，也常与其他山椒鸟混群活动，觅食昆虫。

分布及种群数量： 主要分布于我国南方地区。广西各地均有分布，是广西最常见的山椒鸟之一，为留鸟。

相似种： 灰喉山椒鸟，雄鸟头部两侧及喉部为灰色，雌鸟上喙基部黑色；长尾山椒鸟，翼斑较不规则；短嘴山椒鸟，翼斑为较规则的"7"字。

雄鸟

雌鸟

燕鵙科 Artamidae

体形较小，喙钝而宽，在空中捕食，行为极似燕子，但多在有树木的地方活动。在树上营编织巢，也与燕子不同，幼鸟晚成性。我国分布有1属1种，也见于广西。

灰燕鵙 Ashy Woodswallow

Artamus fuscus

雀形目燕鵙科

鉴别特征： 体长约18 cm。体羽多灰色，喙厚且呈蓝灰色，翼较黑，腰部为白色。与燕子相似，但飞行时两翼宽且呈三角形，尾平。

栖息地： 有树或有电线的开阔生境。

行为： 像燕子一样在飞行中捕捉昆虫，常成小群紧贴栖于一处休息。

分布及种群数量： 分布于我国南方地区。广西之前主要记录于红水河以南地区，不算少见，为留鸟。可能受气候变化或种群扩张的影响，其分布区最北已经扩散到广西的桂林和富川等地，甚至极有可能已经到达湖南南部。应加强对这一物种的监测，以了解其具体的扩散原因。

亚成鸟

1	2	3	4	5	6	7	8	9	10	11	12

钩嘴鹀科 Tehrodornithidae

在中国包括原属于山椒鸟科的褐背鹀鹀和钩嘴林鹀等。中小型体形似伯劳的小鸟，喙前端带钩，适合捕食其他动物。主要分布于非洲，中国只分布有 2 属 2 种，均见于广西。

雀形目钩嘴鹀科

褐背鹀鹀 Bar-winged Flycatcher Shrike
Hemipus picatu

鉴别特征：体长约 15 cm。羽色搭配类似鹊鸲，上体多为黑色或褐色，翼具明显的白斑。

栖息地：次生林、针阔混交林、季雨林。

行为：常聚集成小群在树冠层觅食昆虫。

分布及种群数量：分布于我国西南地区。广西西部的几个市县和南宁均有分布，种群数量较少，为留鸟。

雄鸟　　　　　雌鸟　　　　　雌鸟

| 1 | 2 | 3 | 4 | 5 | 6 | 7 | 8 | 9 | 10 | 11 | 12 |

钩嘴林鵙　Large Woodshrike

Tephrodornis virgatus

雀形目钩嘴鵙科

鉴别特征：体长约 20 cm，中等体形的灰褐色似伯劳的鸟。喙尖端带钩，具深色贯眼纹。雄鸟上体灰褐色，头顶及颈背部为灰色。雌鸟上体褐色，腰及下体白色。

栖息地：次生阔叶林、针阔混交林、季雨林。

行为：常成对或成小群活动，多在树木的中上层觅食昆虫。

分布及种群数量：分布于我国南方森林。广西大部分有林地带都有分布，但不多见，为留鸟。

雌鸟

亚成鸟

雄鸟

1	2	3	4	5	6	7	8	9	10	11	12

雀鹛科 Aegithinidae

小型鸟类，颜色偏黄绿色，体形似鹛，但喙较长，腿相对较细，羽色存在性二型。主要捕食各种昆虫和蜘蛛。主要分布于南亚及东南亚，中国仅有1属2种，其中1种见于广西。

雀形目雀鹛科

黑翅雀鹎 Common Iora
Aegithina tiphia

鉴别特征： 体长约14 cm的黄色和绿色小鸟。上体橄榄绿色，下体黄色，翼黑色并具显著的白斑。

栖息地： 林缘、红树林及城市公园。

行为： 单独或成对在树冠层觅食昆虫。

分布及种群数量： 分布于印度、东南亚和我国西南部。广西并无黑翅雀鹎的记录，但马敬能等（2000）和郑光美（2017）认为其分布于广西南部，估计为罕见留鸟，需要进一步加大相应区域的调查。

扇尾鹟科 Rhipiduridae

小型鹟类，喙扁平，尾呈扇形，常抖动，不停张开或上翘。主要分布于东南亚和澳大利亚，中国分布有1属2种，其中1种见于广西。

白喉扇尾鹟　White-throated Fantail

Rhipidura albicollis

雀形目扇尾鹟科

鉴别特征：体长约19 cm的中型扇尾鹟类。全身灰黑色，尾与身体基本等长，喉部、眉纹和尾端白色明显。

栖息地：原生或次生阔叶林。冬季会到城市或村屯附近活动。

行为：好动，常跟在鸟类混合群内活动，经常竖起或展开圆形的尾。

分布及种群数量：分布于我国西南和华南地区及海南岛。广西主要见于柳州以南地区，在南部林区较常见，为留鸟，但在冬季经常从森林来到城市公园里活动。

1	2	3	4	5	6	7	8	9	10	11	12

卷尾科 Dicruridae

中等体形，体羽多为灰色或黑色。喙强健，前端具钩。尾长而分叉或外侧尾羽卷曲。常捕食空中飞行的昆虫。性勇猛，常成群攻击入侵的其他鸟类。我国分布有 1 属 7 种，其中 6 种见于广西。

雀形目卷尾科

黑卷尾　Black Drongo

Dicrurus macrocercus

鉴别特征：体长约 30 cm，中等体形的林鸟。全身羽毛蓝黑色并具辉光。喙小，喙角具不太明显的白点。尾长而分叉深。

栖息地：城郊、农田、阔叶林、针阔混交林。

行为：平时栖息在树顶或电线上，飞至地面或附近处捕食昆虫。

分布及种群数量：我国大多数地区都有分布。广西各大林区均有繁殖个体，为夏候鸟。大多数种群为旅鸟，每年迁徙期间非常常见，最大群可达 100 多只。

相似种：鸦嘴卷尾。喙较粗壮，尾开叉较浅。

成鸟

成鸟

亚成鸟

灰卷尾　Ashy Drongo

Dicrurus leucophaeus

鉴别特征： 体长约 28 cm，中等体形的林鸟。全身暗灰色，尾长而深开叉，眼先及头部两侧为纯白色。*hopwoodi* 亚种全身灰黑色。*leucogenis* 亚种头侧白斑显著。*salangensis* 亚种全身灰色，脸侧白斑不显著。

栖息地： 森林，但迁徙期间可经过城市和乡村的有林地带。

行为： 多成对活动，在林间空地上捕食昆虫。

分布及种群数量： 分布于我国黄河以南的大部分地区。广西分布有 3 个亚种，*hopwoodi* 亚种繁殖于广西西部地区，*salangensis* 亚种繁殖于广西其他地区，*leucogenis* 亚种迁徙经过广西。多数为夏候鸟，部分为旅鸟，个别为留鸟，不算少见。

hopwoodi 亚种

leucogenis 亚种

salangensis 亚种

雀形目卷尾科

鸦嘴卷尾 Crow-billed Drongo
Dicrurus annectans

鉴别特征：体长约 29 cm，中等体形的林鸟。全身羽毛深黑色并具辉光。喙厚重似乌鸦，尾呈叉形。

栖息地：热带和亚热带常绿阔叶林。

行为：成群活动，在林间捕食昆虫。

分布及种群数量：分布于我国西南部、广西和海南岛。广西主要分布于西部各县，为夏候鸟，种群数量较少，不常见。

相似种：黑卷尾。喙相对较弱，尾开叉较深。

古铜色卷尾 Bronzed Drongo

Dicrurus aeneus

雀形目卷尾科

鉴别特征：体长约 23 cm，体形较小的卷尾。全身羽毛黑色，头顶、背部和前胸缀有较显著的蓝黑色金属光泽，尾端呈叉状。

栖息地：热带树林、山区密林或河谷阔叶林区。

行为：常立于突出树枝和山区电线上，在森林的中上层捕食昆虫。

分布及种群数量：分布于我国南方地区。广西见于西部和中部的森林之中，种群数量较少，为不常见的留鸟。

1	2	3	4	5	6	7	8	9	10	11	12

发冠卷尾 Hair-crested Drongo

Dicrurus hottentottus

鉴别特征：体长约 32 cm，体形略大的卷尾。通体羽毛黑色并缀蓝绿色金属光泽，额部具发丝状羽冠，外侧尾羽末端向上卷曲。

栖息地：各种森林，有时也出现在林缘疏林、村落和城市附近的小块丛林里。

行为：单独或成对活动，很少成群。主要在树冠层活动和觅食。

分布及种群数量：我国大部分地区都有分布。广西各地均可见到，较常见，为夏候鸟。

成鸟

成鸟

亚成鸟

小盘尾 Lesser Racket-tailed Drongo

Dicrurus remifer

鉴别特征：体长约 26 cm（不包括延长的尾羽），中等体形的卷尾。全身羽毛黑色，并具紫色金属光泽。外侧尾羽特别延长，终端呈网球拍状羽片，有时会脱落。

栖息地：山区热带阔叶雨林。

行为：常单独或成对捕捉空中过往飞行的昆虫。

保护级别：国家 II 级重点保护野生动物。

分布及种群数量：国内分布于云南和广西。广西仅见于西南地区保存较好的森林，较罕见，为留鸟。

1	2	3	4	5	6	7	8	9	10	11	12

王鹟科 Monarchinae

羽色较为鲜艳的小型鹟类，体形苗条，喙宽而扁平，尾羽通常很长。主要栖息于森林或有林地带。中国分布有 2 属 5 种，其中 2 属 4 种见于广西。

雀形目王鹟科

黑枕王鹟　　Black-naped Monarch

Hypothymis azurea

鉴别特征：体长 15 cm 的蓝色鹟类。上体多蓝色，腹部偏白，雄鸟有黑色短羽冠和颈带。

栖息地：森林或林缘地带。

行为：单只或成对出现，好动，喜欢与其他小型林鸟混群。

分布及种群数量：分布于我国西南及华南地区。广西多见于红水河以南地区，尤以西南地区最为常见，资料记载为留鸟，但夏季记录更多，估计多数为夏候鸟。

雄鸟　　雄鸟

雌鸟　　雄鸟

| 1 | 2 | 3 | 4 | 5 | 6 | 7 | 8 | 9 | 10 | 11 | 12 |

东方寿带 Oriental Paradise-Flycatcher

Terpsiphone affinis

雀形目王鹟科

鉴别特征： 体形小巧，但加上尾羽会很长。体羽多为红褐色，头顶偏灰色，羽冠较弱。很少有白色型雄鸟。

栖息地： 原生林及人工阔叶林。

行为： 单独或成对活动于树林中低层，在空中捕捉飞过的虫子。

分布及种群数量： 见于我国西南部。广西南部曾有过少量的记录，估计为罕见的夏候鸟或旅鸟。

相似种： 寿带。冠羽相对突出，头顶及喉部偏黑色，与胸部灰色界限分明。雌鸟喉部与胸部颜色对比更明显。

白色型雄鸟

雌鸟

寿带 Amur Paradise-Flycatcher

Terpsiphone incei

鉴别特征： 体形小巧，但加上尾羽会很长。头部闪辉黑色，雄鸟有特别的长尾，具白色和栗色两种色型。雌鸟无长尾，上体及尾羽均为红褐色。

栖息地： 原生林及人工阔叶林。

行为： 单独或成对活动于树林中低层，在空中捕捉飞过的虫子。

分布及种群数量： 分布于我国大部分地区。广西全境均有分布，在各大林区均有繁殖，迁徙经过广西大部分地区，不算多见，为夏候鸟或旅鸟。

相似种： 东方寿带。冠羽相对不突出，头顶及喉部偏灰色，与胸部灰色界限不分明。雌鸟喉部和胸部颜色对比不明显。

雌鸟

白色型雄鸟

白色型雄鸟

栗色型雄鸟

1	2	3	4	5	6	7	8	9	10	11	12

紫寿带 Japanese Paradise-Flycatcher
Terpsiphone atrocaudata

雀形目王鹟科

鉴别特征：体形小巧，但加上尾羽会很长。体羽多为红褐色，头部黑色，具显著的蓝白色的眼圈。

栖息地：原生林及人工阔叶林。

行为：单独或成对活动于树林中低层，在空中捕捉飞过的虫子。

分布及种群数量：繁殖于日本、朝鲜及我国台湾，迁徙经我国东部地区。广西在北部、中部和北部湾沿海有少量记录，较少见，为旅鸟。

1	2	3	4	5	6	7	8	9	10	11	12

439

伯劳科 Laniidae

中小型鸣禽，但以肉食为主，有"雀中猛禽"之称。喙粗壮而侧扁，前端具利钩和齿突。跗跖强健，趾具钩爪，适合捕食。通常具贯眼纹。以大型昆虫、蛙和蜥蜴等小动物为食，常将猎物挂在树枝上。中国有1属12种，其中7种见于广西。

雀形目伯劳科

虎纹伯劳　Tiger Shrike

Lanius tigrinus

鉴别特征：体长约19 cm，中等体形的伯劳。头顶及颈背部灰色，背部、两翼及尾羽深栗色且多具黑色横斑，下体颜色纯白。雄鸟贯眼纹明显。

栖息地：开阔的次生阔叶林、灌木林和林缘灌丛。

行为：常单独站在高处，伺机飞到地面捕食大型昆虫和小型脊椎动物。

分布及种群数量：见于我国东部大部分地区。广西很多市县都有分布，但不多见，多数为旅鸟，也有个别个体为留鸟。

鉴别特征：体长约 21 cm，中等体形的褐色伯劳。雄鸟头顶及枕部栗红色，背羽灰褐色，黑色贯眼纹明显，下体棕白色。雌鸟头顶颜色与雄鸟相似，贯眼纹为栗褐色但不完整，仅限于眼后。

栖息地：疏林和林缘灌丛草地，迁徙时见于城市公园和村边风水林。

行为：单独或成对活动，捕食大型昆虫和小型脊椎动物。

分布及种群数量：繁殖于我国北方地区，在华南地区越冬。广西的记录较少，主要见于南宁和北部湾沿海一带，为罕见的冬候鸟。牛头伯劳与红尾伯劳个别亚种的亚成体或雌鸟极为相似，部分记录可能存疑。

相似种：红尾伯劳。头相对小，雄鸟无白色翼斑，雌鸟及亚成鸟胸腹部为鳞状纹。

雌鸟

| 1 | 2 | 3 | 4 | 5 | 6 | 7 | 8 | 9 | 10 | 11 | 12 |

441

红尾伯劳　Brown Shrike

Lanius cristatus

鉴别特征：体长约 20 cm，中等体形的淡褐色伯劳。头顶灰色或红棕色。雄鸟具粗重的黑色贯眼纹，雌鸟贯眼纹黑褐色。上背部、肩部暗灰褐色，尾羽棕褐色。*lucionensis* 亚种头顶灰色，*superciliosus* 和 *cristatus* 亚种头顶与背部栗褐色，但前者眉纹较宽。

栖息地：平原地区的灌丛、疏林和林缘地带。迁徙时见于城市公园、农村草甸灌丛、风水林等。

行为：单独或成对活动，捕食大型昆虫和小型脊椎动物。

分布及种群数量：繁殖于我国东北和华北地区，迁徙经华南或在华南地区越冬。广西分布有 3 个亚种，*cristatus* 和 *lucionensis* 亚种广西全区均有分布，*superciliosus* 亚种见于南宁及北部湾沿海。数量较多，为冬候鸟。

相似种：牛头伯劳。头大而圆，雄鸟具白色翼斑，雌鸟及亚成鸟胸腹部为横纹。

superciliosus 亚种

cristatus 亚种

亚成鸟

lucionensis 亚种

栗背伯劳　Burmese Shrike

Lanius collurioides

鉴别特征：体长约 20 cm，中等体形的伯劳。上体栗色，下体白色，尾羽边缘及尾端白色，头顶、颈背部及上背部灰色，具黑色贯眼纹，初级飞羽的白色块斑较明显。

栖息地：开阔次生疏林、林缘和灌丛中，也出现在沟谷、路边和耕地边小树及灌木上。

行为：单独或成对活动，捕食大型昆虫和小型脊椎动物。

分布及种群数量：见于我国南方及西南地区。广西很多地区都有分布，但不多见，为留鸟。

相似种：棕背伯劳。体形较大，背部偏红褐色，尾相对较长，不具白色的羽缘。

雌鸟

雄鸟

亚成鸟

1	2	3	4	5	6	7	8	9	10	11	12

棕背伯劳 Long-tailed Shrike

Lanius schach

雀形目伯劳科

鉴别特征： 体长约 25 cm，体形略大而尾长的棕色、黑色及白色伯劳。额部、眼纹、两翼及尾羽均为黑色，翼具一白色斑，头顶及颈背灰色或灰黑色，背部、腰部及体侧均为红褐色。有些个体黑化严重，体色较深。

栖息地： 次生阔叶林和混交林的林缘地带、农田以及城市公园等。

行为： 单独或成对活动，捕食大型昆虫和小型脊椎动物。

分布及种群数量： 国内主要分布于黄河以南大部分地区。广西各地均有分布，种群数量较多，为常见留鸟。体形较黑的个体多见于沿海区域，最西可至靖西。之前黑色个体也被认为是一个单独的有效种，但现在通常认为是一种色型。

相似种： 栗背伯劳。体形较小，背部偏栗色，尾相对较短，具白色的羽缘。

灰背伯劳 Grey-backed Shrike

Lanius tephronotus

鉴别特征：体长约 25 cm，体形略大而尾长的伯劳。具黑色贯眼纹，上体暗灰色，翼和尾羽黑褐色。下体近白色，胸部染锈棕色。

栖息地：平原至海拔 2000 m 的山地疏林地区和农田等。

行为：单独或成对活动，捕食大型昆虫和小型脊椎动物。

分布及种群数量：繁殖于我国西北和西南地区，在华南和华中地区越冬。广西西南部偶有越冬个体，为罕见冬候鸟。

成鸟

亚成鸟

1	2	3	4	5	6	7	8	9	10	11	12

楔尾伯劳 Chinese Gray Shrike
Lanius sphenocercus

雀形目伯劳科

鉴别特征：体长约 31 cm，体形甚大的灰色伯劳。全身羽色有黑、白、灰三色，上体灰色，中央尾羽及飞羽黑色，翼表具大型白色翼斑，凸形的尾特长。

栖息地：有灌木或电线的开阔地。

行为：单独或成对活动，捕食大型昆虫和小型脊椎动物。

分布及种群数量：繁殖于我国北方地区，在华南地区越冬。广西仅在南宁和防城港偶见越冬个体，为冬候鸟。

鸦科 Corvidae

体形较大，是雀形目中体形最大的鸟类之一。身体强壮，喙粗大，腿也比较发达。通常体羽颜色比较简单，但广西有些种类颜色极为鲜艳。叫声响亮刺耳。大多群居，社会性较强，有些种类有合作繁殖的行为。我国分布有 12 属 29 种，其中 8 属 13 种见于广西。

松鸦 Eurasian Jay

Garrulus glandarius

雀形目鸦科

鉴别特征：体长约 30 cm，体羽偏粉色的鸦。除脸部有黑色颊纹外，通体大多呈匀净的紫灰色至红灰色，腰羽白色，翼上缀有黑、白、蓝三色相间的明丽斑纹镶嵌图案。

栖息地：各种森林，但多见于人工林或针阔混交林。

行为：单独或成对活动，主要取食植物果实和种子。

分布及种群数量：常见于我国大部分地区。广西各地均有分布，但不如北方那么常见，为留鸟。

| 1 | 2 | 3 | 4 | 5 | 6 | 7 | 8 | 9 | 10 | 11 | 12 |

红嘴蓝鹊　Red-billed Blue Magpie

Urocissa erythrorhyncha

鉴别特征：体长约 55 cm。羽毛以蓝色为主，暗蓝色的尾羽特别长，中央尾羽的尖端为白色，外侧尾羽的近端部具黑白相间的宽阔带纹。喙和腿均为红色。

栖息地：人工林、林缘地带、灌丛和城市及农村的有林地带。

行为：非常喧闹，喜欢成群活动。杂食性。

分布及种群数量：广泛分布于我国大部分地区。广西各地均有分布，较为常见，为留鸟。

白翅蓝鹊　White-winged Magpie

Urocissa whiteheadi

鉴别特征：体长约 46 cm。身体多为黑色，喙橘黄色，翼及尾羽具白色的斑。尾楔形，较长。

栖息地：保存较好的天然阔叶林，也经常在林缘及村庄附近活动。

行为：常以家族群活动，有合作繁殖的行为。杂食性。

分布及种群数量：分布于我国四川、云南、海南和广西。广西主要分布于西南部的森林，较为常见，为留鸟。

| 1 | 2 | 3 | 4 | 5 | 6 | 7 | 8 | 9 | 10 | 11 | 12 |

雀形目鸦科

蓝绿鹊 Common Green Magpie

Cissa chinensis

鉴别特征：体长约 38 cm，羽色鲜艳的绿鹊。喙红色，头顶多黄色，贯眼纹黑色。翼栗色，三级飞羽羽端黑色。绿色的楔形尾较长，尾端黑白相间。

栖息地：常绿阔叶林、林缘地带。

行为：成对或成小群活动，生性隐蔽，栖于密林，常闻其声而不见其形。杂食性。

保护级别：国家 II 级重点保护野生动物。

分布及种群数量：国内见于西藏、云南和广西。广西分布于大明山及广西西南部，种群数量极少，为罕见留鸟。

相似种：黄胸绿鹊。体形稍小，头顶多为绿色，三级飞羽上无黑色横斑，尾相对短。

黄胸绿鹊　Indochinese Green Magpie

Cissa hypoleuca

鉴别特征： 体长约 32 cm，中等体形的绿鹊。粗阔的贯眼纹黑色，喙红色，头顶多为绿色，翼栗色，三级飞羽的翼尖色浅。

栖息地： 常绿阔叶林、林缘地带。

行为： 成对或成小群活动，生性隐蔽，栖于密林，常闻其声而不见其形。杂食性。

保护级别： 国家 II 级重点保护野生动物。

分布及种群数量： 国内见于四川、海南和广西。广西分布于大瑶山及广西西南部，种群数量较少，为罕见留鸟。蓝绿鹊和黄胸绿鹊比较相似，在广西的分布区又有重叠，因此存在一些误识的可能性，对这两个种在广西的种群及分布尚需进一步调查。

相似种： 蓝绿鹊。体形稍大，头顶多为黄色，三级飞羽上具黑色横斑，尾相对较长。

雀形目鸦科

灰树鹊　Grey Treepie

Dendrocitta formosae

鉴别特征： 体长约 33 cm 的褐灰色树鹊。黑色喙强健而稍弯曲，头顶及上背部为暗石板灰色，两翼及楔形的尾黑色，初级飞羽基部具白色斑块，腰部白色，臀部红褐色。

栖息地： 亚热带或热带的森林，偶尔也到人工林或林缘活动。

行为： 常成群在树冠的中上层穿行，有时叫声特别吵闹。杂食性。

分布及种群数量： 分布于我国华中及华南地区。广西各地中、高海拔的森林均有分布，较常见，为留鸟。

喜鹊　Common Magpie

Pica pica

鉴别特征：体长约 45 cm 的长尾鸦类。身体大部分为黑色，两翼具蓝色辉光，肩羽及腹部白色。

栖息地：开阔的农田及林缘生境。

行为：成对或成小群活动，在地面觅食。杂食性。

分布及种群数量：全国可见，分布非常广泛。广西各地均有记录，但远不如北方地区常见，为留鸟。

雀形目鸦科

星鸦 Spotted Nutcracker

Nucifraga caryocatactes

鉴别特征：体长约 33 cm 的中小型鸦类。体羽多为深褐色，密布白色点斑，臀部及尾下覆羽白色。

栖息地：山地森林，尤其是针叶林和针阔混交林。

行为：单独或成对活动。动作优雅，飞行起伏较有节律。杂食性。

分布及种群数量：常见于我国北方及西南地区。广西仅记录于北部和中部的高海拔森林，种群数量较少，为偶见留鸟。

| 1 | 2 | 3 | 4 | 5 | 6 | 7 | 8 | 9 | 10 | 11 | 12 |

达乌里寒鸦　Daurian Jackdaw

Corvus dauuricus

鉴别特征：体长约 32 cm 的中小型鸦类。成鸟体色以黑色为基色，颈部、胸部及腹部污白色。

栖息地：开阔的草地及农田等。

行为：常结成大群活动，在地面觅食。杂食性。

分布及种群数量：繁殖于我国北部、中部及西南地区，在南方地区越冬。广西仅记录于北部和那坡，种群数量极少，为罕见冬候鸟。

相似种：白颈鸦。体形较大，喙较粗壮，胸腹部为黑色。

1	2	3	4	5	6	7	8	9	10	11	12

秃鼻乌鸦　Rook

Corvus frugilegus

鉴别特征：体长约 47 cm，体形略大的鸦类。全身黑色，喙基部裸露的皮肤呈浅灰白色。飞行时尾端楔形，两翼较狭长，翼指显著，头部显著突出。

栖息地：开阔的原野或农田。

行为：常结成大群活动，在地面觅食。杂食性。

分布及种群数量：繁殖于我国北方及中部地区，在南方地区越冬。广西记录于大明山、猫儿山和梧州等地，种群数量较少，为罕见冬候鸟。

小嘴乌鸦 Carrion Crow

Corvus corone

鉴别特征：体长约 50 cm，体形较大的鸦类。全身漆黑并略带显眼的金属光泽，喙细小，额弓较平。

栖息地：开阔的森林或林缘地带。

行为：常结成大群活动，在地面觅食。杂食性。

分布及种群数量：繁殖于我国北方及中部地区，在南方地区越冬。广西各地均有分布，种群数量一般，为冬候鸟。

相似种：大嘴乌鸦。喙较粗壮，额弓较突起，全年都有出现。

1	2	3	4	5	6	7	8	9	10	11	12

白颈鸦 Collared Crow

Corvus pectoralis

鉴别特征：体长约 54 cm 的大型鸦类。喙粗厚，成鸟体色以黑色为基色，颈部及前胸白色。

栖息地：开阔的水域或农田。

行为：常结成大群活动，在地面觅食。杂食性。

分布及种群数量：分布于我国华中及华南地区。广西各地均有分布，但以北部较常见，为留鸟。

相似种：达乌里寒鸦。体形较小，喙较弱，胸腹部污白色。

| 1 | 2 | 3 | 4 | 5 | 6 | 7 | 8 | 9 | 10 | 11 | 12 |

大嘴乌鸦 Large-billed Crow

Corvus macrorhynchos

雀形目鸦科

鉴别特征：体长约 52 cm，体形较大的鸦类。全身漆黑，并略带显眼的金属光泽。喙粗厚，额弓突起明显。

栖息地：开阔的森林或林缘地带。

行为：常成对或成大群活动，在地面觅食。杂食性。

分布及种群数量：见于我国大部分地区。广西各地均有分布，种群数量一般，为留鸟。

相似种：小嘴乌鸦。喙较细，额弓较平，多在秋冬季出现。

1	2	3	4	5	6	7	8	9	10	11	12

玉鹟科 Steostiridae

基于分子分类系统而形成的一个小型雀形目鸟类科。之前此科的鸟类被列入鹟科，但又与鹟科不同，主要是尾部形状独特，羽色多鲜艳。我国分布有 2 属 2 种，均见于广西。

雀形目玉鹟科

黄腹扇尾鹟　Citrine Canary-Flycatcher
Chelidorhynx hypoxanthus

鉴别特征： 体长约 12 cm 的小型鹟类。上体橄榄色，前额、眉纹及下体鲜黄色，贯眼纹黑色，扇形的尾甚长，尾端白色。雌鸟羽色稍淡，贯眼纹深绿色。

栖息地： 原生或次生阔叶林。

行为： 常单独或成对活动于森林中下层，不停捕食及追逐过往昆虫，经常展开其扇形尾部。

分布及种群数量： 分布于我国西南地区。广西之前并无该种的分布记录，但在乐业县雅长兰科植物国家级自然保护区偶尔观察到其活动，估计为罕见冬候鸟。

方尾鹟　Grey-headed Canary Flycatcher

Culicicapa ceylonensis

雀形目玉鹟科

鉴别特征：体长约 13 cm 的小型鹟类。头灰色，上体鲜绿色，下体浓黄色，尾不及体长。

栖息地：原生或次生阔叶林，迁徙期间也到城市公园活动。

行为：常单独或与其他鸟类活动于森林中下层，捕食或追逐过往昆虫。

分布及种群数量：分布于我国南方地区。广西各地均有分布，不算少见，资料记载为留鸟，但可能部分种群有迁徙行为。

1	2	3	4	5	6	7	8	9	10	11	12

山雀科 Paridae

体形较小，喙钝短粗而锋利，腿短小但有力，常成群活动，在洞穴中营巢繁殖，以昆虫为食。全球几乎均有分布，我国分布有 12 属 23 种，其中 4 属 7 种见于广西。

火冠雀　Fire-capped Tit

Cephalopyrus flammiceps

雀形目山雀科

鉴别特征：体长约 10 cm 的橄榄色小型山雀。雄鸟前额及喉部中心棕色，喉侧及胸部黄色。雌鸟体羽色浅，下体皮黄色。

栖息地：海拔较高的森林及林缘地带，有时也到农田活动。

行为：成群活动，在树冠层或灌木的高处取食昆虫。

分布及种群数量：分布于我国西南及华中地区。广西仅见于百色，较少见，估计为罕见冬候鸟。

雌鸟

雄鸟

| 1 | 2 | 3 | 4 | 5 | 6 | 7 | 8 | 9 | 10 | 11 | 12 |

黄眉林雀　Yellow-browed Tit

Sylviparus modestus

雀形目山雀科

鉴别特征：体长约 10 cm 的小型山雀。全身几乎淡橄榄色，具短羽冠和狭窄的淡黄色眼圈。具浅黄色短眉纹，但不明显。

栖息地：针叶、常绿及落叶混交林。

行为：常跟在其他鸟类后面活动，行为似大山雀，觅食树枝上的昆虫。

分布及种群数量：分布于我国西南部和东南部的高海拔森林。广西主要见于北部林区，较少见，但其分布区应该要比记录的更广，为留鸟。

| 1 | 2 | 3 | 4 | 5 | 6 | 7 | 8 | 9 | 10 | 11 | 12 |

冕雀　Sultan Tit

Melanochlora sultanea

鉴别特征：体长约 20 cm 的大型山雀。具明显的鲜黄色冠羽和胸腹部。雄鸟上背及喉部亮黑色，雌鸟多为橄榄色。

栖息地：原生林及次生林。

行为：多成小群活动，也经常和其他鸟类混群。常在树冠层觅食大型昆虫。

分布及种群数量：分布于我国南方地区。广西大部分保存良好的林区均有分布，但仅在广西西南部喀斯特森林较常见，为留鸟。

雌鸟

雄鸟

雄鸟

1	2	3	4	5	6	7	8	9	10	11	12

黄腹山雀 Yellow-bellied Tit

Pardaliparus venustulus

雀形目山雀科

鉴别特征：体长约 10 cm 的小型山雀。喙短，胸腹部鹅黄色，翼上具两排白色斑点。雄鸟头部及胸部黑色，颈后部及颊部具白色斑块。雌鸟和幼鸟多为橄榄色。

栖息地：落叶混交林。冬季会下到低海拔的城市或乡村绿地活动。

行为：成对或成小群在树间或在地面活动，觅食昆虫和植物果实。

分布及种群数量：常见于我国华南、东南、华中及华东地区。广西各地均有分布，但以北部较常见，为留鸟。

雄鸟

雌鸟

1	2	3	4	5	6	7	8	9	10	11	12

大山雀 Cinereous Tit

Parus cinereus

鉴别特征： 体长约 14 cm 的中型山雀。头部及喉部黑色，脸侧有显著的白斑。成年个体胸腹部中间具黑色长带。颈背灰色，部分个体的背部沾绿色，翼上具白色横斑。*subtibetanus* 亚种尾羽灰蓝色较暗，第二对外侧尾羽的白斑较大。

栖息地： 各种有林的生境。

行为： 成对或成小群在树间或地面活动，捕食昆虫，经常鸣叫。

分布及种群数量： 分布于我国绝大部分地区。广西分布有 2 个亚种，*commixtus* 亚种见于广西大部分地区，*subtibetanus* 亚种见于西林和隆林，都很常见，为留鸟。

相似种： 绿背山雀。上背部绿色，腹部黄色，有两道翼纹。

亚成鸟

成鸟

成鸟

成鸟

绿背山雀　Green-backed Tit

Parus monticolus

鉴别特征：体长约 13 cm 的中型山雀。头部及后颈黑色，颏部、喉部和前胸黑色相连形成带状，颊部具三角形白斑，上背和两肩黄绿色，腹部淡黄色，翼表具两道明显的白色翼斑。

栖息地：海拔较高的森林及林缘地带。

行为：单独或成对在树间或地面活动，捕食昆虫。

分布及种群数量：分布于我国中部、西南部和台湾等地。广西记录于桂林、百色和崇左，以金钟山和猫儿山较常见，为留鸟。

相似种：大山雀。上背部多为灰色，腹部白色，具一道翼纹。

1	2	3	4	5	6	7	8	9	10	11	12

黄颊山雀　Yellow-cheeked Tit

Machlolophus spilonotus

雀形目山雀科

鉴别特征： 体长约 14 cm 的中型山雀。具显著的黑色冠羽和黄色颊部。颏部、喉部、胸部均为黑色，并延伸至尾下覆羽形成一条黑色纵带。

栖息地： 中等海拔的低山常绿阔叶林、针阔叶混交林、针叶林等各类森林。

行为： 多成群在树冠层活动，捕食昆虫。

分布及种群数量： 分布于我国南方地区。广西各地均有分布，但以北部和中部林区较常见，为留鸟。

攀雀科 Remizidae

小型鸟类，与山雀相似，但喙更尖长。善于攀爬，巢呈囊状，悬挂于树上。主要分布于欧洲和非洲，我国分布有 1 属 3 种，广西仅有 1 属 1 种。

中华攀雀　Chinese Penduline Tit

Remiz consobrinus

雀形目攀雀科

鉴别特征：体长约 11 cm 的小型鸟类。体羽多为棕褐色。雄鸟具黑色的眼罩，但在广西越冬的个体眼罩一般呈深褐色。雌鸟与幼鸟颜色较淡。

栖息地：近水的农田、草丛和芦苇等生境。

行为：冬季成群在草丛或稻草上觅食种子或昆虫。

分布及种群数量：繁殖于我国东北地区，迁徙至我国东部及南部越冬。之前在广西一直没有观察记录，近几年来，在南宁和北部湾沿海均有稳定的越冬种群，但并不多见，估计为偶见冬候鸟。

雌鸟

雄鸟

雄鸟

雄鸟（左）和雌鸟（右）

1	2	3	4	5	6	7	8	9	10	11	12

百灵科 Alaudidae

小型鸣禽，羽色以褐色为主，以适应荒漠和草原生境。喙短近锥形，多数种类具或强或弱的羽冠，翼尖而长，腿强健有力，适应于地栖生活。常集群生活，叫声极为动听，在地面营巢繁殖。我国分布有 7 属 14 种，仅 2 属 3 种见于广西。

歌百灵 Australasian Bush Lark

Mirafra javanica

雀形目百灵科

鉴别特征：体长约 14 cm。上体暗棕褐色并具黑褐色纵纹，喉部和胸部具黑褐色羽轴纹，褐色的翼具棕色羽缘，眉纹和眼先棕白色，颊部和耳覆羽棕色并具褐色端斑，暗褐色短尾，最外侧尾羽为皮黄白色。

栖息地：开阔的草地和农田。

行为：常单独或成对活动，善鸣叫，主要以植物种子为食。

保护级别：国家 II 级重点保护野生动物。

分布及种群数量：分布于我国南方地区。广西主要分布于中部及东南部，种群数量较少，为夏候鸟。

云雀 Eurasian Skylark

Alauda arvensis

鉴别特征： 体长约 18 cm。上体呈较暗的砂棕色，密布显著的黑色纵纹。具短羽冠，外侧尾羽白色。

栖息地： 开阔的草地、荒地和农田等生境。

行为： 多成群活动，主要在地上寻找植物性食物为食。

保护级别： 国家 II 级重点保护野生动物。

分布及种群数量： 繁殖于我国北方地区，在华南和东南地区越冬。广西仅见于北部湾沿海区域及贵港，种群数量较少，为罕见冬候鸟。

相似种： 小云雀。体形较小，上体颜色偏褐，胸部偏黄，全年可见。

1	2	3	4	5	6	7	8	9	10	11	12

小云雀 Oriental Skylark

Alauda gulgula

鉴别特征：体长约 15 cm。上体棕褐色，密布黑褐色羽干纹，背部黑色纵纹较粗。下体淡棕色或棕白色，胸部棕色较深，密布黑褐色羽干纹。尾羽黑褐色，具较窄的棕白色羽缘。

栖息地：开阔的草地、荒地和农田等生境。

行为：多成对活动，常边飞边叫，主要在地面寻找植物性食物为食。

分布及种群数量：分布于我国黄河以南的大部分地区。广西各地均有分布，但不算多见，为留鸟。

相似种：云雀。体形较大，上体颜色偏棕，胸部棕白色，多在冬天见。

1	2	3	4	5	6	7	8	9	10	11	12

扇尾莺科 Cisticolidae

小型鸟类，喙细长，体色多为棕色或灰色，尾通常较长且呈凸状。活动于开阔的草丛或灌丛生境，性隐蔽，不容易观察。主要分布于热带和亚热带地区，我国分布有3属11种，均见于广西。

棕扇尾莺　Zitting Cisticola

Cisticola juncidis

雀形目扇尾莺科

鉴别特征：体长约10 cm，体形小并具褐色纵纹的莺。具棕白色的眉纹，腰部黄褐色，尾端具黑色次端斑和白色端斑。

栖息地：开阔的高草地和农田。

行为：常单独或成对在草丛里活动，觅食昆虫。

分布及种群数量：分布于我国东部及中部地区。广西大部分地区都有分布，但不算多见，为留鸟。

相似种：金头扇尾莺。眉纹淡皮黄色，与颈背及颈侧同色。

非繁殖羽

繁殖羽

金头扇尾莺 Golden-headed Cisticola
Cisticola exilis

鉴别特征： 体长约 11 cm，体形小并具褐色纵纹的莺。繁殖期雄鸟头顶亮金色。具淡皮黄色眉纹，腰部淡褐色。深褐色的尾较长，具皮黄色端斑。

栖息地： 开阔的高草地和农田。

行为： 常单独或成对在草丛里活动，觅食昆虫。

分布及种群数量： 分布于我国南部及中部地区。广西很多地区都有分布，但不算多见，为留鸟。

相似种： 棕扇尾莺。眉纹棕白色，与颈背及颈侧不同色。

| 1 | 2 | 3 | 4 | 5 | 6 | 7 | 8 | 9 | 10 | 11 | 12 |

山鹛莺 Striated Prinia

Prinia crinigera

鉴别特征：体长约 15 cm，体形略大的鹛莺。上体灰褐色，并具黑色及深褐色纵纹，胸部黑色纵纹明显，凸形的尾很修长。非繁殖期胸部黑色较少，其他部位也会相应变淡。*catharia* 亚种的头顶纵纹更显著。

栖息地：高草、灌丛和耕地附近。

行为：性羞怯，多成对或成家族在草丛里觅食昆虫。

分布及种群数量：分布于我国黄河以南大部分区域。广西分布有 2 个亚种，*parumstriata* 亚种见于广西东北和西北部，*catharia* 亚种见于广西其他地区。均不算多见，为留鸟。这 2 个亚种在广西的分布可能还需要进一步讨论。

相似种：褐山鹛莺。上体偏棕色，上体纵纹较少，胸部无纵纹。

1	2	3	4	5	6	7	8	9	10	11	12

褐山鹪莺　Brown Prinia

Prinia polychroa

雀形目扇尾莺科

鉴别特征：体长约 15 cm，体形略大的鹪莺。上体暗棕褐色，略具纵纹。下体偏白，两胁及尾下覆羽皮黄色，凸形的尾很修长。

栖息地：高草、灌丛和耕地附近。

行为：性羞怯，多成对或成家族在草丛里觅食昆虫。

分布及种群数量：分布于我国广西和云南东南部。广西仅记录于全州、龙胜和柳州。考虑到山鹪莺和褐山鹪莺的分类地位多次出现变动，容易造成混淆，且近年几乎无准确的褐山鹪莺记录，因此其在广西的分布尚需要进一步调查，估计为罕见留鸟。

相似种：山鹪莺。上体偏褐色，上体纵纹较多，胸部具纵纹。

黑喉山鹪莺　Black-throated Prinia

Prinia atrogularis

雀形目扇尾莺科

鉴别特征：体长约 16 cm，体形略大的鹪莺。上体褐色，颊部灰色，具明显的白色眉纹，胸部带有黑色纵纹，两胁黄褐色，凸形的尾很修长。

栖息地：山区的高草、灌丛和耕地附近。

行为：性羞怯，多成对或成家族在草丛里觅食昆虫。

分布及种群数量：分布于我国西南及华南地区。广西各地均有分布，在山区较常见，为留鸟。

1	2	3	4	5	6	7	8	9	10	11	12

暗冕山鹪莺 Rufescent Prinia

Prinia rufescens

雀形目扇尾莺科

鉴别特征：体长约 11 cm 的小型鹪莺。上体多红褐色，眼先、眉纹及喉部灰白色。下体白色，腹部、两胁及尾下覆羽沾皮黄色，尾相对较短。繁殖期头近灰色。

栖息地：高草、灌丛、农田和林缘生境。

行为：性羞怯，多成对或成家族在草丛里觅食昆虫。

分布及种群数量：分布于我国西南及华南地区。广西主要见于红水河以南区域，种群数量不算少，为留鸟。

相似种：灰胸山鹪莺。繁殖期胸部为灰色，非繁殖期时上体偏棕色，眉纹不过眼后，尾端白色。

繁殖羽

非繁殖羽

| 1 | 2 | 3 | 4 | 5 | 6 | 7 | 8 | 9 | 10 | 11 | 12 |

灰胸山鹪莺　Grey-breasted Prinia

Prinia hodgsonii

鉴别特征： 体长约 12 cm 的小型鹪莺。繁殖期上体偏灰，下体白色，具明显的灰色胸带。尾相对较短，具白色的端斑和黑色的次端斑。非繁殖期偏棕色，具短眉纹，尾端白色。

栖息地： 高草、灌丛、农田和林缘生境。

行为： 性羞怯，多成对或成家族在草丛里觅食昆虫。

分布及种群数量： 分布于我国西南地区。广西主要见于西部和中部市县，种群数量一般，为留鸟。

相似种： 暗冕山鹪莺。繁殖期胸部为白色，非繁殖期上体偏红色，眉纹长过眼后，尾端皮黄色。

非繁殖羽

繁殖羽

非繁殖羽

| 1 | 2 | 3 | 4 | 5 | 6 | 7 | 8 | 9 | 10 | 11 | 12 |

雀形目扇尾莺科

黄腹山鹪莺　Yellow-bellied Prinia
Prinia flaviventris

鉴别特征： 体长约 13 cm 的小型鹪莺。头灰色，偶具淡白色的短眉纹。上体橄榄黄绿色，喉部及胸部白色，腹部黄色。

栖息地： 芦苇沼泽、高草地、灌丛及农田。

行为： 性羞怯，多成对或成家族在草丛里觅食昆虫。常发出类似小猫的叫声，飞行时发出"啪啪"的振翅声。

分布及种群数量： 分布于我国南方地区。广西各地都有记录，很常见，为留鸟。

相似种： 纯色山鹪莺。上体灰褐色，下体皮黄色，与喉部及上胸部同色。

纯色山鹪莺 Plain Prinia

Prinia inornata

鉴别特征：体长约 15 cm，体形略大的鹪莺。上体暗灰褐色，下体淡皮黄色至偏红色。

栖息地：芦苇沼泽、高草地、灌丛及农田。

行为：性羞怯，多成对或成家族在草丛里觅食昆虫。

分布及种群数量：分布于我国南方及华中地区。广西各地均有记录，很常见，为留鸟。

相似种：黄腹山鹪莺。上体黄绿色，下体黄色，与喉部及上胸部颜色明显不同。

1	2	3	4	5	6	7	8	9	10	11	12

长尾缝叶莺　Common Tailorbird

Orthotomus sutorius

鉴别特征：体长约 12 cm 的小型莺类。喙尖长如针，前额和顶冠栗色，上体余部橄榄绿色，下体灰白色。

栖息地：低海拔森林、公园、城市小区、村庄等地。

行为：性活泼，常成对在低矮处觅食昆虫。用较大的叶子缝起来做巢，经常被八声杜鹃寄生。

分布及种群数量：分布于我国南方地区。广西各地均有记录，很常见，为留鸟。

相似种：黑喉缝叶莺。繁殖期喉部黑色较明显，头顶栗色延伸至枕部，鸣声较悦耳。

幼鸟

| 1 | 2 | 3 | 4 | 5 | 6 | 7 | 8 | 9 | 10 | 11 | 12 |

黑喉缝叶莺　Dark-necked Tailorbird

Orthotomus atrogularis

鉴别特征：体长约 12 cm 的小型莺类。喙尖长如针，前额、顶冠和枕部均为栗色。上体余部橄榄绿色。繁殖期喉部黑色明显。下体灰白色。

栖息地：稀疏林、次生林、灌丛及林缘地带。

行为：性活泼，常成对在低矮处觅食昆虫。用较大的叶子缝起来做巢，经常被八声杜鹃寄生。

分布及种群数量：分布于我国西南地区。广西主要见于西南部，较少见，为留鸟。

相似种：长尾缝叶莺。繁殖期喉部几乎无黑色，仅额部及头顶为栗色，鸣声较单调。

繁殖羽

繁殖羽

1	2	3	4	5	6	7	8	9	10	11	12

苇莺科 Acrocephalidae

体形相对较大的莺类，多数种类全身几乎为橄榄褐色，栖息于开阔森林、芦苇和高草生境。主要分布于欧亚大陆西部，我国有 2 属 16 种，其中 1 属 6 种见于广西。

雀形目苇莺科

东方大苇莺　Oriental Reed Warbler
Acrocephalus orientalis

鉴别特征： 体长约 18 cm 的大型莺类。上体棕褐色，具显著的皮黄色眉纹，下体偏白色。

栖息地： 近水的草丛、芦苇丛和农田等。

行为： 性羞怯，不容易见，多单独在草丛里觅食昆虫。

分布及种群数量： 繁殖于我国北方地区，迁徙经华南地区。广西各地均有分布，迁徙季节较常见，为旅鸟。

相似种： 噪苇莺。眉纹较短，过眼后不清晰。腰部及尾部多为棕色，尾端无浅色斑。

噪苇莺 Clamorous Reed Warbler

Acrocephalus stentoreus

雀形目苇莺科

鉴别特征： 体长约 19 cm 的大型莺类。上体棕褐色，眉纹淡皮黄色，眉纹至眼后不太清晰，腹部偏白色，两胁和尾下覆羽棕色。

栖息地： 近水的草丛、芦苇丛和农田等。

行为： 性羞怯，不容易见，多单独在草丛里觅食昆虫。常藏匿于草丛中高声鸣唱。

分布及种群数量： 繁殖于我国南方地区。广西主要见于西北部和中部地区，较为少见，为夏候鸟。

相似种： 东方大苇莺。眉纹较长，过眼后仍清晰，腰部及尾部多为褐色，尾端具浅色斑。

| 1 | 2 | 3 | 4 | 5 | 6 | 7 | 8 | 9 | 10 | 11 | 12 |

黑眉苇莺　Black-browed Reed Warbler

Acrocephalus bistrigiceps

雀形目苇莺科

鉴别特征：体长约 13 cm 的小型莺类。上体棕褐色，具清晰的皮黄色眉纹和黑色侧冠纹，下体白色，两胁淡棕色。

栖息地：近水的草丛、芦苇丛和农田等。

行为：性羞怯，不容易见，多单独在草丛里觅食昆虫。

分布及种群数量：繁殖于我国东北和华北地区，在华南地区越冬。广西各地均有分布，但不多见，为冬候鸟。

钝翅苇莺 Blunt-winged Warbler

Acrocephalus concinens

雀形目苇莺科

鉴别特征: 体长约 13 cm 的小型莺类。上体棕褐色。白色或皮黄色眉纹较短,不超过眼后。颏部、喉部和胸部均为白色,胸侧、腹部和尾下覆羽皮黄色。

栖息地: 近水的草丛、芦苇丛等。

行为: 性羞怯,不容易见,多单独在草丛里觅食昆虫。

分布及种群数量: 繁殖于我国北部及中部地区,在华南地区越冬。广西各地都有分布,但较为少见,在广西北部高海拔地区为夏候鸟,其他地区为冬候鸟或旅鸟。

相似种: 远东苇莺。眉纹较长,超过眼后,具一条细而不明显的黑色侧冠纹。

1	2	3	4	5	6	7	8	9	10	11	12

远东苇莺 Manchurian Reed Warbler

Acrocephalus tangorum

鉴别特征： 体长约 13 cm 的小型莺类。上体棕褐色，白色或皮黄色眉纹上具一条黑色或暗褐色侧冠纹，颏部、喉部和胸部均为白色，胸侧、腹部和尾下覆羽皮黄色。

栖息地： 近水的各种植被，包括芦苇、水田、灌丛地区。

行为： 性羞怯，不容易见，多单独在草丛里觅食昆虫。

分布及种群数量： 繁殖于我国东北地区，迁徙经华南地区。广西记录于北部湾沿海和上林，种群数量很少，估计为罕见冬候鸟。

相似种： 钝翅苇莺。眉纹较短，不过眼后，无黑色侧冠纹。

1	2	3	4	5	6	7	8	9	10	11	12

厚嘴苇莺　Thick-billed Warbler

Acrocephalus aedon

雀形目苇莺科

鉴别特征：体长约 19 cm 的大型莺类。喙短而粗壮。上体橄榄褐色，下体白色或浅灰白色，胸侧、两胁和尾下覆羽淡棕色。

栖息地：近水的森林、灌丛和草丛。

行为：性羞怯，不容易见，多单独在草丛里觅食昆虫。

分布及种群数量：繁殖于我国东北及华北地区，迁徙经华南和华东地区。广西各地均有分布，不算少见，为旅鸟或冬候鸟。

1	2	3	4	5	6	7	8	9	10	11	12

鳞胸鹪鹛科 Pnoepygidae

小型鸟类，全身一般为褐色，遍布鳞状斑纹，尾通常较短。腿强健发达，适合在地面行走。本科鸟类原属于画眉科，现单独列为一个科。主要分布于南亚和东南亚的山区，我国分布有 1 属 4 种，其中 2 种见于广西。

雀形目鳞胸鹪鹛科

鳞胸鹪鹛　Scaly-breasted Wren-Babbler

Pnoepyga albiventer

鉴别特征： 体长约 10 cm，体形较小的鹛类，几乎看不到尾。体羽多为褐色，羽毛尖端均具皮黄色点。上体大部分鳞状斑不太明显，但下体的鳞状斑较为显著。

栖息地： 茂密的森林地面。

行为： 常单独在地面活动，很少飞行，主要以地面昆虫为食。

分布及种群数量： 见于我国西藏、云南、四川和广西等地。广西仅见于西北部的少数地区，为罕见留鸟。

相似种： 小鳞胸鹪鹛。体形较小，头部及颈部几乎无点斑。

小鳞胸鹪鹛　Pygmy Wren-Babbler

Pnoepyga pusilla

鉴别特征： 体长约 9 cm，体形极小的鹛类，几乎看不到尾。体羽多褐色，下背及覆羽具黄色的点斑。下体的扇贝形鳞状斑较为显著。

栖息地： 茂密的森林地面。

行为： 常单独在地面活动，很少飞行，主要以地面昆虫为食。

分布及种群数量： 主要见于我国长江以南地区。广西各地林区均有分布，但不多见，为留鸟。

相似种： 鳞胸鹪鹛。体形稍大，头部及颈部皮黄色斑点明显。

1	2	3	4	5	6	7	8	9	10	11	12

蝗莺科 Locustellidae

根据分子系统分类形成的一个新的科，包括原来的蝗莺属、短翅莺属和大尾莺属的鸟类。体形通常较小，很多种类身上具斑点，尾通常较长，多呈凸形。我国分布有 2 属 18 种，其中 2 属 11 种见于广西。

雀形目蝗莺科

高山短翅蝗莺　Russet Bush Warbler

Locustella mandelli

鉴别特征： 体长约 13 cm 的小型褐色莺类。上体棕褐色，具不明显的白色眉纹。上喙深褐色，下喙粉色，喙端色较深。颔部及喉部白色，胸部和腹部褐色，尾羽较长而尖。

栖息地： 中高海拔的林地、灌丛和草丛。

行为： 性隐蔽。单个或成对活动于稠密的灌草中，主要觅食昆虫。

分布及种群数量： 分布于我国黄河以南的大部分区域。广西见于中部和西北部，种群数量一般，为留鸟。

相似种： 中华短翅蝗莺。上体色较浅，胸腹部褐色不连片，下喙尖端与其他一致。

斑胸短翅蝗莺　Spotted Bush Warbler

Locustella thoracicus

鉴别特征： 体长约 12 cm 的小型褐色莺类。上体棕褐色，具深褐色的贯眼纹和不明显的白色眉纹。胸部具黑色的斑点。颏部和喉部白色，尾下覆羽具白色鳞状斑纹。喙黑色。

栖息地： 中高海拔的林地和灌丛。

行为： 性隐蔽。单个或成对活动于稠密的灌草中，主要觅食昆虫。

分布及种群数量： 分布于我国大部分地区。广西见于中部和西南部，种群数量较少，为夏候鸟。

1	2	3	4	5	6	7	8	9	10	11	12

中华短翅蝗莺 Chinese Bush Warbler

Locustella tacsanowskius

雀形目蝗莺科

鉴别特征：体长约 13 cm 的小型褐色莺类。上体褐色，皮黄色的眉纹不明显，额部和喉部白色，下体白色沾黄色，两胁和尾下覆羽褐色。上喙暗黄褐色，下喙色较淡。

栖息地：低海拔山地、灌丛、草丛、芦苇等。

行为：性隐蔽。单个或成对活动于稠密的灌草中，主要觅食昆虫。

分布及种群数量：繁殖于我国东北至广西地区。广西大部分地区均有分布，但种群数量较少，为夏候鸟。

相似种：高山短翅蝗莺。上体色深，胸腹部褐色成片，下喙尖端色深。

棕褐短翅蝗莺　Brown Bush Warbler

Locustella luteoventris

雀形目蝗莺科

鉴别特征： 体长约 13 cm 的小型褐色莺类。上体和两翼棕褐色，颏部、喉部和腹部为灰白色或淡皮黄色，两胁及尾下覆羽棕褐色。上喙黑色，下喙黄白色。

栖息地： 中低海拔的山地灌丛和草丛。

行为： 性隐蔽。单个或成对活动于稠密的灌草中，主要觅食昆虫。

分布及种群数量： 分布于我国黄河以南的大部分区域。广西各地均有分布，种群数量一般，为留鸟。

鉴别特征：体长约 12 cm，小型具斑纹的莺类。上体橄榄褐色，密布显著的黑色纵纹。下体淡皮黄色，也具黑色纵纹。眉纹淡皮黄色，不太明显。

栖息地：近水的各种植被，包括芦苇、水田、灌丛地区。

行为：性隐蔽。单个或成对活动于稠密的灌草中，主要觅食昆虫。

分布及种群数量：繁殖于我国东北地区，迁徙经华南地区。广西主要见于中部和南部地区，较少见，为旅鸟。

相似种：斑背大尾莺。背部纵纹较粗且密集，腹部无纵纹。

1	2	3	4	5	6	7	8	9	10	11	12

北蝗莺 Middendorff's Grasshopper Warbler

Locustella ochotensis

雀形目蝗莺科

鉴别特征：体长约 15 cm 的中型褐色莺类。上体橄榄褐色，具明显的白色眉纹。下体白色，胸侧、两胁及尾下覆羽均为淡褐色或皮黄色。

栖息地：灌丛和草丛。

行为：性隐蔽。单个或成对活动于稠密的灌草中，主要觅食昆虫。

分布及种群数量：繁殖于东北亚地区，迁徙经我国东部地区。广西仅记录于临桂，较少见，为罕见旅鸟。

相似种：东亚蝗莺。喙较粗壮，上体偏灰色，腰部非棕色，眉纹较不清晰。

| 1 | 2 | 3 | 4 | 5 | 6 | 7 | 8 | 9 | 10 | 11 | 12 |

东亚蝗莺 Pleske's Warbler

Locustella pleskei

雀形目蝗莺科

鉴别特征：体长约 16 cm 的中型褐色莺类。喙较粗壮，上体灰褐色，具不太明显的白色眉纹。下体白色，胸侧、两胁及尾下覆羽均为淡褐色或皮黄色。

栖息地：近水的各种植被，包括芦苇、水田、灌丛等。

行为：性隐蔽。单个或成对活动于稠密的灌草中，主要觅食昆虫。

分布及种群数量：繁殖于东北亚地区，迁徙经我国东部地区。广西仅记录于西北部和西南部，较少见，为罕见冬候鸟。

相似种：北蝗莺。喙较纤细，上体偏褐色，腰部棕色，眉纹较清晰。

| 1 | 2 | 3 | 4 | 5 | 6 | 7 | 8 | 9 | 10 | 11 | 12 |

小蝗莺 Pallas's Grasshopper Warbler

Locustella certhiola

雀形目蝗莺科

鉴别特征：体长约 15 cm 的中型褐色莺类。上体棕褐色，具白色眉纹。头顶至上体布黑色纵纹。下体乳白色，胸侧、两胁及尾下覆羽均为棕色至皮黄色。

栖息地：近水的各种植被，包括芦苇、水田、灌丛地区。

行为：性隐蔽。单个或成对活动于稠密的灌草中，主要觅食昆虫。

分布及种群数量：繁殖于我国北方地区，在华南地区越冬。广西多个地区均有记录，但较少见，为旅鸟或冬候鸟。

1	2	3	4	5	6	7	8	9	10	11	12

苍眉蝗莺 Gray's Grasshopper Warbler
Locustella fasciolata

鉴别特征：体长约 17 cm，体形稍大的褐色莺类。上体橄榄绿色，具明显的白色或皮黄色眉纹。下体灰白色，两胁和尾下覆羽褐色，胸部偏灰色；上喙深灰色，下喙粉色。

栖息地：低海拔林地、灌丛、草地等。

行为：性隐蔽。单个或成对活动于稠密的灌草中，主要觅食昆虫。

分布及种群数量：繁殖于东北亚及日本，迁徙经我国华南地区。在广西仅记录于西北部，较为少见，为旅鸟。

1	2	3	4	5	6	7	8	9	10	11	12

斑背大尾莺 Marsh Grassbird

Locustella pryeri

鉴别特征： 体长约 13 cm 的小型褐色莺类。上体棕褐色，密布黑色的纵纹，在背中部尤其突出。下体白色，胸侧、两胁及尾下覆羽均为淡黄褐色。

栖息地： 近水的芦苇、水田、草丛和灌丛。

行为： 性隐蔽。单个或成对活动于稠密的灌草中，主要觅食昆虫。

分布及种群数量： 繁殖于我国东北地区，在我国中部地区越冬。广西仅记录于上林和融水，种群数量极少，估计为罕见冬候鸟。

相似种： 矛斑蝗莺。背部纵纹较细且分散，腹部具纵纹。

| 1 | 2 | 3 | 4 | 5 | 6 | 7 | 8 | 9 | 10 | 11 | 12 |

沼泽大尾莺 Striated Grassbird

Megalurus palustris

鉴别特征：体长约 25 cm 的大型褐色莺类。上体亮红褐色，具不太明显的黄白色眉纹，背部及翼上具黑色纵纹。下体黄白色。尾特尖长。

栖息地：开阔的芦苇丛和草丛，农田和灌丛。

行为：性隐蔽。单个或成对活动于稠密的灌草中，主要觅食昆虫。繁殖期雄鸟常在电线上或灌丛中鸣叫。

分布及种群数量：主要见于我国西南部和广西。广西仅记录于环江、邕宁、龙州和防城港，较少见，为罕见留鸟。

| 1 | 2 | 3 | 4 | 5 | 6 | 7 | 8 | 9 | 10 | 11 | 12 |

燕科 Hirundinidae

该科鸟类体形较小，雌雄羽色相似，体羽多黑色或褐色，很多种类的尾有分叉。喙短而宽扁，适于在空中捕食昆虫。多在悬崖洞穴或建筑物上营巢，幼鸟晚成性。我国分布有 6 属 14 种，其中 5 属 10 种见于广西。

褐喉沙燕　Brown-throated Martin

Riparia paludicola

雀形目燕科

鉴别特征：体长约 11 cm 的小型褐色燕类。上体多褐色，喉部及上胸部浅灰褐色，下胸部及腹部乳白色。尾部略分叉。

栖息地：沼泽、沙滩、水域岸边。

行为：多成群活动，主要在空中捕食各种昆虫。

分布及种群数量：分布于我国云南南部、香港、台湾及广西。广西见于东北部和西北部，极为少见，估计为罕见留鸟或旅鸟。

崖沙燕 Sand Martin

Riparia riparia

鉴别特征：体长约 11 cm 的小型褐色燕类。上体暗灰褐色，颏部、喉部、腹部及尾下覆羽均为白色。胸部具清晰的灰褐色横带。

栖息地：沙滩和江河附近的土崖及山地岩石带。

行为：多成群活动，主要在空中捕食各种昆虫。

分布及种群数量：繁殖于我国东北地区，迁徙至华南地区越冬。广西大部分地区都有分布记录，但不多见，为冬候鸟。

相似种：淡色崖沙燕。上体颜色较浅，胸带的颜色也相对较淡。

| 1 | 2 | 3 | 4 | 5 | 6 | 7 | 8 | 9 | 10 | 11 | 12 |

淡色崖沙燕　Pale Martin

Riparia diluta

雀形目燕科

鉴别特征：体长约 12 cm 的小型褐色燕类。上体暗灰褐色，喉部及胸部浅灰褐色，有一浅褐色胸带。下体余部白色。

栖息地：沙滩和江河附近的土崖及山地岩石带。

行为：多成群活动，主要在空中捕食各种昆虫。

分布及种群数量：繁殖于我国华北、华中、西南及东南等地区，在华南地区越冬。广西仅见于全州、兴安和资源等桂北地区，较少见，为冬候鸟。

相似种：崖沙燕。上体颜色较深，胸带也相对明显。

1	2	3	4	5	6	7	8	9	10	11	12

505

雀形目燕科

家燕　Barn Swallow

Hirundo rustica

鉴别特征： 体长约 20 cm 的大型蓝色燕类。上体蓝色具辉光，胸部、喉部及前额棕红色，下体余部白色。尾呈深叉状，近端处具白色斑点，外侧尾羽特别延长。*tytleri* 亚种胸腹部棕红色。

栖息地： 田野、河滩、城镇、村庄。

行为： 多成群活动，主要在空中捕食各种昆虫。

分布及种群数量： 繁殖于我国大部分地区。广西共分布有 2 个亚种，*gutturalis* 亚种最为常见，多数为夏候鸟，也有部分个体在广西南部地区越冬，为冬候鸟；*tytleri* 亚种在蒙山等地有观察记录，估计其在广西的分布有所忽略，为旅鸟。

相似种： 洋燕。尾较短，胸前无一道蓝色黑带。

gutturalis 亚种

亚成鸟

tytleri 亚种

| 1 | 2 | 3 | 4 | 5 | 6 | 7 | 8 | 9 | 10 | 11 | 12 |

洋燕　Pacific Swallow

Hirundo tahitica

雀形目燕科

鉴别特征：体长约 14 cm 的小型蓝色燕类（主要是尾短）。上体钢蓝色，前额及喉部栗色，下体污白色。

栖息地：海岸线附近的开阔地带。

行为：多成群活动，主要在空中捕食各种昆虫。

分布及种群数量：见于亚洲热带地区和南太平洋的岛屿，国内之前仅在台湾有记录。广西的斜阳岛也曾发现活动个体，估计为留鸟。此外，推测广东沿海和海南岛应该也有洋燕的分布。

相似种：家燕。尾较长，胸前具一道蓝色横带。

| 1 | 2 | 3 | 4 | 5 | 6 | 7 | 8 | 9 | 10 | 11 | 12 |

纯色岩燕 Dusky Crag Martin

Ptyonoprogne concolor

雀形目燕科

鉴别特征： 体长约 13 cm 的小型褐色燕类。全身近黑褐色，下体淡棕色并具黑褐色纵纹。尾短而平，近端处具白斑。

栖息地： 多崖的石灰岩山地。

行为： 多成对活动，主要在空中捕食各种昆虫。

分布及种群数量： 分布于我国西南地区。广西主要分布于西南和西北地区河流附近，较少见，为留鸟。

508

| 1 | 2 | 3 | 4 | 5 | 6 | 7 | 8 | 9 | 10 | 11 | 12 |

毛脚燕 Common House Martin

Delichon urbicum

鉴别特征：体长约 13 cm 的小型黑白色燕类。上体多为黑色并具蓝黑色金属光泽，下体及腰部白色，尾呈叉形。

栖息地：山区森林的悬崖和居民区附近。

行为：常与其他燕类成群活动，主要在空中捕食各种昆虫。

分布及种群数量：繁殖于我国东北及西北地区。广西主要分布于西北和东北部，较少见，为冬候鸟。

相似种：烟腹毛脚燕。腹部和腰部烟灰白色，尾开叉较浅。

1	2	3	4	5	6	7	8	9	10	11	12

烟腹毛脚燕　Asian House Martin

Delichon dasypus

鉴别特征： 体长约 13 cm 的小型黑白色燕类。上体多为黑色并具蓝黑色金属光泽，下体及腰部烟灰白色，尾呈叉形。

栖息地： 山区森林的悬崖和居民区附近。

行为： 常与其他燕类成群活动，主要在空中捕食各种昆虫。

分布及种群数量： 繁殖于我国除东北以外的大部分地区。广西很多山区都有繁殖种群，不算多见，为夏候鸟。

相似种： 毛脚燕。腹部和腰部纯白色，尾开叉较深。

1	2	3	4	5	6	7	8	9	10	11	12

金腰燕 Red-rumped Swallow

Cecropis daurica

雀形目燕科

鉴别特征：体长约 18 cm 的大型黑栗色燕类。上体多为黑色并具蓝黑色金属光泽，腰部和颊部栗色。下体棕白色，具多条黑色的细小纵纹。尾呈深叉形。*nipalensis* 亚种下体底色较淡，纵纹较少。

栖息地：低山、田野、河滩、城镇、村庄。

行为：常与其他燕类成群活动，主要在空中捕食各种昆虫。

分布及种群数量：繁殖于我国大部分地区。广西分布有 2 个亚种，*japonica* 亚种在广西各地均有分布，很常见，多数为夏候鸟，在广西南部地区也有部分个体越冬，为冬候鸟；*nipalensis* 亚种在东兰县为偶见冬候鸟。

相似种：斑腰燕。颈侧棕栗色向颈背延伸范围较少，边缘较完整。

斑腰燕　Striated Swallow

雀形目燕科

Cecropis striolata

鉴别特征：体长约 20 cm 的大型黑栗色燕类。上体多为黑色并具蓝黑色金属光泽，腰部和颊部栗色，腰部具黑色的羽干纹。下体污白色，具多条黑色的细小纵纹。尾呈深叉形。

栖息地：低山丘陵、山脚平原、村寨和临近山岩地带。

行为：成对或成小群活动，主要在空中捕食各种昆虫。

分布及种群数量：繁殖于我国云南至台湾一带。广西仅记录于贵港和东兰，估计为偶见夏候鸟。也有可能未曾正确识别，从而导致其分布区被忽略。

相似种：金腰燕。颈侧棕栗色向颈背延伸范围较大，边缘较不完整（广西的金腰燕腰部或多或少有点细纹，因此腰部是否有斑不能作为识别依据）。

| 1 | 2 | 3 | 4 | 5 | 6 | 7 | 8 | 9 | 10 | 11 | 12 |

鹎科 Pycnonotidae

中等大小的鸟类，喙相对粗长，适合取食果实。翼短圆，腿短而不发达。多在树上生活，主要分布于亚洲和非洲的热带和亚热带地区，我国分布有 7 属 22 种，其中 4 属 18 种见于广西。

凤头雀嘴鹎　Crested Finchbill

Spizixos canifrons

雀形目鹎科

鉴别特征：体长约 22 cm。象牙色的喙较短粗。上体橄榄绿色，头顶黑色，有明显的黑色羽冠。下体黄绿色。

栖息地：中海拔的森林、稀树灌丛和灌丛等。

行为：常成对或成小群活动。杂食性。

分布及种群数量：分布于我国西南地区。广西仅见于隆林县境内，极少见，为罕见留鸟。

雀形目鹎科

领雀嘴鹎 Collared Finchbill

Spizixos semitorques

鉴别特征：体长约 23 cm。象牙色的喙较短粗。全身羽毛偏绿色，头部偏灰色，前颈具白色领环，尾羽绿色但端部黑色。

栖息地：次生林、山地阔叶林、针阔混交林、城市公园。

行为：常成对或成小群活动，主要取食果实。

分布及种群数量：分布于我国黄河以南的大部分地区。广西除南部外，其他地区均有分布，种群数量一般，为留鸟。

| 1 | 2 | 3 | 4 | 5 | 6 | 7 | 8 | 9 | 10 | 11 | 12 |

黑头鹎 Black-headed Bulbul

Brachypodius atriceps

雀形目鹎科

鉴别特征：体长约 17 cm。全身多为黄绿色，头部黑色，眼睛为蓝色。两翼及尾羽偏黑，尾端明显黄色。

栖息地：各种森林，偶见在林缘地带活动。

行为：常成对或成小群活动，主要取食果实。

分布及种群数量：国内主要分布于云南南部。广西十万大山和岑王老山也有记录，极为少见，估计为罕见留鸟。

鉴别特征：体长约 20 cm。体羽橄榄色具细白色纵纹，头部具显眼的羽冠，下体密布浅黄色纵纹。

栖息地：阔叶林、沟谷灌丛、次生林。

行为：常成对或成小群活动，主要取食果实。

分布及种群数量：分布于我国西南地区。广西主要见于西南部和西北部，种群数量稀少，估计为罕见留鸟。

| 1 | 2 | 3 | 4 | 5 | 6 | 7 | 8 | 9 | 10 | 11 | 12 |

黑冠黄鹎　Black-crested Bulbul

Pycnonotus melanicterus

雀形目鹎科

鉴别特征： 体长约 18 cm。全身大部分为黄绿色，头部黑色，具显眼的羽冠，眼周黄色。*johnsoni* 亚种喉部红色。

栖息地： 次生林、沟谷灌木、杂木林、针阔混交林。

行为： 常成对活动，主要取食果实。

分布及种群数量： 分布于我国西南地区。广西分布有 2 个亚种，*vantynei* 亚种主要见于广西西南部和西北部，*johnsoni* 亚种曾在百色和南宁观察到活动。种群数量一般，为留鸟。

johnsoni 亚种

vantynei 亚种

| 1 | 2 | 3 | 4 | 5 | 6 | 7 | 8 | 9 | 10 | 11 | 12 |

红耳鹎 Red-whiskered Bulbul

Pycnonotus jocosus

雀形目鹎科

鉴别特征：体长约 20 cm。上体偏褐色，黑色的羽冠极为明显，具红色耳斑。下体偏白色，臀部红色。亚成鸟无红色耳斑，臀部为黄色。

栖息地：开阔的次生林、林缘、灌丛和城市绿地等。

行为：常成对或成小群活动，杂食性。

分布及种群数量：分布于我国南方地区。广西各地均有分布，但以南部地区最为常见，为留鸟。

相似种：白喉红臀鹎。头部羽冠不太明显，不具红色耳斑，腰部偏白色。

亚成鸟

| 1 | 2 | 3 | 4 | 5 | 6 | 7 | 8 | 9 | 10 | 11 | 12 |

黄臀鹎 Brown-breasted Bulbul

Pycnonotus xanthorrhous

雀形目鹎科

鉴别特征：体长约 20 cm。上体大部分为灰褐色，头部具不突出的黑色羽冠，具一条较明显的灰褐色胸带。喉部洁白，臀部鲜黄色。*andersoni* 亚种背部颜色较淡，胸部横带淡而不显著。

栖息地：次生林和低矮灌木丛，也见于农田和村落附近。

行为：常成对或成小群活动，杂食性。

分布及种群数量：分布于我国黄河以南的大部分区域。广西分布有 2 个亚种，*xanthorrhous* 亚种见于偏西部地区，*andersoni* 亚种见于偏东部地区。在一些区域内较常见，为留鸟。

andersoni 亚种

白头鹎 Light-vented Bulbul

Pycnonotus sinensis

鉴别特征：体长约 19 cm。上体多为灰绿色，头顶黑色，翼橄榄绿色。喉部和下体大部偏白色。*sinensis* 亚种头枕部白色。

栖息地：开阔的次生林、林缘、灌丛和城市绿地等。

行为：常成对或成小群活动，杂食性。

分布及种群数量：分布于我国黄河以南的大部分地区。广西分布有 2 个亚种，*sinensis* 亚种最早记录于广西大部分地区，但其主要繁殖区已经退缩到柳州以北地区及梧州等地，为留鸟，但广西南部在冬季也可以观察到，为冬候鸟；*hainanus* 亚种原记录于广西南部，但现在其最北的分布区已经扩散至桂林市区，并有繁殖种群，为留鸟。白头鹎在广西较为常见，尤其是中部和北部地区，由于观察记录较多，其可能是受气候变化影响的真实案例，应对其进行长期监测。

sinensis 亚种

hainanus 亚种

亚成鸟

白喉红臀鹎   Sooty-headed Bulbul

Pycnonotus aurigaster

雀形目鹎科

鉴别特征：体长约 20 cm。上体灰褐色，头顶黑色，具不明显的羽冠，腰部偏白色。下体偏灰色，臀部红色。亚成鸟臀部偏黄色。

栖息地：开阔的次生林、林缘、灌丛和城市绿地等。

行为：常成对或成小群活动，杂食性。

分布及种群数量：分布于我国南方地区。广西各地均有分布，以南部地区较常见，为留鸟。

相似种：红耳鹎。头部冠羽更明显，具红色耳斑，腰部深褐色。

亚成鸟

1	2	3	4	5	6	7	8	9	10	11	12

雀形目鹎科

纹喉鹎　Stripe-throated Bulbul

Pycnonotus finlaysoni

鉴别特征：体长约 19 cm。上体多为绿色，头顶、颊部、额部及喉部均具黄色条纹，尾下覆羽鲜黄色。

栖息地：低地常绿、落叶混交林中次生林及林缘地带。

行为：常成对或成小群活动，杂食性。

分布及种群数量：国内主要分布于云南南部。广西靖西也有过记录，极少见，估计为罕见留鸟。

黄绿鹎 Flavescent Bulbul

Pycnonotus flavescens

鉴别特征：体长约 20 cm。上体多为橄榄绿色，头部偏灰色，具较短的黄白色眉纹和不明显的羽冠。下体灰褐色，臀部浅黄色。

栖息地：中海拔的常绿、落叶混交林及林缘地带。

行为：常成对或成小群活动，杂食性。

分布及种群数量：国内主要分布于云南南部和广西西南部。广西仅在靖西和那坡有分布记录，不算少见，为留鸟。

1	2	3	4	5	6	7	8	9	10	11	12

黄腹冠鹎　White-throated Bulbul

Alophoixus flaveolus

鉴别特征：体长 23 cm。上体橄榄绿色，头顶具尖而形态不规则的冠羽。下体柠檬黄色，白色喉部羽毛膨出较明显。

栖息地：中海拔的常绿、落叶混交林及林缘地带。

行为：常成对或成小群活动，杂食性。

分布及种群数量：见于我国西南地区。广西原无黄腹冠鹎的记录（周放等，2011），但郑光美（2017）认为广西西南部有分布，估计为罕见留鸟。由于黄腹冠鹎和白喉冠鹎较为相似，其在广西的分布区可能需要进一步调查。

相似种：白喉冠鹎。上体橄榄褐色，下体浅黄色。

| 1 | 2 | 3 | 4 | 5 | 6 | 7 | 8 | 9 | 10 | 11 | 12 |

白喉冠鹎 Pull-throated Bulbul

Alophoixus pallidus

雀形目鹎科

鉴别特征：体长约 23 cm。上体橄榄褐色，头顶具尖而形态不规则的冠羽。下体浅黄色，白色喉部羽毛膨出较明显。

栖息地：中低海拔的常绿、落叶混交林及林缘地带。

行为：常成对或成小群活动，杂食性。

分布及种群数量：见于我国西南地区及海南岛。广西很多林区都有分布，在西南部尤为常见，为留鸟。

相似种：黄腹冠鹎。上体橄榄绿色，下体柠檬黄色。

雀形目鹎科

灰眼短脚鹎　Grey-eyed Bulbul

Iole propinqua

鉴别特征：体长约 19 cm。上体偏橄榄色，具浅黄色短羽冠，眼圈为白色或浅灰色。下体偏皮黄色，尾下覆羽黄褐色。

栖息地：常绿、落叶混交林及林缘地带。

行为：常成对或成小群活动，杂食性。

分布及种群数量：见于我国西南地区。广西主要分布于西南部，较少见，为留鸟。

| 1 | 2 | 3 | 4 | 5 | 6 | 7 | 8 | 9 | 10 | 11 | 12 |

绿翅短脚鹎　Mountain Bulbul

Ixos mcclellandii

鉴别特征：体长约 24 cm。头部栗褐色，具不太明显的羽冠。两翼及尾羽偏绿色，腹部及臀部偏白色。

栖息地：常绿、落叶混交林及林缘地带。

行为：常成对或成小群活动，杂食性。

分布及种群数量：见于我国南方地区。广西各地均有分布，在保存完好的森林里较常见，为留鸟。

相似种：灰短脚鹎。尾羽暗褐色，喉部白色而无纵纹，胸部偏灰色。

雀形目鹎科

灰短脚鹎　Ashy Bulbul

Hemixos flavala

鉴别特征：体长约 20 cm。体羽多灰色，头顶深褐色，耳羽粉褐色，喉部白色，两翼橄榄绿黄色。

栖息地：中海拔的常绿、落叶混交林及林缘地带。

行为：常成对或成小群活动。

分布及种群数量：国内主要分布于云南。广西的柳州和靖西也有记录，极少见，为罕见留鸟。考虑到栗背短脚鹎的 *canipennis* 亚种曾长期被列入该种名下，且灰短脚鹎和绿翅短脚鹎形态较为相似，柳州的灰短脚鹎记录可能有误。

相似种：绿翅短脚鹎。尾羽绿色，喉部灰色并具白色纵纹，胸部偏棕色。

| 1 | 2 | 3 | 4 | 5 | 6 | 7 | 8 | 9 | 10 | 11 | 12 |

栗背短脚鹎　Chestnut Bulbul

Hemixos castanonotus

雀形目鹎科

鉴别特征：体长约 21 cm。上体栗褐色，头顶黑色，略具羽冠。翼褐色，具灰白色的羽缘。下体多白色。*canipennis* 亚种多为棕色，翼及尾羽无绿黄色羽缘。

栖息地：常绿、落叶混交林及林缘地带。

行为：常成对或成小群活动，杂食性。

分布及种群数量：见于我国南方地区。广西分布有 2 个亚种，*canipennis* 亚种见于大部分地区，*castanonotus* 亚种见于南部。在保存完好的森林里较为常见，为留鸟。

1	2	3	4	5	6	7	8	9	10	11	12

雀形目鹎科

黑短脚鹎　Black Bulbul

Hypsipetes leucocephalus

鉴别特征：体长约 24 cm。通体黑色，有些个体头部和颈部白色。喙和腿红色。*perniger* 亚种通体黑色，腹部不沾灰色。

栖息地：常绿、落叶混交林及林缘地带。冬季有时会在城市或乡村的斑块林地活动。

行为：常成群活动，有时可达上百只，杂食性。

分布及种群数量：见于我国南方地区。广西分布有 2 个亚种，*leucocephalus* 亚种见于大部分地区，*perniger* 亚种见于南部。在保存完好的森林里较为常见，为留鸟。

白头型

白头型

白头型

柳莺科 Phylloscopidae

小型食虫鸟类，包括之前的柳莺类和部分鹟莺类。喙细长，多种类上体绿色，下体偏黄色。常在树冠层活动，觅食叶间昆虫。本科鸟类外形差别较小，有些种类需要通过叫声来辅助识别。我国分布有2属50种，其中广西记录有2属25种。

褐柳莺 Dusky Warbler

Phylloscopus fuscatus

雀形目柳莺科

鉴别特征：体长约12 cm。上体褐色或灰褐色，白色或皮黄色的眉纹清晰，具暗褐色贯眼纹。颊部、喉部、胸部至腹部中央为白色，两胁及尾下覆羽淡褐色。上喙黑色，下喙基部黄色，端部黑色。

栖息地：各种林地和灌丛，冬季在公园内亦有分布。

行为：性活泼，好跳动，较少上高树，多单独或成对活动，主要觅食昆虫。

分布及种群数量：繁殖于我国东北及华北地区，在华南地区越冬。广西各地均有分布，较常见，为冬候鸟。

相似种：巨嘴柳莺。喙较粗厚，上喙略上拱，眉纹前端偏黄后端偏白。

| 1 | 2 | 3 | 4 | 5 | 6 | 7 | 8 | 9 | 10 | 11 | 12 |

华西柳莺 Alpine Leaf Warbler

Phylloscopus occisinensis

鉴别特征：体长约 11 cm。上体橄榄绿色，具长而粗的黄色眉纹和暗褐色贯眼纹。下体黄色，胸侧沾皮黄色，两胁及臀部沾橄榄色。上喙褐色，下喙偏黄。

栖息地：浓密的高山矮林和灌丛。

行为：性活泼，好跳动，较少上高树，多单独或成对活动，主要觅食昆虫。

分布及种群数量：繁殖于我国西南及华中地区，在华南地区越冬。广西很多地方都有分布，但不多见，多数为冬候鸟，但在桂北猫儿山高海拔地区有繁殖种群，为夏候鸟。

相似种：棕腹柳莺。腹部更偏棕色，眉纹较不清晰，耳羽斑驳与头顶相似，喙较短，下喙尖端较深。

棕腹柳莺　Buff-throated Warbler

Phylloscopus subaffinis

鉴别特征：体长约 11 cm。上体橄榄绿色，具长而粗的黄色眉纹和暗褐色贯眼纹，但眉纹前端稍模糊。下体棕黄色。喙褐色，仅下喙基偏黄色。

栖息地：浓密的高山矮林和灌丛。

行为：性活泼，好跳动，较少上高树，多单独或成对活动，主要觅食昆虫。

分布及种群数量：繁殖于我国华南及华中地区，在华南沿海和西南地区越冬。广西很多地方都有分布，但不多见，多数为夏候鸟，但在崇左一带为冬候鸟。

相似种：华西柳莺。腹部更偏黄色，眉纹较清晰，耳羽纯净与头顶不同，喙较尖长，下喙尖端与后面颜色一致。

| 1 | 2 | 3 | 4 | 5 | 6 | 7 | 8 | 9 | 10 | 11 | 12 |

鉴别特征： 体长约 12 cm。上体橄榄褐色，眉纹前端皮黄色，后端近白色。贯眼纹暗褐色。颊部及耳羽褐色，颏部、喉部近白色，下体余部为淡棕色，胸部具不明显的纵纹并延伸至腹部。喙深褐色，下喙基部粉色。

栖息地： 浓密的高山矮林和灌丛。

行为： 性活泼，好跳动，较少上高树，多单独或成对活动，主要觅食昆虫。

分布及种群数量： 繁殖于我国华北及华中地区，在华南地区越冬。广西很多地方都有分布，但较少见，为冬候鸟。

1	2	3	4	5	6	7	8	9	10	11	12

巨嘴柳莺 Radde's Warbler

Phylloscopus schwarzi

雀形目柳莺科

鉴别特征：体长约 13 cm。上体橄榄褐色，皮黄色的眉纹前端模糊后端清晰，具暗褐色贯眼纹。颏部和喉部为白色或灰白色，下体余部为淡棕褐色。喙深灰色，下喙基部黄色。

栖息地：地面或近地面的灌丛和矮树。

行为：性活泼，好跳动，较少上高树，多单独或成对活动，主要觅食昆虫。

分布及种群数量：繁殖于东北亚，在我国华南地区越冬。广西各地均有分布，但较褐柳莺少见，为冬候鸟。

相似种：褐柳莺。喙较尖长，上喙较平，眉纹前后均为皮黄色。

| 1 | 2 | 3 | 4 | 5 | 6 | 7 | 8 | 9 | 10 | 11 | 12 |

雀形目柳莺科

灰喉柳莺　Ashy-throated Warbler

Phylloscopus maculipennis

鉴别特征：体长约 10 cm。头部灰色，具明显的白色眉纹和模糊的顶冠纹，背部橄榄绿色，具一道淡黄色翼斑，腰部淡黄色。

栖息地：高海拔的森林和灌丛，冬季迁徙到低海拔地区。

行为：性活泼，好跳动，较少上高树，多单独或成对活动，主要觅食昆虫。

分布及种群数量：繁殖于我国西南地区，在低海拔地区越冬。广西仅见于与云南交界地区，极少见，为冬候鸟。

甘肃柳莺　Gansu Leaf Warbler

Phylloscopus kansuensis

雀形目柳莺科

鉴别特征：体长 10 cm。上体橄榄绿色，具较明显的顶冠纹，眉纹粗而白，腰部淡黄色较浅。翼上具两道淡黄色斑，第一道翼斑仅隐约可见。

栖息地：各种有林的生境。

行为：性活泼，好跳动，常与其他鸟类活动于树冠层，觅食昆虫。

分布及种群数量：繁殖于我国青海和甘肃，在西南地区越冬。广西仅见于靖西和那坡，较为少见，为冬候鸟。由于甘肃柳莺鉴定较为困难，经常需要依靠声音来帮助识别，但在与靖西和那坡交界的越南北部有准确的越冬记录，因此广西的记录应该比较可靠。

| 1 | 2 | 3 | 4 | 5 | 6 | 7 | 8 | 9 | 10 | 11 | 12 |

雀形目柳莺科

黄腰柳莺　Pallas's Leaf Warbler

Phylloscopus proregulus

鉴别特征：体长约 10 cm。上体橄榄绿色，具淡黄色顶冠纹，眉纹前半段柠檬黄色，后半段淡黄色或白色，腰部淡黄色。翼上具两道淡黄色斑。

栖息地：各种有林的生境。

行为：性活泼，好跳动，常与其他鸟类活动于树冠层，觅食昆虫。

分布及种群数量：繁殖于我国东北地区，在华南地区越冬。广西各地均有分布，很常见，为冬候鸟。另外，广西还有四川柳莺 *Phylloscopus forresti* 和云南柳莺 *Phylloscopus yunnanensis* 的越冬记录，考虑到这些柳莺与黄腰柳莺差别较小，根据观察很难确定种类，暂时先不收录。

相似种：黄眉柳莺。眉纹白色，顶冠纹无或不清晰，腰部灰褐色。

黄眉柳莺　Yellow-browed Warbler

Phylloscopus inornatus

雀形目柳莺科

鉴别特征： 体长约 11 cm。上体橄榄绿色，无顶冠纹或具不清晰的顶冠纹，眉纹多乳白色。翼上具两道淡黄色斑，三级飞羽具白色端斑。

栖息地： 各种有林的生境。

行为： 性活泼，好跳动，常与其他鸟类活动于树冠层，觅食昆虫。

分布及种群数量： 繁殖于我国东北地区，在华南地区越冬。广西各地均有分布，很常见，为冬候鸟。

相似种： 黄腰柳莺。眉纹前端黄后端白，顶冠纹清晰，腰部淡黄色。

| 1 | 2 | 3 | 4 | 5 | 6 | 7 | 8 | 9 | 10 | 11 | 12 |

极北柳莺 Arctic Warbler

Phylloscopus borealis

鉴别特征：体长约 12 cm。上体橄榄绿色偏灰绿色，具白色眉纹。翼表具一道不清晰的翼斑，也有部分个体无翼斑。下体白色沾黄色，胸侧至两胁淡灰绿色。上喙深灰色，下喙黄褐色。

栖息地：各种有林的生境。

行为：性活泼，好跳动，常与其他鸟类活动于树冠层，觅食昆虫。

分布及种群数量：繁殖于我国东北地区，在华南地区越冬。广西各地均有分布，较常见，为冬候鸟。

相似种：日本柳莺。上体羽色较鲜绿，下体偏黄。

| 1 | 2 | 3 | 4 | 5 | 6 | 7 | 8 | 9 | 10 | 11 | 12 |

日本柳莺 Japanese Leaf Warbler

Phylloscopus xanthodryas

鉴别特征： 体长约 12 cm。上体鲜绿色，具白色眉纹。翼表具一道不清晰的翼斑，也有部分个体无翼斑。下体显黄色，胸侧至两胁淡灰绿色。上喙深灰色，下喙黄褐色。

栖息地： 各种有林的生境。

行为： 性活泼，好跳动，常与其他鸟类活动于树冠层，觅食昆虫。

分布及种群数量： 繁殖于我国北方地区，在华南地区越冬。广西各地均有分布，较少见，为冬候鸟。

相似种： 极北柳莺。上体偏灰绿，下体偏白。

| 1 | 2 | 3 | 4 | 5 | 6 | 7 | 8 | 9 | 10 | 11 | 12 |

暗绿柳莺 Greenish Warbler

Phylloscopus trochiloides

鉴别特征：体长约 11 cm。上体灰绿色，眉纹淡黄色，具一道白色翼斑。下体白色，两胁皮黄色。上喙深灰色，下喙基部黄色或粉色，端部深色。

栖息地：中高海拔的针叶林和针阔混交林。

行为：性活泼，好跳动，常与其他鸟类活动于树冠层，觅食昆虫。

分布及种群数量：繁殖于我国西北地区和西南地区，在西南地区越冬。广西各地均有分布，但种群数量很少，为罕见冬候鸟。

相似种：双斑绿柳莺。上体较绿，具两道白色翼斑（部分个体仅一道），主要见于低海拔区域。

1	2	3	4	5	6	7	8	9	10	11	12

双斑绿柳莺　Two-barred Warbler

Phylloscopus plumbeitarsus

雀形目柳莺科

鉴别特征：体长约 12 cm。上体橄榄绿色，具黄白色眉纹和两道白色翼斑，但部分个体的第一道翼斑不清晰或不可见。下体白色，两胁和尾下覆羽均为淡黄色或灰色。上喙深灰色，下喙橙黄色。

栖息地：低海拔的有林地带。

行为：性活泼，好跳动，常与其他鸟类活动于树冠层，觅食昆虫。

分布及种群数量：繁殖于我国东北地区，在华南地区越冬。广西各地均有分布，沿海区域较常见，为冬候鸟。

相似种：暗绿柳莺。上体较灰绿，具一道白色翼斑，主要见于中高海拔山区。

| 1 | 2 | 3 | 4 | 5 | 6 | 7 | 8 | 9 | 10 | 11 | 12 |

鉴别特征： 体长约 12 cm。上体橄榄绿色，头部顶冠偏暗灰色，眉纹白色较宽，贯眼纹深褐色。两道翼斑为白色，但有时仅有一道翼斑或无翼斑。颏、喉、胸部及腹部中央为白色，胸侧、两胁和尾下覆羽为淡皮黄色或灰绿色。上喙深灰色，下喙粉色，喙端深色。跗跖淡粉色。

栖息地： 中低海拔的有林地带。

行为： 性活泼，好跳动，较少上高树，多单独或成对活动，主要觅食昆虫。

分布及种群数量： 繁殖于我国东北地区，迁徙经华南地区。广西主要见于沿海区域和中南部，较为少见，为旅鸟。

相似种： 广西分布的其他柳莺。腿部多为褐色或黑色，与淡脚柳莺的淡粉色不同。

| 1 | 2 | 3 | 4 | 5 | 6 | 7 | 8 | 9 | 10 | 11 | 12 |

冕柳莺　Eastern Crowned Warbler

Phylloscopus coronatus

雀形目柳莺科

鉴别特征：体长约 12 cm。上体橄榄绿色，头部偏灰色，具灰色顶冠纹和淡皮黄色眉纹，翼表有一道翼斑。下体白色，尾下覆羽为黄色。上喙深灰色，下喙黄褐色。

栖息地：中低海拔的有林地带。

行为：性活泼，好跳动，常与其他鸟类活动于树冠层，觅食昆虫。

分布及种群数量：繁殖于我国东北和华北地区，在华南地区越冬。广西各地均有分布，不算少见，为旅鸟，部分为冬候鸟。

相似种：极北柳莺、双斑绿柳莺、暗绿柳莺、淡脚柳莺。尾下覆羽与下体颜色几乎相同。

雀形目柳莺科

华南冠纹柳莺　Hartert's Leaf Warbler
Phylloscopus goodsoni

鉴别特征：体长约 11 cm。上体橄榄绿色，具黄色的眉纹和顶冠纹，翼表有两道黄白色翼斑。下体灰白色略染黄。上喙褐色，下喙肉色。

栖息地：中低海拔的阔叶林。

行为：性活泼，好跳动，常与其他鸟类活动于树冠层，觅食昆虫。

分布及种群数量：繁殖于我国华南地区。广西各地均有分布，保存完好的森林里较常见，为夏候鸟。另外，广西也有部分西南冠纹柳莺 *Phylloscopus reguloides* 和冠纹柳莺 *Phylloscopus claudiae* 的观察记录，考虑到与华南冠纹柳莺差别较小，暂时不收录这两种鸟类。

相似种：白斑尾柳莺。体色偏黄绿色，外侧尾羽白色面积较大。

白斑尾柳莺 Kloss's Leaf Warbler

Phylloscopus ogilviegranti

雀形目柳莺科

鉴别特征： 体长约 11 cm。上体为鲜艳的橄榄黄绿色，头顶橄榄绿色。顶冠纹淡黄色，眉纹淡黄色，贯眼纹暗绿色。两道翼斑为淡黄色或柠檬黄色。下体白色或淡黄色。外侧尾羽白色面积较大。

栖息地： 中低海拔的阔叶林。

行为： 性活泼，好跳动，常与其他鸟类活动于树冠层，觅食昆虫。

分布及种群数量： 繁殖于我国西南、华南和华中地区。广西主要见于中南部保存较好的森林，较为少见，可能也是因为未曾准确识别，为留鸟。

相似种： 华南冠纹柳莺。体色偏橄榄绿色，外侧尾羽白色面积较小。

1	2	3	4	5	6	7	8	9	10	11	12

黄胸柳莺 Yellow-vented Warbler

雀形目柳莺科

Phylloscopus cantator

鉴别特征：体长约 11 cm。上体橄榄绿色，具明显的黄色顶纹、眉纹和黑色侧冠纹。喉部、上胸部及尾下覆羽黄色，与下体其他部位的白色不同。

栖息地：海拔较高的森林或竹林。

行为：性活泼，好跳动，常与其他鸟类活动于树冠层，觅食昆虫。

分布及种群数量：分布于我国西南地区。广西仅记录于那坡老虎跳自然保护区，估计为罕见留鸟。

| 1 | 2 | 3 | 4 | 5 | 6 | 7 | 8 | 9 | 10 | 11 | 12 |

灰岩柳莺　Limestone Leaf Warbler

Phylloscopus calciatllis

雀形目柳莺科

鉴别特征：体长约 11 cm。上体为橄榄绿色，顶冠纹淡黄色，柠檬黄色的眉纹较宽，侧冠纹暗绿色，贯眼纹暗绿色，两道翼斑淡黄色。颊、颏、喉部至上胸为柠檬黄色，下胸部及腹部灰白色，尾下覆羽黄色。

栖息地：喀斯特森林。

行为：性活泼，好跳动，常与其他鸟类活动于树冠层，觅食昆虫。

分布及种群数量：2010 年在越南和老挝发现的鸟类新种。广西西南部石灰岩森林也有分布，较常见，为留鸟。由于与黑眉柳莺极为相似，所以其在广西的分布尚需进一步调查。

相似种：黑眉柳莺。上体偏绿，下体偏黄，侧冠纹略染灰色。

黑眉柳莺 Sulphur-breasted Warbler

Phylloscopus ricketti

雀形目柳莺科

鉴别特征：体长约 11 cm。上体为鲜艳的橄榄绿色，顶冠纹淡黄色或黄绿色，眉纹柠檬黄色，侧冠纹黑色，贯眼纹暗绿色或近黑色，两道翼斑淡黄色。下体为鲜亮的柠檬黄色。上喙深灰色，下喙橙黄色。

栖息地：中低海拔的森林及林缘灌丛。

行为：性活泼，好跳动，常与其他鸟类活动于树冠层，觅食昆虫。

分布及种群数量：繁殖于我国华中及华南地区。广西各地均有分布，不算常见，为夏候鸟。由于与灰岩柳莺极为相似，所以其在广西的分布尚需进一步调查。

相似种：灰岩柳莺。上体偏褐色，下体偏黄褐色，侧冠纹不染灰色。

白眶鹟莺 White-spectacled Warbler

Seicercus affinis

雀形目柳莺科

鉴别特征： 体长约 11 cm。上体橄榄绿色，具灰色顶冠纹和黑色侧冠纹，头侧灰色。具一道白色翼斑，下体柠檬黄色。广西分布的亚种眼圈黄色，眼圈上方间断。

栖息地： 中低海拔的山地阔叶林和竹林、灌丛。

行为： 性活泼，好跳动，常与其他鸟类活动于树冠层，觅食昆虫。

分布及种群数量： 繁殖于我国西南及东南地区。广西仅见于西南部和西北部保存较好的森林，很少见，为罕见留鸟。

相似种： 比氏鹟莺，眼圈上方不中断，颊部偏橄榄绿色；灰冠鹟莺，眼圈后方变细中断，颊部偏橄榄绿色。

灰冠鹟莺 Grey-crowned Warbler

Seicercus tephrocephalus

鉴别特征：体长约 11 cm。上体橄榄绿色，顶冠纹灰色，侧冠纹黑色，止于额上。具明显的黄色眼圈，眼圈在后段变细而断开。有些个体具一道黄色的翼斑。颊部橄榄绿色，下体柠檬黄色。

栖息地：次生林和灌木林。

行为：性活泼，好跳动，常与其他鸟类活动于树冠层，觅食昆虫。

分布及种群数量：繁殖于我国西南地区，越冬区域不详。广西在 2018 年才记录于北海，可能为旅鸟，有待进一步调查。

相似种：白眶鹟莺，眼圈上方中断，颊部偏灰色；比氏鹟莺，眼圈后方不中断。

比氏鹟莺　Bianchi's Warbler

Seicercus valentine

鉴别特征：体长约 11 cm。上体橄榄绿色，顶冠纹灰色，侧冠纹黑色，止于额上。具有明显的黄色眼圈。有些个体具一道黄色翼斑。颊部橄榄绿色，下体柠檬黄色。

栖息地：中海拔地区的阔叶林、竹林和灌丛。

行为：性活泼，好跳动，常与其他鸟类活动于树冠层，觅食昆虫。

分布及种群数量：繁殖于我国中部及南方地区。广西各地均有分布，在北部高海拔地区为夏候鸟，其他地区为冬候鸟或旅鸟。

相似种：白眶鹟莺，眼圈上方中断，颊部偏灰色；灰冠鹟莺，眼圈后方变细中断。

1	2	3	4	5	6	7	8	9	10	11	12

雀形目柳莺科

灰脸鹟莺　Grey-cheeked Warbler

Seicercus poliogenys

鉴别特征： 体长约 10 cm。上体橄榄绿色，头顶及头侧为灰色，具模糊的黑色侧冠纹。眼圈白色，在上方间断。具一道灰白色翼斑。颏部灰白色，下体柠檬黄色。

栖息地： 中海拔的林地。

行为： 性活泼，好跳动，常与其他鸟类活动于树冠层，觅食昆虫。

分布及种群数量： 繁殖于我国西南地区。广西仅见于西南部保存较好的森林，为罕见留鸟，也可能为冬候鸟。

1	2	3	4	5	6	7	8	9	10	11	12

栗头鹟莺 Chestnut-crowned Warbler

Seicercus castaniceps

鉴别特征：体长约 10 cm。上体橄榄绿色，前额至头顶栗棕色，具黑色侧冠纹和完整的灰白色眼圈，有两道黄色翼斑。下体上部灰色，腹部、腰部和尾下覆羽均为柠檬黄色。*sinensis* 亚种腹部灰黄色。

栖息地：中低海拔的阔叶林，有时也到城市园林里活动。

行为：性活泼，好跳动，常与其他鸟类活动于树冠层，觅食昆虫。

分布及种群数量：繁殖于我国黄河以南大部分区域。广西不算少见，分布有 2 个亚种，*laurentei* 亚种见于广西西部，为夏候鸟；*sinensis* 亚种见于全区大部分地区，为冬候鸟。

相似种：宽嘴鹟莺。无黑色的侧冠纹和白色的眼圈。

树莺科 Cettiidae

根据分子系统分类成立的新科，包括传统的树莺类和部分鹟莺类及近缘种。体形一般较小的食虫鸟类，多数为褐色，尾羽长度适中，但部分种类尾羽又特别短，多栖息于灌丛生境。我国分布有 8 属 19 种，其中 8 属 15 种见于广西。

雀形目树莺科

黄腹鹟莺 Yellow-bellied Warbler

Abroscopus superciliaris

鉴别特征： 体长约 10 cm。上体黄绿色，头部灰色，具明显的白色眉纹和暗灰色贯眼纹。颏部、喉部均为白色，下体柠檬黄色。

栖息地： 低海拔的竹林及次生林。

行为： 喜竹林生境，在树林的中上层活动，常使用其他鸟类做的洞穴营巢。

分布及种群数量： 分布于我国西南地区。广西主要见于西南部，不算少见，为留鸟。

| 1 | 2 | 3 | 4 | 5 | 6 | 7 | 8 | 9 | 10 | 11 | 12 |

棕脸鹟莺 Rufous-faced Warbler

Abroscopus albogularis

雀形目树莺科

鉴别特征： 体长约 10 cm。上体橄榄绿色，具栗棕色顶冠纹和黑色侧冠纹，头侧栗棕色。额部白色或淡黄色，喉部白色且具黑色细纵纹，胸部略带黄绿色或淡黄色，腹部白色，腰部淡黄色。

栖息地： 中低海拔的阔叶林和竹林。

行为： 性活泼，好跳动，常与其他鸟类活动于树冠层，觅食昆虫。

分布及种群数量： 分布于我国黄河以南的地区。广西山区的阔叶林和竹林多有分布，不算少见，为留鸟。

黑脸鹟莺 Black-faced Warbler

Abroscopus schisticeps

鉴别特征：体长约 10 cm。上体橄榄绿色，头顶至后颈部灰色，眉纹、额基、颊部和喉部黄色，眼先、眼周和颊部黑色，耳羽和颈部灰色，胸部灰色，腹部白色，尾下覆羽黄色。

栖息地：中海拔的山地常绿阔叶林、竹林和灌丛。

行为：性活泼，好跳动，常与其他鸟类活动于树冠层，觅食昆虫。

分布及种群数量：分布于我国西南地区。广西仅记录于龙州，极少见，为留鸟。

1	2	3	4	5	6	7	8	9	10	11	12

栗头织叶莺 Mountain Tailorbird

Phyllergates cuculatus

雀形目树莺科

鉴别特征：体长约 12 cm。上体橄榄绿色，前额和头顶均为栗色，具不太明显的黄色眉纹。颏部、喉部及上胸部灰白色，下胸及腹部金黄色。

栖息地：山区的森林，冬季也到城市有树的地方活动。

行为：性活泼，好跳动，多单独或成对活动，主要觅食昆虫。

分布及种群数量：分布于我国南方地区。广西各地均有分布，不算少见，为留鸟。

宽嘴鹟莺　Broad-billed Warbler

Tickellia hodgsoni

雀形目树莺科

鉴别特征：体长约 10 cm。上体深橄榄绿色，前额至头顶栗色，具白色眉纹和深褐色贯眼纹。颏部、喉部、胸部均为灰色，下体余部为柠檬黄色。

栖息地：中海拔林地。

行为：性活泼，好跳动，多单独或成对活动，主要觅食昆虫。

分布及种群数量：分布于我国西南地区。广西仅见于龙州和岑王老山，极少见，为留鸟。

相似种：栗头鹟莺。具黑色侧冠纹和白色眼圈。

1	2	3	4	5	6	7	8	9	10	11	12

短翅树莺　Japanese Bush Warbler

Horornis diphone

鉴别特征：体长约 15 cm。上体橄榄褐色，具白色宽眉纹。颊部、喉部白色。两胁、下腹和尾下覆羽均为皮黄色。上喙深色，下喙黄褐色。

栖息地：阔叶林、竹林、灌丛、草丛。

行为：性活泼，好跳动，较少上高树，多单独或成对活动，主要觅食昆虫。

分布及种群数量：繁殖于我国东北地区，在我国东部越冬。广西的记录不多，较为少见，为冬候鸟。

相似种：远东树莺。体形稍大，整体偏棕褐色。

1	2	3	4	5	6	7	8	9	10	11	12

远东树莺　Manchurian Bush Warbler
Horornis canturians

鉴别特征：体长约 17 cm。上体多棕褐色，具白色宽眉纹。颈部、喉部白色。两胁、下腹和尾下覆羽皮黄色。上喙深色，下喙黄褐色。

栖息地：低海拔的林地或灌丛。

行为：性活泼，好跳动，较少上高树，多单独或成对活动，主要觅食昆虫。

分布及种群数量：繁殖于我国东北和华北地区，在我国南方地区越冬。广西各地均有分布，不算少见，为冬候鸟。

相似种：短翅树莺。体形稍小，整体偏橄榄褐色。

| 1 | 2 | 3 | 4 | 5 | 6 | 7 | 8 | 9 | 10 | 11 | 12 |

强脚树莺　Brownish-flanked Bush Warbler

Hororrnis fortipes

鉴别特征：体长约 11 cm。上体棕褐色，具不太明显的淡皮黄色眉纹和黑褐色贯眼纹。额部、喉部、胸部、两胁均为淡黄褐色，腹部白色。上喙深褐色，下喙基部黄色，喙端深色。

栖息地：中低海拔地区的林地、灌丛和林缘地带等。

行为：多单独或成对在地面和林下活动，性隐蔽，主要觅食昆虫，叫声独特响亮。

分布及种群数量：见于我国黄河以南地区。广西各地均有分布，较常见，为留鸟。

相似种：黄腹树莺。上体褐色，腹部多黄色，鸣声似昆虫。

1	2	3	4	5	6	7	8	9	10	11	12

黄腹树莺 Yellowish-bellied Bush Warbler

Horornis acanthizoides

鉴别特征： 体长约 11 cm。上体全褐色，具淡皮黄色眉纹和黑褐色贯眼纹。颏部、喉部、胸部均为灰白色，腹部和两胁皮黄色。上喙深色，下喙黄褐色。

栖息地： 中高海拔的阔叶林、竹林和灌丛。

行为： 多单独或成对在林下活动，善鸣唱，活泼好动，性隐蔽，觅食昆虫。

分布及种群数量： 见于我国黄河以南地区。广西各地均有分布，不算常见，为留鸟。

相似种： 强脚树莺。上体棕褐色，腹部多白色，鸣声响亮。

灰腹地莺　Grey-bellied Tesia

Tesia cyaniventer

鉴别特征：体长约 9 cm。头顶和上体橄榄绿色，具黄绿色眉纹和黑色贯眼纹。下体灰色，尾羽甚短。

栖息地：不同海拔的林地和灌丛及溪流附近。

行为：性隐蔽，单独或成对活动，在地面觅食昆虫。

分布及种群数量：分布于我国西南地区。广西各地林区均有分布，但不多见，为留鸟。

相似种：金冠地莺。头顶至枕部金黄色，与背部差别明显，不具眉纹。

1	2	3	4	5	6	7	8	9	10	11	12

金冠地莺 Slaty-bellied Tesia
Tesia olivea

鉴别特征：体长约 9 cm。头顶至枕部为金黄色，上体橄榄绿色，具黑色贯眼纹。下体灰色，尾羽甚短。

栖息地：海拔较高地区溪流附近的森林或浓密灌丛。

行为：性隐蔽，单独或成对活动，在地面觅食昆虫。

分布及种群数量：分布于我国西南地区。广西仅记录于百色、金秀和龙州，极少见，为留鸟。金冠地莺与灰腹地莺外形极为相似，特征也曾有所混淆，因此其在广西的分布和种群可能需要进一步调查。

相似种：灰腹地莺。头顶至枕部为橄榄绿色，与背部差别不明显，具眉纹，下体灰色较浅。

| 1 | 2 | 3 | 4 | 5 | 6 | 7 | 8 | 9 | 10 | 11 | 12 |

大树莺 Chestnut-crowned Bush Warbler

Cettia major

雀形目树莺科

鉴别特征：体长约 13 cm。上体橄榄褐色，具棕色的顶冠和眼先，眉纹黄白色。下体偏灰白色，两侧颜色较深。

栖息地：海拔较高的森林或灌丛地带。

行为：常单独在灌丛里觅食昆虫。

分布及种群数量：繁殖于我国西南地区。在广西西北部的南丹县偶见越冬个体，估计为冬候鸟。

栗头树莺 Chestnut-headed Tesia

Cettia castaneocoronata

鉴别特征：体长约 10 cm。上体绿色，头部、枕部及颈背部均为栗色，眼上后方有一白点。下体多为黄色，尾极短。

栖息地：海拔较高地区溪流附近的森林或浓密灌丛。

行为：性活泼，好跳动，多单独或成对活动，主要觅食昆虫。

分布及种群数量：分布于我国西南地区。广西仅见于南丹和天峨，极少见，为留鸟。

鳞头树莺 Asian Stubtail

Urosphena squameiceps

雀形目树莺科

鉴别特征： 体长约 9 cm。上体和头顶为褐色，头顶具鳞状斑纹，具长而宽的淡皮黄色眉纹和深褐色贯眼纹。下体近白色，两胁和尾下覆羽均为淡褐色，尾极短。

栖息地： 低海拔地区的林下地面和灌丛。

行为： 性活泼，好跳动，多单独或成对活动，主要觅食昆虫。

分布及种群数量： 繁殖于我国东北地区，在华南地区越冬。广西各地均有分布，不算少见，为冬候鸟。

1	2	3	4	5	6	7	8	9	10	11	12

淡脚树莺　Pale-footed Bush Warbler
Hemitesia pallidipes

雀形目树莺科

鉴别特征：体长约 12 cm。上体和头顶为橄榄褐色，具皮黄色的眉纹。下体白色，两胁和尾下覆羽皮黄色。喙褐色，脚粉红色。

栖息地：低海拔地区的草丛、灌丛、林缘和农田等。

行为：性隐蔽，较少飞行，多单独或成对活动，主要觅食昆虫。

分布及种群数量：分布于我国西南和华南地区。广西最早并无该种的记录，但其实中部和南部地区都有分布，向北可达环江县，不算少见，为留鸟。

| 1 | 2 | 3 | 4 | 5 | 6 | 7 | 8 | 9 | 10 | 11 | 12 |

长尾山雀科 Aegithalidae

小型鸣禽，与山雀相似，曾被列入山雀科，但凸形尾较山雀科鸟类长。以昆虫为食，常成群活动于森林之中。我国分布有 2 属 8 种，广西仅有 1 属 1 种。

红头长尾山雀　Black-throated Bushtit

Aegithalos concinnus

雀形目长尾山雀科

鉴别特征： 体长约 10 cm。头顶及颈背部为棕色，具宽而黑的贯眼纹。下体多白色，喉部具有明显的黑色块斑，胸带及两胁为栗色。*talifuensis* 亚种胸带和两胁栗色较暗，胸带较窄。

栖息地： 开阔的人工林、天然林及城市公园和村庄的有林地带。

行为： 常结大群或与其他种类混群在林间穿梭，捕食昆虫。

分布及种群数量： 分布于我国华南及华中地区。广西分布有 2 个亚种，*concinnus* 亚种见于广西大部分地区，*talifuensis* 亚种见于西南部的靖西、那坡、大新和龙州。均较常见，为留鸟。

亚成体

talifuensis 亚种

concinnus 亚种

talifuensis 亚种

| 1 | 2 | 3 | 4 | 5 | 6 | 7 | 8 | 9 | 10 | 11 | 12 |

莺鹛科 Sylviidae

根据分子分类学新成立的科，包括一些鹛类、鸦雀和一些莺类。体形较小或中等大小，喙通常粗短，羽色一般不鲜艳，翼短圆，不迁徒。主要分布在亚洲，我国分布有 14 属 37 种，其中 6 属 10 种见于广西。

雀形目莺鹛科

金胸雀鹛 Golden-breasted Fulvetta

Lioparus chrysotis

鉴别特征： 体长约 11 cm，体形较小的鹛类。体羽较为鲜艳，头部偏黑色，耳羽和顶纹为白色。下体黄色，翼及尾羽具黄色羽缘。

栖息地： 海拔较高的森林、灌丛和竹林中。

行为： 常与其他鸟类混群，在森林中下层觅食昆虫。

保护级别： 国家 II 级重点保护野生动物。

分布及种群数量： 见于我国西南、华南和华中地区。广西北部和中部海拔较高的森林均有分布，不算多见，为留鸟。

1	2	3	4	5	6	7	8	9	10	11	12

褐头雀鹛　Streak-throated Fulvetta

Fulvetta cinereiceps

雀形目莺鹛科

鉴别特征： 体长约 12 cm，体形较小的鹛类。体羽多褐色，头与身体的颜色会有所变化，喉部灰色具黑色细纹，初级飞羽羽缘灰白色。*tonkinensis* 亚种顶冠烟褐色，具黑色侧顶纹。

栖息地： 海拔较高的森林、灌丛和竹林中。

行为： 常成群活动，在森林下层觅食昆虫。

分布及种群数量： 见于我国华南、华中及西南等地。广西有 2 个亚种，*fucata* 亚种见于广西北部，在猫儿山山顶很常见；*tonkinensis* 亚种见于广西的崇左，极为罕见。均为留鸟。

金眼鹛雀　Yellow-eyed Babbler

Chrysomma sinense

鉴别特征： 体长约 19 cm，体形中等的鹛类。上体棕褐色，下体几乎均为白色，臀部颜色变深。凸形尾羽长而明显，眼周橘红色。

栖息地： 浓密的灌丛和草丛中，尤喜靠近水源的位置。

行为： 多成小群活动，于靠近地面处觅食，有时会到高处鸣叫。

分布及种群数量： 见于我国云南、贵州、广东和广西。广西主要分布于红水河以南各县，都不多见，但适宜生境均有分布，为留鸟。

1	2	3	4	5	6	7	8	9	10	11	12

棕头鸦雀　Vinous-throated Parrotbill

Sinosuthora webbiana

雀形目莺鹛科

鉴别特征: 体长约 12 cm,整体粉褐色且各部位颜色对比不明显的鸦雀。头部到背部和腹部均为栗褐色,但颜色变浅,且具很细的纵纹。尾羽褐色。翼相对头部颜色深,为栗色。

栖息地: 林地边缘及村寨周边的农田旱地。

行为: 常集成大群在草丛中觅食种子。

分布及种群数量: 我国大部分地区都有分布。广西各地均有分布(可能不包括西部),不算少见,为留鸟。

相似种: 灰喉鸦雀。上下体颜色有较大差异,喉部颜色偏灰。

灰喉鸦雀　Ashy-throated Parrotbill

Sinosuthora alphonsiana

鉴别特征： 体长约 12.5 cm。头顶及翼均为栗色，与灰色的颊部和喉部对比明显。背部和腹部及尾部为褐色。

栖息地： 湿地芦苇丛中，灌丛。

行为： 成群活动，喜在禾本科植物上觅食种子。

分布及种群数量： 分布于我国西南部。广西分布于西北和西南地区，较为常见，为留鸟。广西原记录有 2 个亚种，但考虑到该种的地理分布，广西分布的应该只有 *yunnanensis* 亚种。

相似种： 棕头鸦雀。上下体颜色差异较小，喉部颜色偏栗色。

黑喉鸦雀　Black-throated Parrotbill
Suthora nipalensis

雀形目莺鹛科

鉴别特征： 体长约 11.5 cm。色彩艳丽，具黑色眉纹及喉部。头顶及背部棕黄色。脸侧沾黑色，有白色"八"字胡子。翼棕黄色并具长条状黑色和白色。腹部白色。

栖息地： 海拔 800 m 以上的常绿阔叶林。

行为： 常结群活动于灌丛及竹丛觅食植物种子。

分布及种群数量： 国内分布于西藏和云南。郑光美（2017）认为广西西北部也有分布，考虑到其在云南的分布区，估计在广西西南部与云南交界的森林里有分布，为罕见留鸟。

相似种： 金色鸦雀。不具黑色眉纹。

金色鸦雀 Golden Parrotbill

Suthora verreauxi

鉴别特征： 体长约 11.5 cm。色彩艳丽，喉部黑色，头顶及背部均为棕黄色。翼棕黄色并具长条状黑色和白色。腹部白色。

栖息地： 海拔 800 m 以上的常绿阔叶林和混交林。

行为： 常结群活动于灌丛及竹丛觅食植物种子。

分布及种群数量： 国内分布于长江以南地区。广西见于兴安、资源和金秀等地的高海拔森林，适宜生境内较常见，为留鸟。

相似种： 黑喉鸦雀。具黑色眉纹。

鉴别特征：体长约 10 cm。头部单调黄褐色而无花纹，具黑色喉部，背部灰褐色。*tonkinensis* 亚种头部黄褐色更浓，喉部的黑色离灰色的胸部稍远。

栖息地：林缘灌丛及竹林。

行为：集小群活动，喜取食草籽或草本科植物茎内隐藏的虫子。

保护级别：国家 II 级重点保护野生动物。

分布及种群数量：国内点状分布于东南部和云南。广西最早记录于北部的猫儿山和桂林，为 *davidiana* 亚种。在钦州八寨沟也曾发现短尾鸦雀分布，应该为主要分布于越南北部的 *tonkinensis* 亚种。均较罕见，为留鸟。

tonkinensis 亚种

tonkinensis 亚种

tonkinensis 亚种

davidiana 亚种

1	2	3	4	5	6	7	8	9	10	11	12

灰头鸦雀 Grey-headed Parrotbill

Psittiparus gularis

鉴别特征：体长约 17 cm。唯一具灰色头部的大型鸦雀。具黑色长眉纹及喉部。背部和尾部褐色，与污白色的腹部、灰色的头部对比明显。喙为显眼的橙黄色。

栖息地：常绿阔叶林或混交林。

行为：结大群活动。多在树冠层觅食而很少在灌丛中活动。

分布及种群数量：国内分布于南方及西南地区。广西各地林区均有分布，不算少见，为留鸟。

| 1 | 2 | 3 | 4 | 5 | 6 | 7 | 8 | 9 | 10 | 11 | 12 |

点胸鸦雀　Spot-breasted Parrotbill

Paradoxornis guttaticollis

雀形目莺鹛科

鉴别特征: 体长约 18 cm,体形较大的鸦雀。头部红棕色,背部褐色,腹部污白,颊部的后下方具特征性的大块黑色斑点,胸部具倒 "V" 形黑色细纹,喙黄色。

栖息地: 灌丛、草丛或耕地附近。

行为: 结小群活动,性活泼,较吵闹,活动于芦苇及草丛中。

分布及种群数量: 分布于我国黄河以南的大部分地区。广西各地均有记录,但不常见,为留鸟。另外,广西西北部还记录有斑胸鸦雀 *Paradoxornis flavirostris*,考虑到该种只分布于西藏东南部,广西的记录可能为点胸鸦雀的误识。

1	2	3	4	5	6	7	8	9	10	11	12

绣眼鸟科 Zosteropidae

本科鸟类包括传统的绣眼类和部分凤鹛类，体形较小，喙较尖长，具羽冠或白色眼圈，常成群在树冠层活动。多数种类不迁徙。本科鸟类主要分布于东南亚，我国分布有2属12种，其中2属7种见于广西。

栗耳凤鹛 Striated Yuhina

Yuhina castaniceps

鉴别特征：体长约 13 cm，体形较小的鹛类。上体多灰色，头部具不太明显的灰色羽冠，颊部至后颈部为栗色，尾羽褐灰色，外侧尾羽具明显的白斑。

栖息地：森林或林缘地带，有时也到村寨附近活动。

行为：成群，有时可达 30 多只，性喧闹，在树冠层觅食昆虫或果实。

分布及种群数量：见于我国南方地区。广西各地均有分布，较为常见，为留鸟。

黄颈凤鹛 Whiskered Yuhina

Yuhinaflavicollis

雀形目绣眼鸟科

鉴别特征：体长约 13 cm，体形较小的鹛类。上体多褐色，具明显的褐色羽冠，羽冠后羽毛为灰色和黄褐色，具白色的眼圈。

栖息地：海拔较高的森林或林缘地带。

行为：成对或成小群在森林下层或灌丛觅食昆虫或果实。

分布及种群数量：分布于我国云南和西藏。广西曾在那坡县观察到其活动个体，较少见，为留鸟。

| 1 | 2 | 3 | 4 | 5 | 6 | 7 | 8 | 9 | 10 | 11 | 12 |

583

白领凤鹛　White-collared Yuhina

Yuhina diademata

鉴别特征：体长约 18 cm，体形中等的鹛类。体羽多烟褐色，具明显的羽冠，羽冠后具大块白斑，翼黑而边缘白。

栖息地：海拔较高的森林或林缘地带。

行为：成对或成小群在森林下层或灌丛觅食昆虫或果实。

分布及种群数量：见于我国西部地区。广西仅见于西部较高海拔地区，极为罕见，为留鸟。郑光美（2017）认为广西分布有 2 个亚种，但由于广西目前的白领凤鹛记录极少，该种在广西的亚种分布情况尚需进一步调查。

584　1　2　3　4　5　6　7　8　9　10　11　12

黑颏凤鹛　Black-chinned Yuhina

Yuhina nigrimenta

鉴别特征：体长约 11 cm，体形很小的鹛类。体羽多灰色，具不明显的羽冠，额部、眼先及颏上部均为黑色。

栖息地：阔叶林或林缘地带。

行为：性喧闹，成小群在森林冠层觅食昆虫或果实。

分布及种群数量：见于我国南方地区。广西各地均有分布，但以大明山和猫儿山较常见，为留鸟。

1	2	3	4	5	6	7	8	9	10	11	12

雀形目绣眼鸟科

红胁绣眼鸟　Chestnut-flanked White-eye
Zosterops erythropleurus

鉴别特征：体长约 12 cm。上体多呈黄绿色，眼周具一圈白色绒状短羽，眼先黑色。下体灰色，胁部栗红色。

栖息地：各种森林及城市和乡村的有林地带。

行为：单独或成对在树冠层觅食昆虫和果实。

保护级别：国家 II 级重点保护野生动物。

分布及种群数量：繁殖于我国东北地区，在华南及华中地区越冬。广西各地均有分布，较为少见，为旅鸟，部分为冬候鸟。

| 1 | 2 | 3 | 4 | 5 | 6 | 7 | 8 | 9 | 10 | 11 | 12 |

暗绿绣眼鸟　Japanese White-eye

Zosterops japonicus

鉴别特征： 体长约 11 cm。上体多呈黄绿色，眼周具一圈白色绒状短羽。下体灰色。额前偶尔会因食花而沾上黄色或红色。

栖息地： 各种森林及城市和乡村的有林地带。

行为： 成群在树冠层觅食昆虫和果实，有时也与其他鸟类混群。

分布及种群数量： 主要分布于我国黄河以南大部分地区。广西各地均有分布，非常常见，为留鸟。

相似种： 灰腹绣眼鸟。眼先黑色，腹部纯灰色，中间具不太明显的黄色斑纹。

沾花粉额部发红个体

| 1 | 2 | 3 | 4 | 5 | 6 | 7 | 8 | 9 | 10 | 11 | 12 |

灰腹绣眼鸟 Oriental White-eye

Zosterops palpebrosus

雀形目绣眼鸟科

鉴别特征：体长约 11 cm。上体多呈黄绿色，眼周具一圈白色绒状短羽，眼先黑色。下体灰色，腹中心具一道通常不太明显的柠檬黄色斑纹。额前常因食花而沾上黄色或红色。

栖息地：各种森林及城市和乡村的有林地带。

行为：成群在树冠层觅食昆虫和果实，有时也与其他鸟类混群。

分布及种群数量：主要分布于我国西南部。广西各地均有分布，西部估计稍多，但种群明显较暗绿绣眼鸟少见，为留鸟。

相似种：暗绿绣眼鸟。眼先黑色不显，腹部纯灰色。

| 1 | 2 | 3 | 4 | 5 | 6 | 7 | 8 | 9 | 10 | 11 | 12 |

林鹛科 Timaliidae

本科包括传统的栖息于旧大陆森林的鹛类。体形较小或中等大小，喙通常弯曲，适合在地面或树干上觅食。脚强健，在森林下层活动，不易观察到，只能通过其叫声发现。主要分布于东南亚及我国横断山脉，我国分布有 8 属 26 种，其中 6 属 13 种见于广西。

长嘴钩嘴鹛　Large Scimitar Babbler

Erythrogenys hypoleucos

雀形目林鹛科

鉴别特征：体长约 27 cm，体形较大的钩嘴鹛类。上体褐色，耳羽后方锈色。下体偏白，但胸侧及两胁均为烟褐色而具白色纵纹。

栖息地：森林，有时也到林缘灌丛活动。

行为：常单独或成对在地面活动，叫声响亮，但很少能见到鸟。

分布及种群数量：见于我国云南、广西和海南。广西仅见于西南部少数县份，种群数量一般，为留鸟。

斑胸钩嘴鹛 Black-streaked Scimitar Babbler
Eeythrogenys gravivox

鉴别特征： 体长约 24 cm，体形稍大的钩嘴鹛类。上体橄榄褐色，颊部棕色，胸部及喉部白色，胸部具灰色点斑及纵纹，两胁及尾下覆羽橙褐色。

栖息地： 森林，有时也到林缘灌丛活动。

行为： 常单独或成对在地面活动，主要以地面昆虫为食。

分布及种群数量： 见于我国西北、西南和华中地区。广西见于西北部，种群数量一般，为留鸟。由于之前斑胸钩嘴鹛的亚种较为相似，其在广西的分布和分类问题尚需进一步确认。

相似种： 华南斑胸钩嘴鹛。腹部和两胁偏灰色。

| 1 | 2 | 3 | 4 | 5 | 6 | 7 | 8 | 9 | 10 | 11 | 12 |

鉴别特征： 体长约 24 cm，体形稍大的钩嘴鹛类。上体栗褐色，颊部棕色，胸部及喉部白色，胸部具灰色点斑及纵纹，腹部和两胁灰色。

栖息地： 森林，有时也到林缘灌丛活动。

行为： 常单独或成对在地面活动，主要以地面昆虫为食。

分布及种群数量： 分布于我国华东和华南地区。广西见于除西北部以外的地区，以东北部的桂林、贺州等地较为常见，为留鸟。由于之前斑胸钩嘴鹛的亚种较为相似，其在广西的分布和分类问题尚需进一步确认。

相似种： 斑胸钩嘴鹛。腹部和两胁为橙褐色。

棕颈钩嘴鹛　Streaked-breasted Scimitar Babbler

Pomatorhinus ruficollis

鉴别特征：体长约 19 cm，体形稍小的钩嘴鹛类。体羽多褐色，具明显的白色眉纹。胸部及喉部白色，胸部具栗色纵纹。*recondittus* 亚种胸纹为深栗色，两胁橄榄褐色。

栖息地：森林、林缘和灌丛地带，有时也到农田活动。

行为：常单独或成对在地面活动，主要以地面昆虫为食。

分布及种群数量：见于我国黄河以南地区。广西分布有 2 个亚种，*hunanensis* 亚种见于广西绝大多数地区，*recondittus* 亚种见于靖西，均为森林常见留鸟。由于棕颈钩嘴鹛亚种较为相似，其在广西的分布和分类问题尚需进一步确认。

淡喉鹩鹛　Pale-throated Wren Babbler

Spelaeornis kinneari

雀形目林鹛科

鉴别特征：体长约 11 cm，体形较小而尾羽相对较长的鹛类。体羽多深褐色，具黑色鳞状斑，头侧灰色，喉部白色。

栖息地：森林和林缘地带。

行为：常单独在地面活动，性隐蔽，很少飞行。

保护级别：国家 II 级重点保护野生动物。

分布及种群数量：主要见于我国云南和四川等地。广西仅见于田林、靖西和融水等地，极罕见，为留鸟。

1	2	3	4	5	6	7	8	9	10	11	12

593

弄岗穗鹛　Nonggang Babbler

Stachyris nonggangensis

鉴别特征：体长约 16 cm，体形略小的鹛类。上体深褐色，颊部具明显的新月形白斑。喉部羽毛白色，具深褐色端斑。下体余部均为褐色。

栖息地：保存较好的喀斯特森林。

行为：成对或成小群活动，极少飞行，在落叶层翻拣无脊椎动物为食。

保护级别：国家 II 级重点保护野生动物。

分布及种群数量：2008 年才在广西弄岗国家级自然保护区发现的鸟类新种。广西只在龙州县、大新县和靖西市有分布，尤以龙州种群数量最为丰富，为留鸟。在越南北部也发现有弄岗穗鹛分布。

| 1 | 2 | 3 | 4 | 5 | 6 | 7 | 8 | 9 | 10 | 11 | 12 |

黑头穗鹛　Grey-throated Babbler

Stachyris nigriceps

鉴别特征：体长约 12 cm，体形较小的鹛类。体羽多橄榄褐色，头顶及颈部黑色，并具白色纵纹。白色和黑色的眉纹较明显，喉部及颏部均为灰色。

栖息地：森林和林缘地带。

行为：常成小群在森林中下层活动，以昆虫为食。

分布及种群数量：主要见于我国西藏、云南和广西等地。广西仅见于西南部的森林里，较为常见，为留鸟。

1	2	3	4	5	6	7	8	9	10	11	12

雀形目林鹛科

斑颈穗鹛　Spot-necked Babbler

Stachyris striolata

鉴别特征：体长约 16 cm，体形略小的鹛类。上体多为橄榄褐色，头顶及颈背部偏栗色，耳羽深灰色，颈侧具明显的黑白斑纹。

栖息地：森林和林缘地带。

行为：常成小群在森林地面活动，以昆虫和其他无脊椎动物为食。

分布及种群数量：主要见于我国云南、海南、广东和广西等地。广西见于西南部和中部的森林里，不算多见，为留鸟。

黄喉穗鹛　Buff-chested Babbler

Cyanoderma ambigua

雀形目林鹛科

鉴别特征：体长约 12 cm，体形较小的鹛类。体羽多褐色，顶冠棕色，喉部偏白色，具黑色细纹，下体多为淡皮黄色。

栖息地：森林、林缘和灌丛地带。

行为：常成对或小群在灌丛活动，以昆虫为食。

分布及种群数量：主要见于我国云南和广西等地。广西仅见于西南部，较为罕见，但也可能没有正确识别，为留鸟。

相似种：红头穗鹛。喉部黄色，下体黄色较重。

1	2	3	4	5	6	7	8	9	10	11	12

雀形目林鹛科

红头穗鹛　Rufous-capped Babbler
Cyanoderma ruficeps

鉴别特征：体长约 12 cm，体形较小的鹛类。体羽多褐色，顶冠棕色，喉部黄色，具黑色细纹，下体多为黄色。

栖息地：森林、林缘和灌丛地带，有时也到农田活动。

行为：常成对或小群在灌丛活动，以昆虫为食。

分布及种群数量：主要见于我国华中和长江以南地区。广西各地均有分布，为常见留鸟。

相似种：黄喉穗鹛。喉部白色，下体相对偏黄褐色。

| 1 | 2 | 3 | 4 | 5 | 6 | 7 | 8 | 9 | 10 | 11 | 12 |

金头穗鹛 Golden Babbler

Cyanoderma chrysaea

雀形目林鹛科

鉴别特征: 体长约 12 cm,体形较小的鹛类。体羽多为黄橄榄色,金黄色的顶冠具黑色细纹,眼先黑色,下体黄色。

栖息地: 森林、林缘和灌丛地带。

行为: 常成对或小群在灌丛活动,以昆虫为食。

分布及种群数量: 主要见于我国西南地区。广西仅见于西南部,较罕见,为留鸟。

1	2	3	4	5	6	7	8	9	10	11	12

纹胸鹛　Striped Tit Babbler

Mixornis gularis

鉴别特征：体长约 13 cm，体形较小的鹛类。上体橄榄褐色，头顶深棕色，眉纹黄色。下体黄色，喉部及胸部具细的黑色纵纹。虹膜乳白色。

栖息地：森林、竹林和林缘地带，有时也到村庄或农田附近活动。

行为：成小群活动，经常跟随或带领其他鸟类形成鸟浪，在森林下层觅食。

分布及种群数量：见于我国云南和广西。广西仅在西南部有分布，很常见，为留鸟。

1	2	3	4	5	6	7	8	9	10	11	12

红顶鹛 Chestnut-capped Babbler

Timalia pileata

鉴别特征： 体长约 17 cm，体形中等的鹛类。上体红褐色，顶冠红色，额部白色，具黑色的细眉纹。胸部及喉部白色，具黑色细纹，腹部灰色。

栖息地： 浓密的灌丛和草丛中，尤喜靠近水源的位置。

行为： 多成小群活动，于靠近地面处觅食。

分布及种群数量： 见于我国南方地区。广西主要分布于红水河以南各县，均不多见，但适宜生境均有分布，为留鸟。

亚成鸟

1	2	3	4	5	6	7	8	9	10	11	12

幽鹛科 Pellorneidae

根据分子系统分类独立出来的新的鸟类科，包括旧大陆分布的鹛类及原来的大草莺。体形和颜色差别较大，习性也各不同。主要分布于亚洲，中国分布有9属18种，其中6属12种见于广西。

雀形目幽鹛科

金额雀鹛 Golden-fronted Fulvetta
Schoeniparus variegaticeps

鉴别特征： 体长约 11 cm，体形较小的鹛类。体羽较为鲜艳，额部、翼及尾羽外侧为金黄色，顶冠和颈背偏栗色，具黑色的髭纹和翼斑。

栖息地： 海拔较高的森林、灌丛和竹林中。

行为： 常成对活动，有时与其他鸟类混群，在森林中下层觅食昆虫。

保护级别： 国家Ⅰ级重点保护野生动物。

分布及种群数量： 见于我国四川和广西。广西北部和中部海拔较高的森林均有分布，较为少见，为留鸟。

栗头雀鹛　Rufous-winged Fulvetta

Schoeniparus castaneceps

雀形目幽鹛科

鉴别特征：体长约 11 cm，体形较小的鹛类。体羽多褐色，顶冠棕色，具黑色的髭纹和眼后纹。初级飞羽羽缘棕色，覆羽黑色形成翼斑。

栖息地：海拔较高的森林、灌丛和竹林中。

行为：常成群活动，在森林中下层觅食昆虫。

分布及种群数量：见于我国甘肃、西藏和云南等地。广西记录于北部和中部地区，但近年来一直没有准确的观察记录。考虑到广西与栗头雀鹛的已知分布区距离较远，其在广西的分布可能需要进一步调查，估计为留鸟。

| 1 | 2 | 3 | 4 | 5 | 6 | 7 | 8 | 9 | 10 | 11 | 12 |

雀形目幽鹛科

褐胁雀鹛　Rusty-capped Fulvetta

Schoeniparus dubius

鉴别特征：体长约 15 cm，体形略小的鹛类。体羽多褐色，顶冠棕色，具显著的白色眉纹和黑色侧冠纹。

栖息地：海拔较高的森林、林缘、灌丛和竹林中。

行为：常成对活动，在森林下层和地面觅食昆虫。

分布及种群数量：见于我国西南和华中地区。广西主要分布于西部各县，不算少见，为留鸟。

| 1 | 2 | 3 | 4 | 5 | 6 | 7 | 8 | 9 | 10 | 11 | 12 |

褐顶雀鹛　Dusky Fulvetta

Schoeniparus brunneus

鉴别特征：体长约 13 cm，体形较小的鹛类。体羽多为褐色，顶冠棕褐色，具不太明显的黑色侧冠纹，与灰色的脸部形成较大的对比。

栖息地：常绿或落叶阔叶林的下层。

行为：常成对活动，在森林下层和地面觅食昆虫。

分布及种群数量：见于我国华中和南方地区。广西主要分布于北部、中部和西南部，较少见，为留鸟。

1	2	3	4	5	6	7	8	9	10	11	12

褐脸雀鹛 Brown-cheeked Fulvetta
Alcippe poioicephala

鉴别特征： 体长约 16 cm，体形略小的鹛类。上体多为橄榄褐色，头顶及颈背为灰色，具不太明显的黑色长眉纹。

栖息地： 海拔较低的常绿阔叶林的下层。

行为： 常与其他鸟类混群，在森林下层觅食昆虫。

分布及种群数量： 见于我国西南部。广西仅见于宁明和龙州，极少见，为留鸟。由于与灰眶雀鹛较为相似，其在广西的分布可能会有所忽略。

相似种： 灰眶雀鹛。眼圈白色，脸部与头顶均为灰色。

606 | 1 | 2 | 3 | 4 | 5 | 6 | 7 | 8 | 9 | 10 | 11 | 12

灰眶雀鹛　Grey-cheeked Fulvetta

Alcippe morrisonia

雀形目幽鹛科

鉴别特征： 体长约 14 cm，体形较小的鹛类。上体多为橄榄褐色，头部为灰色，具白色的眼圈，有些地方的种群具不太明显的黑色侧冠纹。

栖息地： 海拔较低处森林的下层。

行为： 常与其他鸟类混群，并带领它们在森林下层觅食昆虫。

分布及种群数量： 见于我国华中和南方地区。广西记录分布有 3 个亚种，*schaefferi* 分布于广西西部，*davidi* 亚种分布于广西北部，*hueti* 亚种分布于广西东部。灰眶雀鹛在广西分布很普遍，为常见留鸟。据观察，广西各地各亚种之间差别不大，因此灰眶雀鹛在广西分布的亚种情况尚需进一步研究。

相似种： 褐脸雀鹛。眼圈不明显，脸部与头顶颜色不同。

短尾鹩鹛 Streaked Wren-Babbler

Turdinus brevicaudata

鉴别特征：体长约 15 cm，体形稍小的鹛类。体羽多为褐色，上体大部具深色的鳞状斑，具显著的黄白色眉纹，翼上具一道白色点斑。

栖息地：喀斯特地区的森林、林缘和灌丛地带，偶尔也在非喀斯特地区活动。

行为：常单独或成对在地面活动，很少飞行，主要以地面昆虫为食。

分布及种群数量：见于我国云南、贵州和广西。广西主要分布于西部各县，以西南部较常见，为留鸟。

纹胸鹪鹛　Eyebrowed Wren-Babbler

Napothera epilepidota

雀形目幽鹛科

鉴别特征：体长约 11 cm，体形很小的鹛类。体羽多为褐色，上体具深色鳞状斑，翼上具白色点斑，喉部具黑色纵纹，但不太明显。

栖息地：茂密的森林地面。

行为：常单独或成对在地面活动，很少飞行，主要以地面昆虫为食。

分布及种群数量：见于我国云南和广西。广西分布有 2 个亚种，*amyae* 亚种见于广西西南部，*delacouri* 亚种见于广西瑶山，均为罕见留鸟。由于之前纹胸鹪鹛大陆种群被认为只有一个亚种，因此纹胸鹪鹛在广西的亚种分布可能需要进一步调查。

1	2	3	4	5	6	7	8	9	10	11	12

白腹幽鹛 Spot-throated Babbler

Pellorneum albiventre

雀形目幽鹛科

鉴别特征：体长约 14 cm，体形较小的鹛类。体羽多为橄榄褐色，头侧偏灰，喉部白色但具不明显的褐色纹。下体皮黄色，中间白色，但不太明显。

栖息地：森林或林缘地带，有时也到灌丛活动。

行为：常单独或成对在地面活动，主要以地面昆虫为食。

分布及种群数量：见于我国西南地区。广西最早只记录于西北部少数地区，但实际分布相对较广，其分布区可能延伸到广西中部的柳州和宜州附近，但不常见，为留鸟。

相似种：棕胸雅鹛。体羽偏黄，眼周及眼先颜色与上体较相似。

| 1 | 2 | 3 | 4 | 5 | 6 | 7 | 8 | 9 | 10 | 11 | 12 |

棕头幽鹛 Puff-throated Babbler

Pellorneum ruficeps

鉴别特征：体长约 17 cm，体形略小的鹛类。上体橄榄褐色，头顶红褐色，下体偏白，胸部和腹部有明显的褐色纵纹。

栖息地：森林或林缘地带，有时也到灌丛活动。

行为：常单独或成对在地面活动，主要以地面昆虫为食。

分布及种群数量：见于我国的云南和广西。广西主要分布于西部少数县份，记录极少，为留鸟。

棕胸雅鹛　Buff-breasted Babbler

Trichastoma tickelli

鉴别特征： 体长约 15 cm，体形较小的鹛类。上体及顶冠为橄榄褐色，下体偏白，胸部及两胁偏黄色。

栖息地： 森林或林缘地带，有时也到灌丛活动。

行为： 常单独或成对在地面活动，主要以地面昆虫为食。

分布及种群数量： 见于我国西南地区。广西仅见于西南部保存较好的喀斯特森林，很常见，为留鸟。

相似种： 白腹幽鹛。体羽偏褐色，眼周及眼先偏灰色，与上体不同。

| 1 | 2 | 3 | 4 | 5 | 6 | 7 | 8 | 9 | 10 | 11 | 12 |

中华草鹛　Chinese Grass-babbler

Graminicola striatus

雀形目幽鹛科

鉴别特征：体长约 17 cm。上体多为棕色，具较多的黑色和白色纵纹，具白色眉纹。下体白色，两胁棕褐色，尾羽长而凸，外侧尾羽具白斑。

栖息地：近水的高草地和芦苇生境。

行为：性隐蔽，常单独或成对在草丛中活动，觅食昆虫。

分布及种群数量：见于我国南方地区。广西记录于不同地区的多个地点，但目前仅桂林有确切的观察记录，为留鸟。

1	2	3	4	5	6	7	8	9	10	11	12

噪鹛科 Leiothrichidae

根据分子系统分类独立出来的新科，主要包括传统的噪鹛类和薮鹛等。体形和颜色变化较大，喙较粗壮，腿通常发达，适合地面活动，羽毛多以褐色为主，主要以昆虫为食，不迁徙。我国分布有 11 属 66 种，其中 8 属 25 种见于广西。

雀形目噪鹛科

矛纹草鹛　Chinese Babax

Babax lanceolatus

鉴别特征：体长约 26 cm，体形略大的鹛类。体羽多为灰褐色，背部和两胁均密布栗褐色的纵纹，具深棕褐色髭纹，尾羽较长。

栖息地：开阔的森林灌丛和草丛。

行为：多成小群活动，性吵闹，于靠近地面处觅食。

分布及种群数量：见于我国华中、西南和东南地区。除沿海地区外，广西各地均有分布，均不多见，为留鸟。广西曾有其相似种大草鹛 *Babax waddelli* 的记录，但考虑到该种主要分布在西藏南部，广西周边地区也没有分布记录，因此本书暂不收录该种。

画眉 Hwamei

Garrulax canorus

鉴别特征：体长约 23 cm。全身棕褐色，头顶、颈部、胸部均具细纵纹。白色的眼周向眼后延伸成明显的眉纹。

栖息地：各种次生林、灌丛和城市及乡村的有林生境。

行为：常单独或成对在灌丛或地上觅食。

保护级别：国家Ⅱ级重点保护野生动物。

分布及种群数量：国内分布于南方地区。广西各地均有分布，非常常见，为留鸟。

相似种：白颊噪鹛。头周围无条纹，眼上下均具白色粗纹。

1	2	3	4	5	6	7	8	9	10	11	12

雀形目噪鹛科

白冠噪鹛　White-crested Laughingthrush

Garrulax leucolophus

鉴别特征：体长约 30 cm。头部、颈部及胸部均为纯白色，具黑色眼罩。背部黄褐色，尾羽褐色，末端颜色偏黑。

栖息地：植被较好的常绿阔叶林。

行为：吵闹但隐秘于灌丛中，常结群活动。

分布及种群数量：分布于我国西南部。广西凭祥和龙州有过记录，极少见，为留鸟。

| 1 | 2 | 3 | 4 | 5 | 6 | 7 | 8 | 9 | 10 | 11 | 12 |

褐胸噪鹛　Grey Laughingthrush

Garrulax maesi

鉴别特征：体长约 27 cm。体羽灰色，眼部周围的羽毛偏黑，并具灰白色颊部，胸部及喉部呈褐色。

栖息地：常绿阔叶林或次生林。

行为：结群活动于灌丛或地面，发现人时全部发出叫声，较为吵闹。

保护级别：国家 II 级重点保护野生动物。

分布及种群数量：分布于我国南方地区。广西各地林区均有分布，但不多见，为留鸟。

相似种：黑喉噪鹛。头顶与背部不同色，喉部及上胸黑色。

1	2	3	4	5	6	7	8	9	10	11	12

灰翅噪鹛 Moustached Laughingthrush

Garrulax cineraceus

鉴别特征： 体长约 22 cm。体羽多为棕色，头顶黑色，眼先及下方白色，贯眼纹较细且始于眼后。初级飞羽灰色但前端具小块黑斑。腹部和尾羽棕色，尾羽具黑色次端斑和白色端斑。*cinereiceps* 亚种头顶暗灰至黑色，眉纹和耳羽后部栗色。

栖息地： 森林、林缘及灌丛地带。

行为： 成对或结小群活动，较隐秘。

分布及种群数量： 国内分布于黄河以南区域。广西分布有 2 个亚种，*strenuus* 亚种分布于西北部，*cinereiceps* 亚种分布于其他地区。不算少见，为留鸟。

cinereiceps 亚种

strenuus 亚种

1	2	3	4	5	6	7	8	9	10	11	12

眼纹噪鹛　Spotted Laughingthrush

Garrulax ocellatus

雀形目噪鹛科

鉴别特征： 体长约 31 cm。头黑色，具不太明显的淡黄色眉纹。背部和翼均为栗褐色，具黑色和白色组成的斑点。胸部和腹部为褐色，具黑色横纹。尾羽栗褐色。

栖息地： 海拔较高的高山矮林和灌丛。

行为： 集小群或成对活动，藏匿于灌丛，有时在地上觅食。

保护级别： 国家Ⅱ级重点保护野生动物。

分布及种群数量： 分布于我国中部及西南部。广西仅见于猫儿山和大瑶山，较少见，为留鸟。

黑脸噪鹛 Masked Laughingthrush

Garrulax perspicillatus

鉴别特征： 体长约 30 cm。体羽多灰褐色，眼罩黑色，臀部栗色。

栖息地： 次生林的边缘、灌丛和城市公园的有林地带。

行为： 性较吵闹，常成群活动于灌丛。

分布及种群数量： 分布于黄河以南地区。广西各地均有分布，在南部沿海尤为常见，为留鸟。

| 1 | 2 | 3 | 4 | 5 | 6 | 7 | 8 | 9 | 10 | 11 | 12 |

小黑领噪鹛 Lesser Necklaced Laughingthrush

Garrulax monileger

雀形目噪鹛科

鉴别特征： 体长约 28 cm。头顶及背部褐色，眉纹白色，眼睛周围的羽毛和贯眼纹均为黑色。下体白色，两胁黄褐色，具较细的黑色领环。

栖息地： 植被保存较好的次生林或成熟林中。

行为： 性吵闹，常成群或与黑领噪鹛混群活动。

分布及种群数量： 分布于黄河以南地区。广西各地均有分布，但较为少见，为留鸟。

相似种： 黑领噪鹛。脸较斑驳，眼先颜色较浅，领环相对较粗。

1	2	3	4	5	6	7	8	9	10	11	12

黑领噪鹛　Greater Necklaced Laughingthrush

Garrulax pectoralis

鉴别特征：体长约 30 cm。头顶及背部褐色，脸部白色，具较多的黑色细横纹。贯眼纹黑色较细，但仅限于眼后。下体白色，两胁黄褐色，具较粗的黑色不闭合领环。

栖息地：植被较好的次生林和原始林。

行为：性吵闹，常成群或与小黑领噪鹛混群活动。

分布及种群数量：分布于长江以南地区。广西各地均有分布，较小黑领噪鹛常见，为留鸟。

相似种：小黑领噪鹛。脸较干净，眼先颜色较深，领环相对较细。

1	2	3	4	5	6	7	8	9	10	11	12

黑喉噪鹛　Black-throated Laughingthrush

Garrulax chinensis

鉴别特征：体长约 23 cm。头顶偏灰蓝色，颈侧与背部橄榄褐色。白色的颊部与黑色的喉部及髭纹对比明显。

栖息地：林缘及较浓密的灌丛或竹林。

行为：性隐秘，成对或结小群活动于灌丛。

保护级别：国家Ⅱ级重点保护野生动物。

分布及种群数量：分布于我国南方地区。广西大部分区域都有分布，但不算多见，为留鸟。

相似种：褐胸噪鹛。头顶与背部同色，喉部及上胸褐色。

1	2	3	4	5	6	7	8	9	10	11	12

雀形目噪鹛科

蓝冠噪鹛　Blue-crowned Laughingthrush

Garrulax courtoisi

鉴别特征： 体长约 23 cm。头部靛蓝色，脸黑色且在额前方相连，喉部明黄色，腹部黄色沾灰色。背部、翼及尾羽均为褐色。

栖息地： 保存较好的常绿阔叶林和村庄的风水林。

行为： 成群活动于林下层，也在高大乔木的树干上觅食。

保护级别： 国家 I 级重点保护野生动物。

分布及种群数量： 目前仅见于我国江西省和福建省。在 20 世纪 90 年代，许多出口至香港的蓝冠噪鹛均来自广西百色市西林县，当地群众反映在 21 世纪初还在普合苗族乡偶尔见其活动，但近年来多次调查均没有发现，可能已经在广西灭绝。亟须对其在广西的分布现状展开专门调查。

棕噪鹛　Buffy Laughingthrush

Garrulax berthemyi

雀形目噪鹛科

鉴别特征： 体长约 28 cm。上体棕色偏黄，翼和尾羽均为红棕色，喙基和眼周围具特征性的蓝色。喉部及上胸棕黄色，与灰色的胸腹部及纯白色的臀部对比明显。

栖息地： 植被较好的次生林及原始林。

行为： 单独或结小群活动于阴暗及浓密的林下层，叫声吵闹，但很难发现其身影。

保护级别： 国家Ⅱ级重点保护野生动物。

分布及种群数量： 分布于我国华南及西南地区。广西仅见于中部和北部，较为少见，为留鸟。

1	2	3	4	5	6	7	8	9	10	11	12

白颊噪鹛　White-browed Laughingthrush

Garrulax sannio

鉴别特征：体长约 25 cm。体羽多灰褐色，白色眉纹从眼先向眼下方延伸，几乎将眼睛包围。

栖息地：稀疏的林地及林缘地带。

行为：常结成大群，叫声吵闹，发出大声且单调的"ji-a ji-a"叫声。

分布及种群数量：分布于我国南方地区。广西各地均有分布，地方性常见，为留鸟。

相似种：画眉。头周围具细条纹，眼周围的白色较细，为单纯眉纹。

| 1 | 2 | 3 | 4 | 5 | 6 | 7 | 8 | 9 | 10 | 11 | 12 |

橙翅噪鹛　Elliot's Laughingthrush

Trochalopteron elliotii

鉴别特征：体长约 25 cm。体羽多灰褐色，脸部、颈部及胸部均点缀有细小的白点。翼和尾羽上部偏橙黄色。

栖息地：次生林及灌丛。

行为：结小群活动于灌丛或地面。

保护级别：国家 II 级重点保护野生动物。

分布及种群数量：分布于我国横断山区及周边区域。广西仅记录于灌阳和凌云县，为罕见留鸟。

| 1 | 2 | 3 | 4 | 5 | 6 | 7 | 8 | 9 | 10 | 11 | 12 |

红翅噪鹛　Red-winged Laughingthrush

Trochalopteron formosus

鉴别特征：体长约 28 cm。头顶及颊部灰白色并具黑色纵纹。后颈部、背部和腹部均为深褐色带栗色。喉部和胸部偏黑色。翼和尾羽红色。

栖息地：中高海拔的森林及林缘地带。

行为：结小群活动，藏匿于灌丛或林下层。

分布及种群数量：分布于我国四川、云南和广西。广西北部和中部森林都有记录，但较少见，为留鸟。

相似种：红尾噪鹛。头顶为鲜艳的土橙黄色。

| 1 | 2 | 3 | 4 | 5 | 6 | 7 | 8 | 9 | 10 | 11 | 12 |

红尾噪鹛 Red-tailed Laughingthrush

Trochalopteron milnei

鉴别特征： 体长约 25 cm。头顶及后颈为土橙黄色，背部及腹部为灰黑色，翼和尾羽偏红色，眼周围及颊部灰色。*sharpei* 亚种颊部更偏白，头顶棕色较淡。

栖息地： 海拔较高的常绿阔叶林、混交林和高山矮林。

行为： 结小群活动于灌丛或林下层，较吵闹。

保护级别： 国家 II 级重点保护野生动物。

分布及种群数量： 分布于我国长江以南地区。广西分布有 2 个亚种，*sharpei* 亚种仅见于桂西南地区，*sinianus* 亚种见于其他地区。较少见，为留鸟。

相似种： 红翅噪鹛。头顶为较淡的灰白色。

sinianus 亚种

sharpei 亚种

1	2	3	4	5	6	7	8	9	10	11	12

蓝翅希鹛 Blue-winged Minla

Siva cyanouroptera

鉴别特征：体长约 15 cm。体羽多为灰褐色，头顶蓝灰色，具细的黑色羽轴纹，翼及尾羽蓝色。

栖息地：海拔较高的常绿阔叶林、混交林和竹林，冬天下到海拔较低处活动。

行为：常与其他鸟类混群，在树冠层觅食昆虫和植物果实。

分布及种群数量：见于我国长江以南地区。广西各地海拔较高的森林均有分布，冬季也在低海拔的城区和乡村活动，较常见，为留鸟。

| 1 | 2 | 3 | 4 | 5 | 6 | 7 | 8 | 9 | 10 | 11 | 12 |

红尾希鹛　Red-tailed Minla

Minla ignotincta

雀形目噪鹛科

鉴别特征：体长约 14 cm。上体橄榄褐色，头部黑色，具明显的白色眉纹。翼黑色并具白色的斑，初级飞羽和外侧尾羽红色。

栖息地：海拔较高的常绿阔叶林、混交林和竹林。

行为：常与其他鸟类混群，在树冠层觅食昆虫和植物果实。

分布及种群数量：见于我国西南、华南和华中地区。广西北部和中部海拔较高的森林均有分布，较常见，为留鸟。

雌鸟

雄鸟

| 1 | 2 | 3 | 4 | 5 | 6 | 7 | 8 | 9 | 10 | 11 | 12 |

雀形目噪鹛科

红翅薮鹛　Scarlet-faced Liocichla
Liocichla ripponi

鉴别特征： 体长约 23 cm。体羽多灰褐色，头侧及初级飞羽均为绯红色。尾羽黑色，但尾端为橙黄色。

栖息地： 中等海拔的山地阔叶林和针阔混交林。

行为： 常成小群活动，以昆虫和植物果实为食。

分布及种群数量： 见于我国西南部。广西仅见于西南部的靖西和那坡等县，为不常见的留鸟。

| 1 | 2 | 3 | 4 | 5 | 6 | 7 | 8 | 9 | 10 | 11 | 12 |

白眶斑翅鹛　Spectacled Barwing

Actinodura ramsayi

雀形目噪鹛科

鉴别特征： 体长约 24 cm。体羽多为红褐色，眼圈白色，翼上具明显的黑色横斑，下体黄褐色。尾长并具黑色横斑和白色端斑。

栖息地： 山区的灌丛和稀疏的林缘。

行为： 常成小群活动，在灌丛或小树上觅食昆虫。

分布及种群数量： 见于我国云南、贵州和广西。广西仅见于西部地区的森林之中，不算少见，为留鸟。

| 1 | 2 | 3 | 4 | 5 | 6 | 7 | 8 | 9 | 10 | 11 | 12 |

633

鉴别特征：体长约 17 cm。体羽较为艳丽，头部黑色，颊部银灰色，额部、喉部、肩斑及尾上覆羽均为红色。喙及额部为橙黄色。广西也有喉部为黄色的个体（*argentauris* 亚种），这些个体都是通过不当放生的形式生活在城市的园林和自然保护区中。

栖息地：山区森林的下层和部分城市保存较好的森林。

行为：多成小群活动，有时也和其他鸟类混群。

保护级别：国家 II 级重点保护野生动物。

分布及种群数量：见于我国云南、西藏、贵州和广西。广西主要分布于西部地区，自然分布为 *ricketti* 亚种，在分布区较常见，为留鸟。由于非法贸易，广西也有来自其他地区的 *argentauris* 亚种分布，例如，由于放生的原因，在南宁的青秀山可以观察到至少 2 个亚种共同生活。应加强关注不当放生对本地种群的影响。

| 1 | 2 | 3 | 4 | 5 | 6 | 7 | 8 | 9 | 10 | 11 | 12 |

红嘴相思鸟 Red-billed Leiothrix

Leiothrix lutea

鉴别特征：体长约 15 cm。上体多为橄榄绿色，喙红色容易识别。眼周和喉部黄色。

栖息地：山区森林的下层和部分城市保存较好的森林。

行为：多成小群活动，有时也和其他鸟类混群活动。

保护级别：国家 II 级重点保护野生动物。

分布及种群数量：见于我国华中和华南地区。除沿海地区外，广西各地均有分布，很常见，常为群落优势种，为留鸟。

1	2	3	4	5	6	7	8	9	10	11	12

栗背奇鹛 Rufous Sibia

Leioptila annectens

鉴别特征： 体长约 19 cm。头部黑色，整个背部栗色。翼黑色，具栗色斑。黑色的尾长而凸起，具白色端斑。

栖息地： 山区的常绿阔叶林和林缘地带。

行为： 常单独或成对在森林冠层觅食昆虫。

分布及种群数量： 见于我国西南部。广西仅见于靖西和那坡，极少见，为留鸟。

| 1 | 2 | 3 | 4 | 5 | 6 | 7 | 8 | 9 | 10 | 11 | 12 |

黑头奇鹛 Black-headed Sibia

Heterophasia desgodinsi

鉴别特征：体长约 24 cm。体羽多为灰色，上体稍褐。头部、翼和尾羽均为黑色，尾具浅色端斑。

栖息地：海拔较高的森林。

行为：单独或成对静悄悄地在森林冠层觅食昆虫。

分布及种群数量：见于我国华中和西南地区。广西仅见于西部地区，不算少见，为留鸟。

1	2	3	4	5	6	7	8	9	10	11	12

长尾奇鹛　Long-tailed Sibia

Heterophasia picaoides

鉴别特征：体长约 34 cm，体形很大的鹛类。体羽多为灰色，头部黑色，具白色翼斑。尾极长，具浅色端斑。

栖息地：海拔较高的森林。

行为：常成小群在森林冠层觅食昆虫。

分布及种群数量：见于我国西南部。广西仅见于百色的大王岭，极罕见，为留鸟。

| 1 | 2 | 3 | 4 | 5 | 6 | 7 | 8 | 9 | 10 | 11 | 12 |

鸭科 Sittidae

小型鸣禽，喙和头较强壮，腿短，行为像啄木鸟，但会沿着树干和树枝头向下攀爬。主要在树上觅食昆虫、坚果和种子。本科鸟类分布较广，我国分布有 2 属 12 种，其中 1 属 5 种见于广西。

普通鸭 Eurasian Nuthatch

Sitta europaea

雀形目鸭科

鉴别特征：体长约 13 cm。上体青灰色，具黑色眉纹。肉桂色的颈侧及下体和灰白色的喉部对比明显。臀部具不明显的栗色鱼鳞状斑纹。

栖息地：树龄较长的常绿阔叶林或马尾松林。

行为：常单独或成对绕着树干转圈觅食，取食树皮下面隐藏的虫子。

分布及种群数量：全国各地均有分布。广西记录的地点较多，但都不容易观察到，为留鸟。

相似种：栗臀鸭，腹部和喉部均为灰白色，两胁栗色；栗腹鸭，颊部白色斑块较大而显著，颜色较周围浅。

| 1 | 2 | 3 | 4 | 5 | 6 | 7 | 8 | 9 | 10 | 11 | 12 |

栗臀鸭　Chestnut-vented Nuthatch

Sitta nagaensis

鉴别特征：体长约 13 cm。上体青灰色，具黑色贯眼纹。下体污白，两胁后半部分为栗色，臀部具较清晰的栗色鱼鳞状花纹。

栖息地：年份较大的针叶林及各类较为成熟的常绿阔叶林。

行为：常单独或成对绕着树干转圈觅食，取食树皮下面隐藏的虫子。

分布及种群数量：分布于我国西南及华南地区。广西仅分布于西北部，较为少见，为留鸟。

相似种：普通鸭，腹部和喉部不同色，两胁与腹部同色；巨鸭，体形明显较大，贯眼纹较眼睛宽大。

雄鸟

雌鸟

| 1 | 2 | 3 | 4 | 5 | 6 | 7 | 8 | 9 | 10 | 11 | 12 |

栗腹䴓 Chestnut-bellied Nuthatch

Sitta castanea

雀形目䴓科

鉴别特征：体长约 13 cm。上体青灰色，脸颊白色并具黑色贯眼纹，眼纹后端扩散。下体砖红色，臀部具较清晰的栗色鱼鳞状花纹。

栖息地：树龄较长的常绿阔叶林或混交林。

行为：常单独或成对绕着树干转圈觅食，取食树皮下面隐藏的虫子。

分布及种群数量：分布于我国西南地区。广西在那坡县也观察到其活动个体，较少见，为留鸟。

相似种：普通䴓。颊部白斑不明显，与周围颜色对比不太鲜明。

雌鸟

雄鸟

| 1 | 2 | 3 | 4 | 5 | 6 | 7 | 8 | 9 | 10 | 11 | 12 |

绒额鸤　Velet-fronted Nuthatch

Sitta frontalis

鉴别特征： 体长约 12 cm。头部、背部及尾部均为靛蓝色，额部黑色，雄鸟具黑色的眉纹。喙红色，虹膜明黄色。下体白色。

栖息地： 年份较久的八角林和常绿阔叶林等。

行为： 常单独或成对绕着树干转圈觅食，取食树皮下面隐藏的虫子。

分布及种群数量： 分布于我国西南及华南部分地区。广西见于西部地区，不算多见，但较其他鸤类多，为留鸟。

| 1 | 2 | 3 | 4 | 5 | 6 | 7 | 8 | 9 | 10 | 11 | 12 |

鉴别特征： 体长约 20 cm。背部青灰色，头顶颜色稍淡，具较眼睛宽度约两倍的黑色贯眼纹。腹部污白色，臀部有栗色鱼鳞状斑纹。

栖息地： 年份较久的松树林和常绿阔叶林或混交林。

行为： 常单独或成对绕着树干转圈觅食，取食树皮下面隐藏的虫子。

保护级别： 国家 II 级重点保护野生动物。

分布及种群数量： 分布于我国西南地区。广西仅记录于靖西，极少见，为留鸟。广西之前也有丽鸸 *sitta formosa* 的分布记录（周放，2017），但郑光美（2017）认为广西分布的为巨鸸。本书暂时只收录巨鸸，这两个种在广西的分布情况可能还需进一步调查。

相似种： 栗臀鸸。体形明显较小，贯眼纹与眼睛等宽。

鹪鹩科 Troglodytidae

小型鸟类，身体短粗，颜色为褐色或灰色，常在森林下部活动，以昆虫和蜘蛛为食。该科主要分布于新大陆，我国仅分布有 1 属 1 种，也见于广西。

雀形目鹪鹩科

鹪鹩　Eurasian Wren

Troglodytes troglodytes

鉴别特征： 体长约 10 cm。头部浅棕色，有黄色眉纹。上体连尾带栗棕色，布满黑色细斑。两翼覆羽尖端为白色。

栖息地： 针叶林及靠近水的灌丛。

行为： 性隐蔽，常单独或成对在灌丛中活动，以昆虫为食。

分布及种群数量： 繁殖于我国大部分地区，在南方越冬。广西仅在防城、百色和贺州有过记录，较少见，为冬候鸟。

河乌科 Cinclidae

本科鸟类是雀形目中唯一能游泳和潜水的类群。体形似鸫，翼较短，腿较强壮，体羽较短而稠密，适合潜水。我国分布有 1 属 2 种，仅 1 种见于广西。

褐河乌　Brown Dipper

Cinclus pallasii

雀形目河乌科

鉴别特征： 体长约 21 cm。全身体羽几乎均为深褐色。亚成鸟常具细小的白点。

栖息地： 山区的溪流附近。

行为： 成对活动于水面裸露的石头上，经常潜水觅食水生昆虫。

分布及种群数量： 我国各地均有分布。广西各大林区都有记录，但以北部较为常见，为留鸟。

椋鸟科 Sturnidae

本科鸟类通常包括椋鸟和八哥，体形大小变化较大，喙稍弯曲，腿较为发达。常结群活动，杂食性，多在洞穴里营巢。部分种类能模仿其他动物的叫声。我国分布有11属21种，其中6属11种见于广西。另外，在广西宁明县桐棉乡曾经有过红嘴椋鸟 *Acridotheres burmannicus* 的记录，该地与越南的分布区其实较为接近，但考虑到边境线上非法贸易鸟类较多，尚需要进一步证实其在广西的分布。

雀形目椋鸟科

鹩哥 Hill Myna

Gracula religiosa

鉴别特征： 体长约 26 cm。通体黑色，多具金属光泽，翼上有明显的白斑，头后具两片橘黄色肉垂。

栖息地： 森林和城市或乡村的有林地带。

行为： 常成小群活动，以植物果实为食，也吃昆虫。

保护级别： 国家 II 级重点保护野生动物。

分布及种群数量： 分布于我国西南及华南地区。广西见于南部的市县，但野外已经基本灭绝，在城市公园还偶尔见到逃逸个体，为留鸟。

| 1 | 2 | 3 | 4 | 5 | 6 | 7 | 8 | 9 | 10 | 11 | 12 |

林八哥　Great Myna

Acridotheres grandis

鉴别特征： 体长约 26 cm。喙橘黄色，羽毛多黑色，前额具明显的羽冠，具白色翼斑和宽阔的尾端斑。

栖息地： 开阔的树林、草地和农田生境。

行为： 常成小群在牛背上活动，有时也会与八哥混群，杂食性。

分布及种群数量： 分布于我国西南地区。广西见于南部的市县，较少见，为留鸟。

相似种： 八哥。喙浅黄色，尾下白斑较窄。

1	2	3	4	5	6	7	8	9	10	11	12

八哥 Crested Myna

Acridotheres cristatellus

鉴别特征：体长约 26 cm。喙浅黄色，羽毛多为黑色，前额具明显的羽冠，具白色翼斑和尾下横斑。

栖息地：开阔的树林和草地、农田生境。

行为：常成小群在牛背上活动，杂食性。

分布及种群数量：分布于我国黄河以南地区。广西各地均有分布，很常见，为留鸟。

相似种：林八哥。喙橘黄色，尾下白斑宽而明显。

亚成鸟

| 1 | 2 | 3 | 4 | 5 | 6 | 7 | 8 | 9 | 10 | 11 | 12 |

家八哥 Common Myna

Acridotheres tristis

雀形目椋鸟科

鉴别特征：体长约 24 cm。体羽多为褐色，头部和颈部为灰黑色，眼周皮肤裸露显黄色，翼、臀部和尾端具白色斑块。

栖息地：开阔的草地和农田生境。

行为：常成小群在地上觅食，杂食性。

分布及种群数量：分布于我国西南、华南及新疆等地。广西仅见于南宁和崇左，很少见，为留鸟。

1	2	3	4	5	6	7	8	9	10	11	12

丝光椋鸟　Silky Starling

雀形目椋鸟科

Spodiopsar sericeus

鉴别特征： 体长约 23 cm。喙朱红色。雄鸟头部和颈部为白色或棕白色，翼和尾羽黑色，其余羽毛偏灰色。雌鸟相对偏褐色。由于商家染色，偶尔会看到一些颜色非常奇怪的个体。

栖息地： 各种开阔的有树木的生境。

行为： 常集群活动，有时可达上百只，经常与其他椋鸟一起觅食植物果实。

分布及种群数量： 分布于我国华南及东南地区。广西主要见于红水河以南区域，很常见，为留鸟。

雄鸟

雌鸟

灰椋鸟　White-cheeked Starling

Spodiopsar cineraceus

雀形目椋鸟科

鉴别特征： 体长约 24 cm。体羽多为棕灰色，头顶至后颈黑色，颊部和腰部为白色。

栖息地： 各种开阔的有树木生境。

行为： 常与其他椋鸟混杂在一起觅食植物果实。

分布及种群数量： 繁殖于我国华北及东北地区，在华南地区越冬。广西各地均有分布，不算少见，为冬候鸟。

1	2	3	4	5	6	7	8	9	10	11	12

黑领椋鸟　Black-collared Starling

Gracupica nigricollis

鉴别特征： 体长约 28 cm 的黑白色椋鸟。雄鸟头部白色，眼周皮肤黄色，颈部、下喉部及上胸部具黑色领环。背部及双翼为黑色，并具白色斑块。雌鸟似雄鸟但多偏褐色。

栖息地： 开阔并有树木的农田和草地生境。

行为： 常成对或成小群活动，有时也和八哥混群，多在地上觅食昆虫。

分布及种群数量： 分布于我国南方地区。广西主要见于中部和南部地区，较常见，为留鸟。

雄鸟

雌鸟

| 1 | 2 | 3 | 4 | 5 | 6 | 7 | 8 | 9 | 10 | 11 | 12 |

北椋鸟　Daurian Starling

Agropsar sturnina

鉴别特征：体长约 18 cm。头部及下体多为灰色，背部闪辉紫色，两翼闪辉绿黑色并具明显的白色翼斑。雄鸟枕部具黑色斑块。

栖息地：沿海树林或城市的有林地带。

行为：单独或常成对活动，经常和其他椋鸟混群，多在树冠层觅食植物果实。

分布及种群数量：繁殖于我国东北地区，在华南地区越冬。广西偶见于桂林、南宁和防城港，为冬候鸟。

| 1 | 2 | 3 | 4 | 5 | 6 | 7 | 8 | 9 | 10 | 11 | 12 |

灰背椋鸟 White-shouldered Starling
Sturnia sinensis

鉴别特征：体长约 19 cm。雄鸟通体偏灰色，翼黑色并具醒目的白斑，尾羽黑色，尾端白色。雌鸟偏褐色，翼上白斑不太鲜明。

栖息地：各种开阔的有树木生境。

行为：单独或常成对活动，经常和其他椋鸟混群，多在树冠层觅食植物果实。

分布及种群数量：繁殖于我国华南地区。广西各地均有分布，但较少见，为夏候鸟。也有部分个体在广西南部越冬，估计为冬候鸟。

相似种：灰头椋鸟。两胁及外侧尾羽均为栗色。

雄鸟

雌鸟

| 1 | 2 | 3 | 4 | 5 | 6 | 7 | 8 | 9 | 10 | 11 | 12 |

灰头椋鸟　Chestnut-tailed Starling

Sturnia malabarica

鉴别特征：体长约 19 cm。上体灰色偏棕，头部灰色具白色羽轴纹，飞羽黑色，两胁及外侧尾羽栗色。

栖息地：各种开阔的有树木生境。

行为：单独或常成对活动，经常和其他椋鸟混群，多在树冠层觅食，杂食性。

分布及种群数量：繁殖于我国华南地区。广西中部和南部地区都有分布，较少见，为留鸟。

相似种：灰背椋鸟。两胁灰色，尾羽黑色，但尾端白色。

1	2	3	4	5	6	7	8	9	10	11	12

鉴别特征：体长约 24 cm。通体偏紫铜色，具不同程度的白色斑点。

栖息地：各种开阔的有树木生境。

行为：常成群或与其他椋鸟混群活动，多在地面觅食，杂食性。

分布及种群数量：繁殖于我国西北地区，偶尔在华南地区越冬。广西各地应该都有分布，但较少见，为冬候鸟。

| 1 | 2 | 3 | 4 | 5 | 6 | 7 | 8 | 9 | 10 | 11 | 12 |

鸫科 Turdidae

主要包括传统的鸫类，体形中等大小，喙直尖，腿强而发达，适合在地面觅食。幼鸟身上常有黄色的斑点。我国分布有 4 属 37 种，其中 3 属 20 种见于广西。

橙头地鸫　Orange-headed Thrush

Geokichla citrina

雀形目鸫科

鉴别特征：体长约 22 cm。雄鸟上体灰蓝色，头部、颈背部及下体均为橙黄色，具两道黑褐色垂直颊纹和一道白色翼斑，臀部白色。雌鸟上体橄榄褐色。

栖息地：常绿阔叶林、混交林及城市或乡村的有林地带。

行为：单独或结小群于密林地面活动和觅食，偶尔到果树上采食果实。

分布及种群数量：分布于我国南方地区。广西各地均有分布，较为常见，多数为夏候鸟，也有部分为冬候鸟和旅鸟。

雌鸟

雄鸟

1	2	3	4	5	6	7	8	9	10	11	12

白眉地鸫　Siberian Thrush

Geokichla sibirica

鉴别特征：体长约 23 cm。雄鸟通体蓝黑色，具显著的白色眉纹，臀部白色并具鳞状斑纹。雌鸟上体橄榄褐色，下体满布褐色鳞状斑。*davisoni* 亚种下腹及臀部斑纹不显。

栖息地：常绿阔叶林、混交林及城市或乡村的有林地带。

行为：成对或成小群在林间地面活动和觅食，也常到果树上采食果实。

分布及种群数量：我国大多数地区均有分布。广西分布有 2 个亚种，*sibirica* 亚种为冬候鸟或旅鸟，*davisoni* 亚种为旅鸟。广西各地均有分布，但不多见。

davisoni 亚种

雌鸟

sibiricai 亚种

鉴别特征：体长约 23 cm。上体红褐色，具较明显的浅色眼圈，下体满布褐色鳞状斑纹。

栖息地：海拔较高的灌丛或森林。

行为：单独或成对在林间地面活动和觅食。

分布及种群数量：主要见于我国西南地区。广西仅在百色的金钟山和九万山有过记录，估计为罕见留鸟。

相似种：虎斑地鸫、小虎斑地鸫。上体具金黄色和黑色鳞状斑纹。

长尾地鸫　Long-tailed Thrush

Zoothera dixoni

鉴别特征：体长约 26 cm。上体橄榄褐色，具两道皮黄色翼斑。下体近白色，胸部及两胁具黑色月牙形斑纹，外侧尾羽端部白色。

栖息地：山区的常绿阔叶林、混交林及灌丛。

行为：常单独或与其他鸫类在潮湿、松软的地面掘食蚯蚓及其他蠕虫。

分布及种群数量：繁殖于我国西南地区。广西仅见于西北部山区，极少见，为罕见冬候鸟。

相似种：宝兴歌鸫。下体为黑色点斑，外侧尾羽端部与尾同色。

| 1 | 2 | 3 | 4 | 5 | 6 | 7 | 8 | 9 | 10 | 11 | 12 |

虎斑地鸫　White's Thrush

Zoothera aurea

鉴别特征： 体长约 30 cm。上体橄榄褐色，具金黄色及黑褐色鳞斑。下体近白色，具黑褐色鳞斑。喙角质褐色而下喙基部肉色。

栖息地： 各种有林地带。

行为： 常单独或成对在林下灌丛或地面活动。以地面蠕虫和果实为食。

分布及种群数量： 繁殖于我国东北地区，在华南地区越冬。广西各地均有分布，相对较常见，为冬候鸟。

相似种： 小虎斑地鸫，体形稍小，上背颜色偏黑褐色，喙整体为角质褐色；淡背地鸫，上体具金黄色和黑色鳞状斑纹。

1	2	3	4	5	6	7	8	9	10	11	12

小虎斑地鸫　Scaly Thrush

Zoothera dauma

鉴别特征：体长约 27 cm。上体橄榄褐色，具黄褐色及黑褐色鳞斑。下体近白色，具黑褐色鳞斑。喙角质褐色。

栖息地：阔叶林及城市或乡村的有林地带。

行为：常单独或成对在林下灌丛或地面活动。以地面蠕虫和果实为食。

分布及种群数量：繁殖于我国西南地区，在该区域海拔较低的地方越冬。广西仅记录于金秀及西北部的林区，在南宁也有越冬个体，较为少见，为夏候鸟及冬候鸟或留鸟。由于与虎斑地鸫极为相似，因此其在广西的分布及居留类型可能需要更多的调查来证实。

相似种：虎斑地鸫，体形稍大，上背部颜色偏黄，喙角质褐色而下喙基部肉色；淡背地鸫，上体具金黄色和黑色鳞状斑纹。

灰背鸫 Grey-backed Thrush

Turdus hortulorum

鉴别特征：体长约 23 cm。雄鸟上体及头部和胸部多为灰色，两胁橘黄，腹部及臀部白色。雌鸟上体偏灰褐色，胸具暗褐色点斑。

栖息地：较低海拔的阔叶林、混交林，以及公园、果园和农田等。

行为：单独或与其他鸫类混群于地面或树冠层活动、觅食。

分布及种群数量：繁殖于我国东北地区，在华南地区越冬。广西各地均有分布，不算少见，为冬候鸟。

相似种：黑胸鸫。雄鸟头部、胸部均为黑色，雌鸟胸部灰褐色并具黑色斑点。

雄鸟

雌鸟

1	2	3	4	5	6	7	8	9	10	11	12

663

黑胸鸫　Black-breasted Thrush

Turdus dissimilis

鉴别特征: 体长约 23 cm。雄鸟头、颈及胸部纯黑色,上体黑灰色,下胸及两胁橙栗色,腹部及臀部白色。雌鸟上体橄榄褐色,胸部灰褐色并具黑色斑点。

栖息地: 山区森林及丘陵灌丛。

行为: 常单独或结小群于林下灌丛、地面活动和觅食。

分布及种群数量: 分布于我国西南山区森林。广西见于中部及西部地区,不算少见,为留鸟。

相似种: 灰背鸫。雄鸟头部、胸部灰色,雌鸟胸部偏白并具黑褐色斑点。

雄鸟

雌鸟

1	2	3	4	5	6	7	8	9	10	11	12

乌灰鸫 Japanese Thrush

Turdus cardis

雀形目鸫科

鉴别特征：体长约 21 cm。雄鸟头部、颈部及胸部纯黑色，上体乌灰色，腹部和臀部白色，腹部及两胁具黑色斑点。雌鸟上体橄榄褐色，胸侧及两胁赤褐色并具黑色斑点。

栖息地：低地森林、果树林及灌丛。

行为：单独或与其他鸫类混群于地面或树冠层活动、觅食。

分布及种群数量：繁殖于我国东部及华中地区，在华南地区越冬。广西各地均有分布，较为常见，为冬候鸟和旅鸟。

雄鸟

雌鸟

雌鸟

1	2	3	4	5	6	7	8	9	10	11	12

雀形目鸫科

灰翅鸫 Grey-winged Blackbird

Turdus boulboul

鉴别特征： 体长约 28 cm。雄鸟体羽多黑色，具显著的灰色翼斑，喙橘黄色。雌鸟体羽橄榄褐色，翼斑黄褐色。

栖息地： 森林及林下灌丛地带。

行为： 单独或成对活动，主要在地面觅食。冬季成小群。

分布及种群数量： 分布于我国西南及华南地区。广西各地均有分布，但不多见，山区多数为夏候鸟，部分为留鸟。

雌鸟

雄鸟

雄鸟

亚成雄鸟

| 1 | 2 | 3 | 4 | 5 | 6 | 7 | 8 | 9 | 10 | 11 | 12 |

乌鸫 Chinese Blackbird

Turdus mandarinus

雀形目鸫科

鉴别特征： 体长约 29 cm。雄鸟体羽几乎全部黑色，喙及眼圈橘黄色。雌鸟多暗褐色，喉部及胸部具不明显的暗色纵纹。

栖息地： 各类林地及城市公园、校园和乡村原野等。

行为： 常单独或成对活动，主要在地面觅食蠕虫。雄鸟鸣声婉转多变。

分布及种群数量： 分布于我国华中及华南地区。广西各地均有分布，很常见，为留鸟。

雄鸟

雄鸟

雌鸟

灰头鸫 Chestnut Thrush

Turdus rubrocanus

鉴别特征：体长约 25 cm。雄鸟头部烟灰色，上体及胸腹部深栗色，两翼及尾羽黑色，臀部黑色并具白色鳞状斑纹。雌鸟体色略暗淡。

栖息地：亚热带中等海拔的山区森林及灌丛。

行为：常单独或成对于地面活动，偶结小群。杂食性。

分布及种群数量：分布于中国中西部至喜马拉雅山脉一带。广西仅记录于天峨县，估计为罕见冬候鸟。

1	2	3	4	5	6	7	8	9	10	11	12

白眉鸫 Eyebrowed Thrush

Turdus obscurus

鉴别特征： 体长约 23 cm。头部灰色，具显著的白色眉纹及眼下斑，上体橄榄褐色，胸部及两胁赤褐色。

栖息地： 开阔的稀疏林地及丘陵低矮灌丛。

行为： 单独或偶结小群在地面活动，杂食性。

分布及种群数量： 繁殖于亚洲北部，迁徙经中国大部分地区。广西各地均有分布，迁徙期间较常见，多数为冬候鸟，部分为旅鸟。

| 1 | 2 | 3 | 4 | 5 | 6 | 7 | 8 | 9 | 10 | 11 | 12 |

白腹鸫　Pale Thrush

Turdus pallidus

鉴别特征：体长约 24 cm。雄鸟头部灰褐色，上体橄榄褐色，腹部及臀部白色。雌鸟头部及上体褐色，喉部白色，具稀疏的细纵纹。

栖息地：低海拔常绿阔叶林、次生林及灌丛。

行为：单独或与其他鸫类混群于地面或树冠层活动、觅食。

分布及种群数量：繁殖于我国东北地区，在长江以南地区越冬。广西各地均有分布，不算多见，为冬候鸟。

相似种：赤胸鸫。胸部及两胁橙褐色，尾羽褐色。

雌鸟

雄鸟

| 1 | 2 | 3 | 4 | 5 | 6 | 7 | 8 | 9 | 10 | 11 | 12 |

赤胸鸫 Bronw-headed Thrush

Turdus chrysolaus

鉴别特征：体长约 24 cm。雄鸟头部灰褐色，上体褐色，胸部及两胁橙褐色，下体余部白色。雌鸟头部及上体褐色，喉部白色并具细纵纹。

栖息地：稀疏林地及丘陵灌丛。

行为：单独或与其他鸫类混群于地面或树冠层活动、觅食。

分布及种群数量：繁殖于日本，迁徙经我国东部地区。广西仅记录于十万大山，极少见，为冬候鸟。

相似种：白腹鸫。胸部及两胁褐灰色，外侧两枚尾羽羽端为白色。

雀形目鸫科

红尾斑鸫 Naumann's Thrush

Turdus naumanni

鉴别特征：体长约 25 cm。雄鸟头顶灰褐色，眉纹红褐色，背部、胸部及两胁栗褐色并具鳞状斑纹，腰部及尾羽红褐色。雌鸟颜色较淡。

栖息地：林缘开阔地带，以及农田、耕地和果园。

行为：性活跃。集群于开阔地带活动和觅食。

分布及种群数量：繁殖于我国东北地区，在华南地区越冬。广西各地均有分布，但不多见，为冬候鸟。

相似种：斑鸫。眉纹、颈环及喉部白色，胸部及两胁具黑色鳞状斑纹，尾羽黑褐色。

雄鸟

雌鸟

| 1 | 2 | 3 | 4 | 5 | 6 | 7 | 8 | 9 | 10 | 11 | 12 |

鉴别特征： 体长约 24 cm。头部及上背部灰褐色，眉纹、喉部及颈侧白色，下体白色，胸部及两胁具黑色鳞状斑。

栖息地： 林缘开阔地带，以及农田、耕地和果园。

行为： 性活跃，于开阔草地及地上落叶层活动、觅食。

分布及种群数量： 繁殖于我国东北地区，在华南地区越冬。广西各地均有分布，但不多见，为冬候鸟。

相似种： 红尾鸫。眉纹、胸部及两胁棕红色，腰部及尾羽红褐色，下体鳞斑栗红色。

雄鸟

雌鸟

雌鸟

宝兴歌鸫　Chinese Thrush

Turdus mupinensis

雀形目鸫科

鉴别特征：体长约 23 cm。上体多为橄榄褐色，具两道皮黄色翼斑及黑色月牙形耳斑，下体浅白色并具近圆形黑色点斑。

栖息地：天然林及城市公园和村庄的有林地带。

行为：单独或结小群于林下灌丛活动，亦至果树上采食。杂食性。

分布及种群数量：分布于我国中部地区。广西仅见于南宁及北部地区，较少见，估计为冬候鸟。

相似种：长尾地鸫。下体为黑色鳞状纹，外侧尾羽羽端白色。

紫宽嘴鸫　Purple Cochoa

Cochoa purpurea

鉴别特征： 体长约 28 cm。雄鸟额部至顶冠淡蓝色，大覆羽和尾羽淡紫色，颊部黑色延及枕部，翼缘、翼端和尾端黑色。雌鸟呈棕褐色，顶冠及尾淡蓝色。

栖息地： 热带、亚热带常绿阔叶林。

行为： 活动于森林或林间地面，以昆虫、植物果实和种子为食。

保护级别： 国家 II 级重点保护野生动物。

分布及种群数量： 分布于我国西南地区。广西仅见于十万大山，极少见，为留鸟。

雀形目鹟科

绿宽嘴鸫　Green Cochoa

Cochoa viridis

鉴别特征：体长约 28 cm。体羽多绿色，眼纹、翼及尾端黑色。雄鸟覆羽及翼斑蓝色，雌鸟翼斑多绿色。

栖息地：热带、亚热带常绿阔叶林。

行为：活动于森林或林间地面，以昆虫、植物果实和种子为食。

保护级别：国家 II 级重点保护野生动物。

分布及种群数量：分布于我国西南地区及福建。2019 年冬季在广西南宁市区偶见过个体活动，估计为迷鸟，也可能为冬候鸟。

撞击玻璃后受伤个体

鹟科 Muscicapidae

新的鹟科包括传统的鹟类、鸲类和部分鸫类等，多为中小型食虫鸟类。多数羽毛较为鲜艳，幼鸟通常具斑点，鸣声较为动听。主要分布于亚洲、欧洲和非洲，我国分布有 30 属 104 种，其中 23 属 60 种见于广西。

日本歌鸲　Japanese Robin

Larvivora akahige

雀形目鹟科

鉴别特征：体长约 14 cm。雄鸟上体褐色，额部至胸部橘黄色，腰部及尾羽栗褐色，下体余部灰白色，具狭窄黑胸带。雌鸟上体橄榄褐色，额部至胸部黄褐色。

栖息地：中低海拔山区的森林及灌丛。迁徙及越冬期偶至城市或乡村的有林地带活动。

行为：性机警，常单独于林下密丛或地面活动，以昆虫或其他蠕虫为食。

分布及种群数量：繁殖于日本东南部，迁徙经我国东部沿海。广西见于桂林、南宁和大瑶山一带，较少见，为冬候鸟。

相似种：红尾歌鸲。体形稍小，额部及胸部无橘黄色，胸部具橄榄褐色扇贝形纹。

雌鸟

雄鸟

红尾歌鸲　Rufous-tailed Robin

Larvivora sibilans

鉴别特征：体长约 13 cm。头部、颈背部及上体橄榄褐色，翼及尾羽棕色，胸部具茶褐色扇贝纹，下体余部白色。

栖息地：中低海拔山区的森林及灌丛。迁徙及越冬期偶至城市或乡村的有林地带活动。

行为：性机警，常单独于林下密丛或地面活动，以昆虫或其他蠕虫为食。

分布及种群数量：繁殖于东北亚，在我国南方地区越冬。广西各地均有分布，不算少见，为冬候鸟或旅鸟。

相似种：日本歌鸲。体形稍大，额部至胸部为橘黄色或黄褐色，胸部无橄榄褐色扇贝形纹。

雄鸟

雌鸟

| 1 | 2 | 3 | 4 | 5 | 6 | 7 | 8 | 9 | 10 | 11 | 12 |

蓝歌鸲 Siberian Blue Robin

Larvivora cyane

雀形目鹟科

鉴别特征：体长约 13 cm。雄鸟上体深蓝色，下体纯白色，颊部、前颈侧和胸侧深黑色。雌鸟上体橄榄褐色，翼及尾羽深褐色，腰部淡蓝灰色，胸部具皮黄色鳞状纹。

栖息地：中低海拔山区的森林及灌丛。迁徙及越冬期偶至城市或乡村的有林地带活动。

行为：性机警，常单独于林下密丛或地面活动，以昆虫或其他蠕虫为食。

分布及种群数量：繁殖于我国东北地区，迁徙经南方地区。广西各地均有分布，不算少见，为旅鸟。

雄鸟

雌鸟

1	2	3	4	5	6	7	8	9	10	11	12

679

雀形目鹟科

红喉歌鸲　Siberian Rubythroat
Calliope calliope

鉴别特征： 体长约 16 cm。通体呈橄榄褐色，白色的眉纹及颊纹显著，腹部及臀部灰白色。雄鸟颏部及喉部鲜红色，雌鸟近白色。

栖息地： 中低海拔山区的森林及灌丛。迁徙及越冬期偶至城市或乡村的有林地带活动。

行为： 性机警，常单独于林下密丛或地面活动，以昆虫或其他蠕虫为食。

保护级别： 国家 Ⅱ 级重点保护野生动物。

分布及种群数量： 繁殖于我国东北地区，在华南地区越冬。广西各地均有分布，不算少见，为冬候鸟。

雄鸟

雌鸟

雄鸟

680

	1	2	3	4	5	6	7	8	9	10	11	12

鉴别特征: 体长约 18 cm。雄鸟头部、上体及胸部均为蓝色,翼短而圆,具两点白色小圆斑。楔形尾长,外侧尾羽基部橙色,腹部白色。雌鸟体羽多为橄榄褐色,下体皮黄色。

栖息地: 中高海拔山区的密林及林缘。冬季下移。

行为: 性隐蔽,藏匿于林荫下活动、觅食,具垂直迁徙特性。

分布及种群数量: 分布于我国中部、西南部至喜马拉雅山脉。广西仅记录于岑王老山,估计为罕见留鸟或冬候鸟。

雄鸟

蓝喉歌鸲 Bluethroat

Luscinia svecicus

鉴别特征： 体长约 14 cm。雄鸟上体灰褐色，眉纹白色，喉部具蓝色、栗色及黑白色相间的图纹。雌鸟喉部偏白色，上胸部具黑色和浅蓝色杂斑。

栖息地： 丘陵山地森林、湿地草丛、芦苇荡、稻田及近水灌丛。

行为： 性羞怯，常单独或成对在灌草丛或地面觅食昆虫。

保护级别： 国家 II 级重点保护野生动物。

分布及种群数量： 繁殖于我国北方地区，迁徙经华中及华南地区。广西各地均有分布，但不多见，为旅鸟，部分为冬候鸟。

雄鸟

雌鸟

1	2	3	4	5	6	7	8	9	10	11	12

红胁蓝尾鸲 Orange-flanked Bluetail

Tarsiger cyanurus

鉴别特征： 体长约 15 cm。雄鸟上体蓝色，两胁橘黄色，具白色细短眉纹和闪蓝色小覆羽，喉部及下体白色。雌鸟上体褐色，腰部及尾羽淡蓝色。

栖息地： 各种开阔的有林生境。

行为： 常单独或成对活动于林缘空旷处的低矮树丛间，主要以昆虫为食。

分布及种群数量： 繁殖于我国东北地区，在华南地区越冬。广西各地均有分布，很常见，为冬候鸟，部分为旅鸟。

雄鸟

雌鸟

1	2	3	4	5	6	7	8	9	10	11	12

鉴别特征：体长约 14 cm。雄鸟上体橄榄褐色，眉纹、喉部及胸部金黄色，腰部及下体余部均为橘黄色。脸罩黑色，翼缘及外侧尾羽基部橙黄色。雌鸟上体橄榄色，下体艳黄绿色。

栖息地：中高海拔山区的常绿阔叶林、混交林及灌丛，冬季下移至低地森林。

行为：性羞怯，喜单独或成对藏匿于低矮灌木丛间活动和觅食昆虫。

分布及种群数量：繁殖于喜马拉雅山脉至中国西南山区。广西仅见于西北部山区，极少见，为冬候鸟。

雄鸟

雌鸟

1	2	3	4	5	6	7	8	9	10	11	12

鉴别特征：体长约 13 cm。上体栗色，下体灰色，具白色及黑色的细横纹。

栖息地：热带、亚热带常绿阔叶林。

行为：单独或成对活动于林间地面，以昆虫和植物果实为食。

分布及种群数量：分布于我国西南地区。广西曾在靖西市的底定林区偶见活动，从分布来看应该是 *fusca* 亚种，估计为罕见留鸟。

| 1 | 2 | 3 | 4 | 5 | 6 | 7 | 8 | 9 | 10 | 11 | 12 |

白喉短翅鸫　Lesser Shortwing

Brachypteryx leucophrys

鉴别特征： 体长约 13 cm。体形较小，腿长，翼短圆，尾短。体羽多为褐色，下体近白色并具鳞状斑，雄鸟具醒目的白色眉纹。雌鸟上体偏棕褐色，眉纹不明显。

栖息地： 中低海拔山区的湿润常绿林及林下灌丛。亦见于植被完好的城市公园。

行为： 性羞怯，喜单独或成对在浓密、潮湿的林下灌丛及地面活动和觅食。

分布及种群数量： 分布于我国南方地区。广西各地均有分布，不容易看见，但其实种群数量相对还算较多，为留鸟。

相似种： 蓝短翅鸫。体形稍大，雄鸟深蓝色，雌鸟额基、眼先棕褐色。

雌鸟　雄鸟　雄鸟　雄鸟

| 1 | 2 | 3 | 4 | 5 | 6 | 7 | 8 | 9 | 10 | 11 | 12 |

蓝短翅鸫 White-browed Shortwing

Brachypteryx montana

雀形目鹟科

鉴别特征： 体长约 15 cm。雄鸟上体深蓝色，具显著的白色眉纹，下体蓝灰色。雌鸟整体偏褐色，额基、眼先及眉纹棕褐色。

栖息地： 中高海拔山区的潮湿森林及灌丛。

行为： 性怯生，常单独于潮湿森林下地面活动和觅食。

分布及种群数量： 广泛分布于华中、华南至西南山区。广西各地山区应该都有分布，但较少见，为留鸟。

相似种： 白喉短翅鸫。体形稍小，广西分布的亚种均为褐色，雄鸟白色眉纹不明显，雌鸟额基、眼先无棕褐色。

雄鸟

雌鸟

1	2	3	4	5	6	7	8	9	10	11	12

687

鹊鸲　Oriental Magpie Robin

Copsychus saularis

雀形目鹟科

鉴别特征： 体长约 20 cm。雄鸟头部、胸部及背部深蓝黑色，翼及尾羽黑色，宽大的翼斑及外侧尾羽均为白色，下体余部白色。雌鸟多灰色和白色，亚成鸟肩部及胸部满布褐色杂斑。*erimelas* 亚种外侧第四对尾羽的内、外翈边缘均为黑色。

栖息地： 有人为活动的生境，尤以城市最为常见。

行为： 喜鸣唱，常于树梢或屋顶上鸣叫，善于模仿其他鸟类叫声，成对活动，以地面蠕虫为食。

分布及种群数量： 分布于我国南方。广西分布有 2 个亚种，*erimelas* 亚种偶见于南宁和百色，*prosthopellus* 亚种见于广西全境。很常见，为留鸟。

雌鸟

亚成鸟

雄鸟

白腰鹊鸲　White-rumped Shama

Kittacincla malabaricus

雀形目鹟科

鉴别特征: 体长约27 cm。雄鸟头部、上体及胸部亮黑色,腰部纯白色,凸状尾形长,外侧尾羽白色,下体余部栗褐色。雌鸟上体及尾羽黑褐色,腰部白色,下体橙黄色。

栖息地: 热带岩溶谷地的潮湿森林、竹林和林缘地带。

行为: 性怯生,喜单独或成对在阴湿的林下灌丛及地面活动,以地面蠕虫为食。

分布及种群数量: 分布于我国西南山区和海南岛。广西主要见于西南部地区,早年广西并无该种的记录,但近年来观察到的地点和数量越来越多,为留鸟。另外,南宁还观察到过白顶鹊鸲 *Copsychus stricklandii* 活动,由于该种主要分布于婆罗洲,广西发现的个体很可能为逃逸的笼鸟,因此暂不收录。

雄鸟

雌鸟

| 1 | 2 | 3 | 4 | 5 | 6 | 7 | 8 | 9 | 10 | 11 | 12 |

蓝额红尾鸲 Blue-fronted Redstart
Phoenicurus frontalis

鉴别特征： 体长约 16 cm。雄鸟头部至上背部及上胸部均为深蓝色，两翼及尾羽黑褐色，下背部、腰部及外侧尾羽基部均为橙褐色，下体余部橙黄色。雌鸟褐色，眼圈皮黄色，腰部和外侧尾羽基部橙褐色。

栖息地： 中高海拔山区的森林及灌丛，偶尔也到城市公园活动。

行为： 单独或成对活动，停歇时尾不断上下抽动，杂食性。

分布及种群数量： 繁殖于我国中部、西部高海拔山区，在低海拔区域越冬。广西多见于西北部的山区，但在南宁和桂林的城区公园也观察到过活动，较为少见，为冬候鸟。

雄鸟

雌鸟

雌鸟

| 1 | 2 | 3 | 4 | 5 | 6 | 7 | 8 | 9 | 10 | 11 | 12 |

黑喉红尾鸲　Hodgson's Redstart

Phoenicurus hodgsoni

鉴别特征: 体长约15 cm。雄鸟头顶至上背部灰色,黑色脸罩延及喉部,黑褐色的翼具狭窄的白色斑纹,腰部、尾羽及下体余部均为棕色。雌鸟体羽多为灰褐色,腰部和尾羽棕色。

栖息地: 中低海拔的林缘及村落附近的开阔生境。

行为: 单独或成对活动,停歇时尾不断上下抽动,杂食性。

分布及种群数量: 分布于我国中部至西南山区。广西仅见于西北部的田林、西林和隆林等县,极少见,为冬候鸟。

相似种: 北红尾鸲。雄鸟头顶至颈背部银灰色,背部黑色,白色翼斑显著,雌鸟具白色翼斑。

雌鸟

雄鸟

1	2	3	4	5	6	7	8	9	10	11	12

北红尾鸲 Daurian Redstart

Phoenicurus auroreus

鉴别特征： 体长约 15 cm。雄鸟头顶至颈背部银灰色，黑色脸罩延及喉部，上体余部黑色，具显著的白色翼斑。下体余部棕黄色。雌鸟橙褐色，腰部及外侧尾羽棕褐色，具白色翼斑。

栖息地： 山地森林、林缘灌丛及城镇乡野。

行为： 单独或成对活动。喜停栖于低矮灌丛的高处或突起处，频繁点头和颤尾，杂食性。

分布及种群数量： 繁殖于我国北方，在长江以南大部分地区越冬。广西各地均有分布，很常见，为冬候鸟，部分为旅鸟。

相似种： 黑喉红尾鸲。雄鸟头顶至上背部灰色，白色翼斑窄小。雌鸟无翼斑。

雌鸟

雄鸟

雄鸟

雄鸟

鉴别特征：体长约 14 cm。雄鸟通体深青石蓝色，腰部及尾羽栗褐色。雌鸟上体灰色，下体具灰白色鳞斑，翼黑褐色并具两道白色点状翼斑，腰部及外侧尾羽基部均为白色。

栖息地：山区溪流和河流，偶至水库或池塘岸边。

行为：常成对在山间溪流或河流砾石上觅食昆虫，停歇时尾不停扇开摆动。

分布及种群数量：分布于我国黄河以南大部分地区。广西各地山区均有分布，很常见，为留鸟。

雌鸟

雄鸟和幼鸟

| 1 | 2 | 3 | 4 | 5 | 6 | 7 | 8 | 9 | 10 | 11 | 12 |

雀形目鹟科

白顶溪鸲　White-capped Water Redstart

Chaimarrornis leucocephalus

鉴别特征：体长约 19 cm。头顶纯白色，头余部、上体、胸部及尾端均为黑色，身体余部浓栗色。

栖息地：中低海拔山区的溪流及河流。

行为：单独或成对在溪流砾石及岩石上觅食昆虫，喜抽动和扇开尾羽。

分布及种群数量：繁殖于喜马拉雅山脉至我国中西部的较高海拔山区，在低海拔区域越冬。广西各地林区均有分布，但不算多见，为冬候鸟。

白尾地鸲 White-tailed Robin

Myiomela leucurum

雀形目鹟科

鉴别特征：体长约 18 cm。雄鸟通体闪蓝黑色，额部、眉纹及肩部蓝色，外侧尾羽基部白色。雌鸟橄榄褐色，翼棕褐色，尾部特征似雄鸟。

栖息地：丘陵山区的常绿阔叶林、混交林及林下密丛。

行为：性隐蔽，常单独或成对于阴暗、潮湿的密林及林下灌丛活动，以蠕虫为食。

分布及种群数量：分布于我国南方地区。广西各地均有分布，但以南部较常见，为留鸟。

雌鸟

雄鸟

1	2	3	4	5	6	7	8	9	10	11	12

695

紫啸鸫 Blue Whistling Thrush

雀形目鹟科

Myophonus caeruleus

鉴别特征： 体长约 32 cm。通体深蓝黑色，头部、上背部及胸部具银白色点状闪斑。*eugenei* 亚种喙黄色。

栖息地： 山区湿润的常绿阔叶林、次生林及灌丛和城市公园的有林地带。

行为： 常单独或成对在森林地面活动，停歇时尾会有节奏而略带停顿地合拢或扇开。

分布及种群数量： 分布于我国大多数地区。广西分布有 2 个亚种，*caeruleus* 亚种见于广西大部分地区，*eugenei* 亚种见于广西西南部。较为常见，为留鸟。

eugenei 亚种

eugenei 亚种

caeruleus 亚种

caeruleus 亚种

小燕尾 Little Forktail

Enicurus scouleri

雀形目鹟科

鉴别特征: 体长约 13 cm。头顶、上体及胸部辉黑色,额部、翼斑、腰部及外侧尾羽纯白色,两胁沾灰,下体余部白色。

栖息地: 林区的山间溪流或河流。

行为: 性活跃,常成对于山间溪流或瀑布旁的岩石上觅食昆虫,尾会有节律地上下摆动。

分布及种群数量: 分布于我国黄河以南大部分地区。广西各地均有分布,但以中部和北部较为常见,为留鸟。

1	2	3	4	5	6	7	8	9	10	11	12

灰背燕尾　Slaty-backed Forktail

Enicurus schistaceus

雀形目鶲科

鉴别特征：体长约 23 cm。头顶及上体灰黑色，颊部及喉部黑色，额白，具一长一短两道白色翼斑，腰部及下体纯白色。幼鸟头部、上体及胸部深褐色。

栖息地：林区的山间溪流或河流。

行为：性活跃，常成对于山间溪流或瀑布旁的岩石上觅食昆虫，尾羽会有节律地上下摆动。

分布及种群数量：分布于我国华南地区至喜马拉雅山脉。广西各地均有分布，较常见，为留鸟。

白额燕尾 White-crowned Forktail

Enicurus leschenaulti

雀形目鹟科

鉴别特征： 体长约 25 cm。额部纯白色，头余部、上背部及胸部黑色。下背部、腰部和下体余部白色。尾长，呈深叉形，外侧尾羽及端部白色。

栖息地： 林区的山间溪流和河谷沿岸。

行为： 性活跃，常成对于山间溪流或瀑布旁的岩石上觅食昆虫，尾会有节律地上下摆动。

分布及种群数量： 分布于我国黄河以南大部分地区。广西各地均有分布，较常见，为留鸟。

成鸟 成鸟 亚成鸟 成鸟

斑背燕尾 Spotted Forktail

Enicurus maculatus

雀形目鹟科

鉴别特征： 体长约 27 cm。额部白色，上体及胸部黑色，上背满布近圆形的白色斑点。下背部、腰部及腹部纯白色。尾长，呈深叉形，外侧尾羽及端部白色。

栖息地： 中高海拔山区的溪流。

行为： 性活跃，常成对于山间溪流或瀑布旁的岩石上觅食昆虫，尾会有节律地上下摆动。

分布及种群数量： 分布于喜马拉雅山脉至我国南方地区。广西仅见于中部和北部的山区，较少见，为留鸟。

黑喉石䳭　Siberian Stonechat

Saxicola maurus

鉴别特征: 体长约 14 cm。雄鸟头部及上体黑色,颈侧和翼具显著白斑,胸部及两胁棕色,腰部白色。雌鸟呈褐色,背部具棕色羽缘,喉部近白色,下体皮黄色。*przewalskii* 亚种下体棕色较浓。

栖息地: 开阔的丘陵山地、农田及原野草地。

行为: 性活跃,常单独或成对站立于低矮灌木枝头顶端,伺机疾速飞向地面捕食昆虫。

分布及种群数量: 广泛分布于我国各地。广西分布有 2 个亚种,*stejnegeri* 亚种繁殖于我国东北,*przewalskii* 亚种繁殖于我国中西部地区。这两个亚种都在广西越冬,广西各地均有分布,很常见,为冬候鸟和旅鸟。

雄鸟　雄鸟　雄鸟　雌鸟

雀形目鹟科

白斑黑石䳭　Pied Bushchat

Saxicola caprata

鉴别特征：体长约 14 cm。雄鸟全身黑色，仅翼斑、腰部及尾下覆羽白色。雌鸟呈暗褐色，腰部浅褐色。

栖息地：开阔的丘陵山地、沟谷及农田等。

行为：性活跃，常单独或成对站立于低矮灌木枝头顶端，伺机疾速飞向地面捕食昆虫。

分布及种群数量：分布于我国西南地区。广西仅记录于西林县，极为少见，但在南宁郊区偶尔也可以观察到一些个体活动，不排除放生鸟类的可能性，为留鸟。

相似种：灰林䳭。雄鸟上体深灰褐色，眉纹及下体白；雌鸟上体棕褐，腰部栗褐色，喉部及下体近白。

雌鸟

雄鸟

灰林䳍 Grey Bushchat

Saxicola ferrea

雀形目鹟科

鉴别特征： 体长约 15 cm。雄鸟上体深灰色并具褐色饰纹，眉纹白色，脸罩黑色，两翼及尾羽黑褐色，胸部及两胁烟灰色，下体余部灰白色。雌鸟上体棕褐色，腰部栗褐色，喉部白色，胸及两胁皮黄褐色。

栖息地： 林缘灌丛、开阔草地及农田。

行为： 领域性强，常单独或成对站立于低矮灌木枝头顶端，伺机疾速飞向地面捕食昆虫。

分布及种群数量： 分布于我国黄河以南大部分地区。广西各地山区均有分布，很常见，为留鸟。

相似种： 白斑黑石䳍。雄鸟通体黑色；雌鸟上体暗褐色，腰部浅褐色。

雌鸟

雄鸟

雄鸟

蓝矶鸫 Blue Rock Thrush

Monticola solitarius

鉴别特征： 体长约 23 cm。雄鸟几乎全身蓝灰色，翼和尾羽黑褐色。雌鸟上体灰蓝色，下体皮黄色并缀以黑色鳞斑。*philippensis* 亚种腹部及尾下深栗色。

栖息地： 多岩石的低山峡谷、岩溶山区山林及城镇、村庄等。

行为： 常单独或成对停栖于高处，由栖处骤然冲向地面捕食猎物。

分布及种群数量： 广布于我国大多数地区。广西分布有 2 个亚种，*pandoo* 亚种见于广西全境，很常见，为留鸟；*philippensis* 亚种繁殖于我国北方，在广西越冬，较少见，为冬候鸟。

相似种： 栗腹矶鸫。脸罩黑色，下体栗色可达胸部。雌鸟具皮黄色月牙形颊斑。

亚成鸟

pandoo 亚种雄鸟

雌鸟

philippensis 亚种雄鸟

栗腹矶鸫 Chestnut-bellied Rock Thrush

Monticola rufiventris

雀形目鹟科

鉴别特征：体长约 24 cm。雄鸟头部、上体及尾羽亮蓝色，脸罩黑色，下体余部深栗色。雌鸟深褐色，具皮黄色月牙形耳后斑及浅白色扇贝形腹纹。

栖息地：中高海拔的针阔叶混交林及丘陵林地。冬季下至低海拔林地。

行为：常单独或成对停栖于高处，由栖处骤然冲向地面捕食猎物。

分布及种群数量：分布于我国西南至华南大部分地区。广西各地的山区均有分布，不算少见，为留鸟。

相似种：蓝矶鸫。无黑色脸罩，下体蓝灰色或为栗色但止于上腹部。雌鸟无皮黄色月牙形颊斑。

雄鸟

雄鸟

雌鸟

白喉矶鸫　White-throated Rock Thrush

Monticola gularis

雀形目鹟科

鉴别特征： 体长约 19 cm。雄鸟头顶、枕部及肩羽亮蓝色，脸罩黑而喉白，上背、翼及尾羽黑色，具灰白色背纹和白色翼斑，身体余部栗褐色。雌鸟橄榄褐色，满布黑色鳞状纹，喉部及臀部白色。

栖息地： 常绿阔叶林、次生林及林缘灌丛和城市公园的有林地带。

行为： 性羞怯，常单独或成对在地面或低矮的树枝活动，觅食昆虫和植物果实。

分布及种群数量： 繁殖于我国东北及华北地区，在南方越冬。广西各地均有分布，不算少见，为冬候鸟或旅鸟。

雌鸟

鉴别特征：体长约 14 cm，颜色均匀的灰褐色鹟。下体较白而纵纹较为清晰鲜明，眼先条纹白色。成鸟站立时翼尖超过尾羽二分之一的位置。

栖息地：林区边缘及城市或乡村的有林地带。

行为：单独活动，于显眼处站立，伺机扑捕飞虫。

分布及种群数量：繁殖于我国东北地区，迁徙经东部地区。广西各地均有分布，但较少见，为旅鸟。

相似种：乌鹟。颜色稍浅，下体无明显纵纹，翼尖大致达到尾羽一半，喉部通常具有一道白色的半颈环。

1	2	3	4	5	6	7	8	9	10	11	12

雀形目鹟科

乌鹟 Dark-sided Flycatcher

Muscicapa sibirica

鉴别特征：体长约 13 cm。上体深褐色，上胸部灰褐色，具模糊带斑，下腹部白色，翼尖大致达到尾羽二分之一的位置。*rothschildi* 亚种上体颜色更深，胸部纵纹较粗。

栖息地：林区边缘及城市或乡村的有林地带。

行为：单独活动，常于显眼处横枝上站立，伺机捕捉过路飞虫，然后返回原处。

分布及种群数量：繁殖于东北亚及喜马拉雅山脉，冬季迁徙至我国南方各省越冬。广西分布有 2 个亚种，*sibirica* 在广西各地均有分布，*rothschildi* 亚种见于广西西部地区。均不算少见，为冬候鸟。

相似种：灰纹鹟。颜色稍深，下体具明显纵纹，翼尖超过尾羽的一半，喉部通常无白色的半领环。

北灰鹟　Asian Brown Flycatcher

Muscicapa dauurica

雀形目鹟科

鉴别特征：体长约 13 cm。体羽多灰褐色，胸侧及两胁褐灰色，眼圈偏白色，野外观察眼眶明显凹陷。下喙基部黄色，几乎超过下喙的一半。

栖息地：开阔的森林、林缘地带和城市公园。

行为：单独活动，常于显眼处横枝上站立，伺机捕捉过路飞虫，然后返回原处。

分布及种群数量：繁殖于我国东北地区及喜马拉雅山脉，冬季迁徙至我国南方省。广西各地均有分布，较常见，为冬候鸟。

1	2	3	4	5	6	7	8	9	10	11	12

褐胸鹟　Brown-breasted Flycatcher

Muscicapa muttui

鉴别特征：体长约 14 cm。上体褐色较深，下体白色，胸部灰褐色，喉部和眼先白色明显。

栖息地：山区开阔森林，冬季下到低处有林地方活动。

行为：性惧生，常单独或成对活动，以昆虫为食。

分布及种群数量：繁殖于我国西南部及南部。广西主要见于西部及南部的山区森林，冬季在城市公园也可以观察到活动，较为少见，为留鸟。

相似种：白喉林鹟。体形略长，脸部无过多图案，胸部颜色较淡。

| 1 | 2 | 3 | 4 | 5 | 6 | 7 | 8 | 9 | 10 | 11 | 12 |

棕尾褐鹟　Ferruginous Flycatcher

Muscicapa ferruginea

雀形目鹟科

鉴别特征： 体长约 13 cm。上体多棕褐色，下体杏褐色，头部灰色。

栖息地： 山区开阔森林，冬季下到低处有林地带活动。

行为： 性惧生，常单独或成对活动，以昆虫为食。

分布及种群数量： 繁殖于我国台湾及西南山区，在华南地区越冬。广西仅见于中部、南部和西南地区，很少见，为冬候鸟，部分为旅鸟。

雄鸟

雌鸟

1	2	3	4	5	6	7	8	9	10	11	12

711

雀形目鹟科

白眉姬鹟　Yellow-rumped Flycatcher

Ficedula zanthopygia

鉴别特征： 体长约 14 cm，体羽由黄、白、黑三色组成。雄鸟上体黑色，翼斑和眉纹为白色，腹部黄色。雌鸟上体暗褐色，腰部暗黄色，腹部色淡。

栖息地： 开阔的林缘和城市及乡村的有林地带。

行为： 单独于林木下层捕捉昆虫，偶尔也下地觅食。

分布及种群数量： 繁殖于我国长江以北地区，迁徙经我国华南地区。广西各地均有分布，较常见，多数为旅鸟，部分为冬候鸟。

雄鸟

雌鸟

| 1 | 2 | 3 | 4 | 5 | 6 | 7 | 8 | 9 | 10 | 11 | 12 |

鉴别特征：体长约 13 cm。雄鸟上体黑色，具白色翼斑，眉鲜黄色，下体橘黄色。雌鸟整体色灰暗。

栖息地：开阔的林缘和城市及乡村的有林地带。

行为：单独于林木下层捕捉昆虫，偶尔也下地觅食。

分布及种群数量：繁殖于东北亚，迁徙经我国东部地区。广西各地均有分布，较为常见，多数为旅鸟，部分为冬候鸟。另外，广西迁徙期间可能也有琉球姬鹟 *Ficedula owstoni* 分布，该种喉部橘黄色面积较黄眉姬鹟明显窄小。

相似种：绿背姬鹟。雌雄上体均橄榄绿色，雄鸟腰部柠檬黄色，雌鸟橄榄绿黄色。

雄鸟

亚成雄鸟

雌鸟

1	2	3	4	5	6	7	8	9	10	11	12

雀形目鹟科

绿背姬鹟 Green-blacked Flycatcher

Ficedula elisae

鉴别特征：体长约 13 cm。雄鸟上体黄绿色，具白色翼斑，眉鲜黄色，下体鲜黄色。雌鸟为整体色灰暗。

栖息地：开阔的林缘和城市及乡村的有林地带。

行为：单独于林木下层捕捉昆虫，偶尔也下地觅食。

分布及种群数量：繁殖于我国华北山区，迁徙经我国东部地区。广西各地均有分布，较黄眉姬鹟少见，多数为旅鸟，部分为冬候鸟。

相似种：黄眉姬鹟。雄鸟上体黑色，腰部橙黄色；雌鸟上体橄榄褐色，腰部橄榄绿色。

| 1 | 2 | 3 | 4 | 5 | 6 | 7 | 8 | 9 | 10 | 11 | 12 |

鸲姬鹟　Mugimaki Flycatcher

Ficedula mugimaki

鉴别特征：体长约 13 cm。雄鸟上体黑色，具白色的眉纹和翼斑，尾羽基部具白斑，喉部、胸部均为橘黄色。雌鸟似雄鸟，但体羽色淡，白斑无或不明显。

栖息地：开阔的林缘和城市及乡村的有林地带。

行为：单独于林木下层捕捉昆虫，偶尔也下地觅食。

分布及种群数量：繁殖于我国东北山区，迁徙经我国东部地区。广西各地均有分布，较常见，多数为旅鸟，部分为冬候鸟。

1	2	3	4	5	6	7	8	9	10	11	12

雀形目鹟科

锈胸蓝姬鹟 Slaty-backed Flycatcher

Ficedula sordida

鉴别特征: 体长约 13 cm。雄鸟上体青石蓝色,外侧尾羽基部白色,胸部橘黄色,到腹部渐变为皮黄白色。雌鸟整体为橄榄褐色,翼上大覆羽具棕白色端斑,下体浅褐色。

栖息地: 海拔较高的潮湿山地森林,冬季下至低海拔处。

行为: 性胆怯,常单独或成对在森林下层活动,觅食飞行昆虫。

分布及种群数量: 繁殖于我国西南及华中地区。广西仅记录于柳州、河池和百色,较少见,为夏候鸟,也可能为冬候鸟。

雌鸟

雄鸟

| 1 | 2 | 3 | 4 | 5 | 6 | 7 | 8 | 9 | 10 | 11 | 12 |

橙胸姬鹟　Rufous-gorgeted Flycatcher

Ficedula strophiata

雀形目鹟科

鉴别特征：体长约 14 cm。雄鸟上体多为灰褐色，具白色的眉纹和尾基部斑，下体灰色，胸部具半月状橙色斑块。雌鸟体羽色稍淡，胸斑较小。

栖息地：海拔较高的潮湿山地森林，冬季下至低海拔处。

行为：性胆怯，常单独或成对在森林下层活动，觅食飞行昆虫。

分布及种群数量：繁殖于我国西南及华南地区。广西各地山区均有分布，迁徙期间也在城市活动，不算少见，为夏候鸟，部分为冬候鸟。

1	2	3	4	5	6	7	8	9	10	11	12

红喉姬鹟　Taiga Flycatcher

Ficedula albicilla

雀形目鹟科

鉴别特征：体长约 13 cm。体羽多为灰褐色，尾羽基部外侧明显白色。雄鸟喉部橙黄色，雌鸟喉部白色。

栖息地：常绿阔叶林、次生林及林缘灌丛和城市公园的有林地带。

行为：独自或成对活动，较为活跃，常停栖于较高横枝上，伺机捕食路过的飞虫。

分布及种群数量：繁殖于我国东北地区，迁徙至华南地区越冬。广西各地均有分布，较常见，为旅鸟，部分为冬候鸟。另外，迁徙期间广西可能也有红胸姬鹟 *Ficedula parva* 分布，该种与红喉姬鹟相似，但下喙色浅，与上喙颜色不同，喉部黄色，延伸至胸口。

雄鸟

雌鸟

雄鸟

棕胸蓝姬鹟 Snowy-browed Flycatcher

Ficedula hyperythra

鉴别特征： 体长约 13 cm。雄鸟上体灰蓝色，具清晰的白色眉纹，喉部及胸部橙黄色。雌鸟多为橄榄褐色，胸部颜色较暗。

栖息地： 常绿阔叶林、次生林及林缘灌丛和城市公园的有林地带。

行为： 性胆怯，常单独或成对在森林下层活动，觅食飞行昆虫。

分布及种群数量： 分布于我国西南及华南地区。广西见于北部和西南部的山区，较少见，为留鸟。

雄鸟

雌鸟

小斑姬鹟　Little Pied Flycatcher

Ficedula westermanni

鉴别特征：体长约 12 cm。雄鸟上体黑色，具白色的眉纹和翼斑，下体白色。雌鸟上体灰褐色，具不明显的皮黄色翼斑，下体近白色。

栖息地：海拔 700 m 以上的开阔林地，冬季也到低海拔有林地带活动。

行为：常单独或成对在森林中取食昆虫，有时加入混合鸟群。

分布及种群数量：分布于我国西南部。广西仅见于西部地区，冬季也曾在南宁市区观察到活动，不算多见，为留鸟。

雌鸟

雄鸟

| 1 | 2 | 3 | 4 | 5 | 6 | 7 | 8 | 9 | 10 | 11 | 12 |

白眉蓝姬鹟 Ultramarine Flycatcher

Ficedula superciliaris

雀形目鹟科

鉴别特征： 体长约 12 cm。雄鸟头部、上体及胸侧几乎为深蓝色，有时具狭窄的白色眉纹，下体白色。雌鸟上体近灰色，下体皮黄色。

栖息地： 森林或其他有林地带。

行为： 常单独或成对在森林中取食昆虫，有时加入混合鸟群。

分布及种群数量： 繁殖于我国西南山区，在低海拔处越冬。广西仅记录于柳州和金秀，极罕见，为冬候鸟。

雄鸟

1	2	3	4	5	6	7	8	9	10	11	12

雀形目鹟科

灰蓝姬鹟　Slaty-Blue Flycatcher

Ficedula tricolor

鉴别特征：体长约 13 cm。雄鸟上体青石蓝色，喉部具三角形橄榄色块斑，下体近白色，尾羽外侧基部白色。雌鸟上体橄榄褐色，下体棕白色。

栖息地：海拔较高的森林，冬季也到低海拔有林地带活动。

行为：常单独或成对在森林中取食昆虫，有时加入混合鸟群。

分布及种群数量：分布于我国西南部及华中地区。广西仅见于南宁和百色部分县区，冬季偶见于城市公园，较少见，为留鸟。

雌鸟

雄鸟

722 | 1 | 2 | 3 | 4 | 5 | 6 | 7 | 8 | 9 | 10 | 11 | 12

白腹蓝鹟　Blue-and-white Flycatcher
Cyanoptila cyanomelana

雀形目鹟科

鉴别特征： 体长约 17 cm。雄鸟上体闪光钴蓝色，脸部、喉部及上胸部近黑色，下胸部、腹部及尾下覆羽均为白色。雌鸟上体橄榄褐色，下体偏白色。

栖息地： 常绿阔叶林、次生林及林缘灌丛和城市公园的有林地带。

行为： 常单独或成对在森林中取食昆虫，有时加入混合鸟群。

分布及种群数量： 繁殖于我国东北地区，迁徙经我国东部地区。广西各地均有分布，不算多见，为旅鸟，部分为冬候鸟。

相似种： 白腹暗蓝鹟。雄鸟上体琉璃蓝色，脸部、喉部及上胸部均为深蓝色。

雌鸟

雄鸟

1	2	3	4	5	6	7	8	9	10	11	12

723

白腹暗蓝鹟　Zappey's Flycatcher
Cyanoptila cumatilis

鉴别特征：体长约 17 cm。雄鸟上体闪光琉璃蓝色，脸部、喉部及上胸部深蓝色，下胸部、腹部及尾下覆羽均为白色。雌鸟上体橄榄褐色，下体偏白色。

栖息地：常绿阔叶林、次生林及林缘灌丛和城市公园的有林地带。

行为：常单独或成对在森林中取食昆虫，有时加入混合鸟群。

分布及种群数量：繁殖于我国华北及华中地区，迁徙经我国东部地区。广西各地均有分布，不算多见，为旅鸟，部分为冬候鸟。

相似种：白腹蓝鹟。雄鸟上体闪光钴蓝色，脸部、喉部及上胸部近黑色。

雄鸟

雌鸟

铜蓝鹟　Verditer Flycatcher

Eumyias thalassinus

雀形目鹟科

鉴别特征：体长约 16 cm。体羽多为蓝绿色，眼先深色，尾下有白色鳞片纹。

栖息地：常绿阔叶林、次生林及林缘灌丛和城市公园的有林地带。

行为：常单独或成对在乔木的较高处出击捕食昆虫。

分布及种群数量：分布于我国华中及华南地区。广西各地均有分布，以山区较为常见，为留鸟，沿海地区也有部分为旅鸟。

雌鸟

雄鸟

1	2	3	4	5	6	7	8	9	10	11	12

雀形目鹟科

白喉林鹟　Brown-chested Jungle Flycatcher

Cyornis brunneatus

鉴别特征： 体长约 15 cm。上体褐色，尾部红褐色。眼大色深，眼圈白色。喙长且粗厚，下喙偏黄色。腿粉红色。

栖息地： 常绿阔叶林、次生林及林缘灌丛和城市公园的有林地带。

行为： 性胆怯，常单独或成对在森林下层活动，觅食飞行昆虫。

保护级别： 国家 II 级重点保护野生动物。

分布及种群数量： 见于我国东南部森林。广西各地林区均有分布，迁徙期间也见于各地城市公园，较少见，为夏候鸟和旅鸟。

相似种： 褐胸鹟。体形稍短圆，脸部图案较多，胸部颜色较深。

| 1 | 2 | 3 | 4 | 5 | 6 | 7 | 8 | 9 | 10 | 11 | 12 |

海南蓝仙鹟　Hainan Blue Flycatcher

Cyornis hainanus

雀形目鹟科

鉴别特征：体长约 15 cm。雄鸟上体暗蓝色，喉部、胸部暗蓝色，至腹部慢慢变白。雌鸟上体褐色，下体胸部暖皮黄色。

栖息地：低地常绿林的中下层和城镇或乡村的有林地带。

行为：性胆怯，常单独或成对在森林下层活动，觅食飞行昆虫。

分布及种群数量：繁殖于我国南方地区。广西各地均有分布，在南部尤其常见，为夏候鸟，部分为留鸟。

雄鸟

亚成雄鸟

雌鸟

亚成雌鸟

1	2	3	4	5	6	7	8	9	10	11	12

纯蓝仙鹟　Pale Blue Flycatcher

Cyornis unicolor

雀形目鹟科

鉴别特征： 体长约 18 cm。雄鸟上体亮丽钴蓝，眼先黑色，喉部及胸部浅蓝色，腹部和尾下覆羽近白色。雌鸟多褐色，眼圈及眼先黄褐色，尾羽多为棕褐色。

栖息地： 常绿阔叶林和林缘地带。

行为： 性胆怯，常单独或成对在森林下层活动，觅食飞行昆虫。

分布及种群数量： 繁殖于我国西南地区。广西主要见于红水河以南地区，较少见，为夏候鸟。广西南部地区在冬季偶尔也可以见到一些越冬个体，估计也有部分为冬候鸟或留鸟。

雄鸟

雄鸟

灰颊仙鹟　Pale-chinned Flycatcher

Cyornis poliogenys

雀形目鹟科

鉴别特征：体长约 15 cm。雄鸟头部近灰色，胸部及两胁棕色，喉部偏白。雌鸟多为褐色，喉部白色，胸部带棕色。

栖息地：开阔的森林及林缘地带。

行为：性胆怯，常单独或成对在森林下层活动，觅食飞行昆虫。

分布及种群数量：分布于我国西南地区。广西仅于 2014 年 5 月在大新县有一次观察记录，估计为罕见留鸟。

相似种：山蓝仙鹟（雌鸟）。颊部与周围同色，喉部不呈白色。

雄鸟

1	2	3	4	5	6	7	8	9	10	11	12

山蓝仙鹟　Hill Blue Flycatcher

Cyornis banyumas

雀形目鹟科

鉴别特征: 体长约 15 cm。雄鸟上体深蓝色，额部及眉纹钴蓝色，喉部、胸部及两胁橙黄色，腹部白色。雌鸟上体褐色，眼圈皮黄色，下体颜色似雄鸟但较淡。

栖息地: 山区的森林及林缘地带，迁徙期间到低海拔区域活动。

行为: 常单独或成对在森林下层活动，觅食飞行昆虫。

分布及种群数量: 分布于我国西南地区。广西西部地区的有林地带较为常见，最北可至桂林，迁徙期间偶尔在城市公园活动，为夏候鸟，部分为旅鸟。

相似种: 灰颊仙鹟。颊部灰色，喉部偏白色。

雄鸟

雌鸟

1	2	3	4	5	6	7	8	9	10	11	12

中华仙鹟　Chinese Blue Flycatcher

Cyornis glaucicomans

鉴别特征：体长约 15 cm。雄鸟上体蓝色，眼先黑色，上胸部及喉部橙红色，腹部白色。雌鸟上体灰褐色，眼圈皮黄色，上胸部橙红色，喉部及腹部白色。

栖息地：山区的浓密森林。

行为：性胆怯，常单独或成对在森林下层活动，觅食飞行昆虫。

分布及种群数量：繁殖于我国华中及华南地区。广西大部分林区都有分布，但较少见，为夏候鸟。

1	2	3	4	5	6	7	8	9	10	11	12

雀形目鹟科

棕腹大仙鹟　Fujian Niltava

Niltava davidi

鉴别特征：体长约 18 cm。雄鸟上体鲜蓝色，颈部有闪亮斑块，喉部黑色，下体橙色。雌鸟多为褐色，颈侧具蓝色斑块，喉部具不太明显的白色新月形斑。

栖息地：山区浓密林区，冬季垂直迁徙到低处，也见于城区公园。

行为：性胆怯，常单独或成对在森林下层活动，觅食飞行昆虫。

保护级别：国家 II 级重点保护野生动物。

分布及种群数量：见于我国西南部和南部地区。广西主要见于红水河以南地区，较少见，为留鸟。

相似种：棕腹仙鹟。体羽颜色较亮丽，臀部棕黄色较浓，额部辉蓝色延伸过头顶。

雄鸟

雌鸟

雄鸟

棕腹仙鹟　Rufous-bellied Niltava

Niltava sundara

鉴别特征： 体长约 18 cm。雄鸟上体蓝色，头顶及颈侧辉蓝色，眼罩及喉部黑色，下体棕色。雌鸟多为褐色，颈侧具蓝色斑块，喉部具不太明显的白色新月形斑。

栖息地： 山区的浓密森林。

行为： 性胆怯，常单独或成对在森林下层活动，觅食飞行昆虫。

分布及种群数量： 繁殖于我国华中及西南地区。广西大部分林区可能都有分布，但很少见，为夏候鸟。

相似种： 棕腹大仙鹟。体羽颜色相对不亮丽，臀部棕黄色较淡，额部辉蓝色不延伸过头顶。

雌鸟

雄鸟

1	2	3	4	5	6	7	8	9	10	11	12

733

棕腹蓝仙鹟　Vivid Niltava

Niltava vivida

鉴别特征： 体长约 18 cm。雄鸟上体蓝色，头顶及颈侧辉蓝色，眼罩及喉部黑色，棕色的下体延至喉部成一三角形。雌鸟多为褐色，头顶及颈背部灰色，喉块皮黄色。

栖息地： 山区的浓密森林。

行为： 性胆怯，常单独或成对在森林下层活动，觅食飞行昆虫。

分布及种群数量： 繁殖于长江以南地区。广西仅见于西部林区，极少见，为夏候鸟。

雄鸟

雄鸟

1	2	3	4	5	6	7	8	9	10	11	12

大仙鹟　Large Niltava

Niltava grandis

雀形目鹟科

鉴别特征：体长约 21 cm。雄鸟上体蓝色，颈侧具辉蓝色的斑，眼罩黑色，下体灰黑色。雌鸟橄榄褐色，颈侧也具蓝色斑块，喉部皮黄色。

栖息地：半山区及山区森林，越冬鸟下至低海拔林地。

行为：性胆怯，常单独或成对在森林下层活动，觅食飞行昆虫。

保护级别：国家 II 级重点保护野生动物。

分布及种群数量：繁殖于我国西南地区。广西中南部和西部林区均有分布，但较为少见，为留鸟。

相似种：小仙鹟。体形较小，雄鸟胸部蓝色，臀部白色。

雌鸟

雄鸟

雄鸟

1	2	3	4	5	6	7	8	9	10	11	12

雀形目鹟科

小仙鹟 Small Niltava

Niltava macgrigoriae

鉴别特征：体长约 14 cm。雄鸟上体蓝色，颈侧具辉蓝色的斑，眼罩及喉部显黑色，至臀部慢慢变白。雌鸟橄榄褐色，颈侧也具蓝色斑块，喉部皮黄色。

栖息地：常绿阔叶林或其他有林地带。

行为：性胆怯，常单独或成对在森林下层活动，觅食飞行昆虫。

分布及种群数量：见于我国西南及华南地区。广西大部分林区均有分布，北部的市县相对较多，为留鸟。

相似种：大仙鹟。体形较大，雄鸟胸部、腹部及臀部灰黑色。

雌鸟

雄鸟

雄鸟

| 1 | 2 | 3 | 4 | 5 | 6 | 7 | 8 | 9 | 10 | 11 | 12 |

丽星鹩鹛科 Elachuridae

体形极小的鸟类，传统上列入画眉科，但根据最新的分子系统分类结果，其与鹛类差别较大，已单独列为一科。本科仅丽星鹩鹛一种，广西也发现其分布。

丽星鹩鹛　Elachura

Elachura formosus

雀形目丽星鹩鹛科

鉴别特征： 体长约 10 cm，体形极小而尾羽很短的鹛类。体羽多褐色，具白色点斑。两翼及尾羽有棕色和黑色横斑。

栖息地： 山区茂密森林的下层。

行为： 常单独在地面活动，性隐蔽，多数时候只听见其叫声而不能见其踪迹。

分布及种群数量： 主要见于我国云南、浙江、江西和福建等地。在广西龙胜、资源和全州曾观察到其活动，但极罕见，为留鸟。由于生性隐蔽，其在广西的分布区域可能有所忽略。

和平鸟科 Irenidae

中等大小，体形如鹎类，上喙微下弯或有钩，颜色较为鲜艳，主要分布于亚洲热带森林。我国仅有和平鸟1属1种，也见于广西。

和平鸟 Asian Fairy-bluebird

Irena puella

鉴别特征： 体长约25 cm。雄鸟头顶、颈背部、背部、翼上覆羽、腰部、尾上覆羽及臀部均为鲜亮的闪光蓝色，余部黑色。雌鸟全身几乎暗钴蓝绿色。

栖息地： 常绿阔叶林。

行为： 性胆怯，常单独或成对在乔木树冠层活动和觅食果实。

分布及种群数量： 罕见于我国西南地区的森林。广西仅见于德保县，极少见，为留鸟。

雄鸟

叶鹎科 Chloropseidae

本科鸟类最早被列入和平鸟科下，现独立为一科。中等大小，体形如鹎类，颜色较为鲜艳，主要分布于印度次大陆和东南亚，我国分布有1属3种，其中2种见于广西。

蓝翅叶鹎　Blue-winged Leafbird

Chloropsis cochinchinensis

雀形目叶鹎科

鉴别特征：体长约17 cm。全身大部为草绿色，两翼及尾侧蓝色。雄鸟喉部黑色。

栖息地：常绿阔叶林、次生林和林缘疏林及灌丛。

行为：性羞怯，常成对或成小群在乔木树冠层活动，主要以昆虫和植物的花及果实为食。

分布及种群数量：分布于我国西南地区。广西见于百色市保存较好的林区，极罕见，为留鸟。考虑到蓝翅叶鹎与橙腹叶鹎的亚成体极为相似，广西的蓝翅叶鹎分布记录可能需要进一步确认。

相似种：橙腹叶鹎。雄鸟喉部及前胸深蓝色，腹部橙黄色；雌鸟及亚成鸟颊纹灰蓝色，颏部及喉部黄绿色。

雌鸟

雄鸟

1	2	3	4	5	6	7	8	9	10	11	12

橙腹叶鹎 Orange-bellied Leafbird

Chloropsis hardwickii

雀形目叶鹎科

鉴别特征： 体长约 20 cm。雄鸟上体绿色，髭纹、两翼及尾羽蓝色，脸罩及胸部黑色，下体橘黄色。雌鸟体羽多为绿色，髭纹蓝色，腹部中央沾黄色。亚成鸟腹部黄色极不明显。

栖息地： 中低海拔山区的森林。冬季或春季偶至城市或乡村的有林地带活动。

行为： 常单独或成对在乔木树冠层活动，主要以昆虫和植物的花及果实为食。

分布及种群数量： 见于我国长江以南地区。广西大部分地区均有分布，不算少见，为留鸟。

相似种： 蓝翅叶鹎。雄鸟喉部黑色，腹部偏绿色；雌鸟及亚成鸟颊纹蓝绿色，颏部及喉部蓝色。

雌鸟

雄鸟

| 1 | 2 | 3 | 4 | 5 | 6 | 7 | 8 | 9 | 10 | 11 | 12 |

啄花鸟科 Dicaeidae

小型鸣禽，喙短粗而稍弯曲，先端有细小的锯齿。雄鸟一般颜色较为鲜艳，常在树冠层活动，以昆虫、花蜜、果实等为食。主要分布于亚洲和澳大利亚，我国分布有1属6种，其中5种见于广西。

黄臀啄花鸟　Yellow-vented Flowerpecker

Dicaeum chrysorrheum

雀形目啄花鸟科

鉴别特征：体长约9 cm。背部橄榄绿色，腹部白色但具浓密黑色纵纹，臀部为鲜艳的黄色。

栖息地：低海拔常绿阔叶林、次生林及村寨周边。

行为：单独或成对在树冠层觅食，常在开花的植物或桑寄生上活动。

分布及种群数量：分布于我国西南地区。广西仅记录于南宁及龙州，极少见，为留鸟。

1	2	3	4	5	6	7	8	9	10	11	12

雀形目啄花鸟科

黄腹啄花鸟 Yellow-bellied Flowerpecker

Dicaeum melanoxanthum

鉴别特征： 体长约 13 cm。雄鸟头部和背部均为黑色，颈部具一圈未完全闭合的黑色条带，喉部白色，腹部明黄色。雌鸟头部、背部及颈圈均为橄榄绿色。

栖息地： 常绿阔叶林、次生林。

行为： 单独或成对在树冠层觅食，常在开花的植物或桑寄生上活动。

分布及种群数量： 分布于我国西南地区。广西仅记录于南宁及龙州，极少见，为留鸟。

雄鸟

雌鸟

1	2	3	4	5	6	7	8	9	10	11	12

纯色啄花鸟　Plain Flowerpecker

Dicaeum concolor

雀形目啄花鸟科

鉴别特征：体长约 8 cm。头部、背部、翼、尾部为单调统一的灰橄榄绿色，颈部、胸部及腹部灰白色。

栖息地：常绿阔叶林，村寨及各种公园绿地。

行为：单独或成对在树冠层觅食，常在开花的植物或桑寄生上活动。

分布及种群数量：分布于我国长江以南地区。广西各地均有分布，很常见，为留鸟。

相似种：红胸啄花鸟。雄鸟胸部红色；雌鸟胸腹部偏棕黄色，与橄榄绿色的背部对比较为明显。

红胸啄花鸟　Fire-breasted Flowerpecker

Dicaeum ignipectus

鉴别特征：体长约 7 cm。雄鸟背部蓝黑色，具红色的胸部，腹部皮黄色，并具一条明显的黑色纵纹。雌鸟背部橄榄绿色，胸腹部偏棕黄色。

栖息地：常绿阔叶林、村寨及各种公园绿地。

行为：单独或成对在树冠层觅食，常在开花的植物或桑寄生上活动。

分布及种群数量：分布于我国华南及华中地区。广西各地均有分布，以北部市县较为常见，为留鸟。

相似种：纯色啄花鸟。胸腹部灰白色，与灰橄榄绿色的背部对比不太明显。

雌鸟

雌鸟

雄鸟

| 1 | 2 | 3 | 4 | 5 | 6 | 7 | 8 | 9 | 10 | 11 | 12 |

朱背啄花鸟　Scarlet-backed Flowerpecker

Dicaeum cruentatum

雀形目啄花鸟科

鉴别特征：体长约 9 cm。雄鸟脸部、颈侧及尾部黑色，但头顶、背部及腰部明红色，下体偏白色。雌鸟偏橄榄绿色，但腰部浅红色。

栖息地：常绿阔叶林，村寨及各种公园绿地。

行为：单独或成对在树冠层觅食，常在开花的植物或桑寄生上活动。

分布及种群数量：分布于我国南方地区。广西各地均有分布，以南部市县较为常见，为留鸟。

雌鸟

亚成鸟

雄鸟

亚成鸟

1	2	3	4	5	6	7	8	9	10	11	12

花蜜鸟科 Nectariniidae

小型鸣禽。体纤细；喙细长、尖而下弯，以花蜜为食，兼食昆虫。雄鸟大多具有彩虹色羽毛，一些种类也有特别长的尾羽。我国分布有 6 属 13 种，其中 3 属 7 种见于广西。

雀形目花蜜鸟科

黄腹花蜜鸟　Olive-backed Sunbird

Cinnyris jugularis

鉴别特征： 体长约 10 cm。上体橄榄绿色，雄鸟颏部及胸部为金属黑紫色，并具绯红色及灰色胸带。雌鸟下体黄色。亚成鸟喉部黑紫斑较小。

栖息地： 各种有花盛开的生境。

行为： 喜欢开花植物，雌雄鸟时常一起觅食。

分布及种群数量： 分布于我国华南地区。广西主要见于红水河以南区域，较常见，北部地区偶尔也有分布，为留鸟。

亚成雄鸟

雄鸟

雄鸟

雌鸟

| 1 | 2 | 3 | 4 | 5 | 6 | 7 | 8 | 9 | 10 | 11 | 12 |

鉴别特征：体长约 16 cm。雄鸟喉部深蓝色，头顶蓝色较浅且和红色相夹杂，胸部及背部鲜红色，腹部及腰部明黄色。雌鸟上体橄榄色，腰部淡黄色。

栖息地：山区的常绿阔叶林，冬季到低海拔处活动。

行为：喜欢开花植物，雌雄鸟时常一起觅食。

分布及种群数量：分布于我国华中及西南地区。广西各地均有分布，但较少见，为留鸟。

相似种：黄腰太阳鸟。雄鸟腹部灰色，雌鸟腰部无黄色。

雄鸟

雌鸟

雄鸟

叉尾太阳鸟　Fork-tailed Sunbird

Aethopyga christinae

鉴别特征：体长约 10 cm。雄鸟头顶、脖颈及尾部泛金属绿色，喉部至胸部为红色偏暗，腰部黄色，尾部有两根羽毛特别延长。雌鸟上体多为橄榄绿色，腰部黄色，尾部具白斑。

栖息地：各种有花盛开的生境。

行为：单独或成对在树冠层觅食，常在开花的植物上活动。

分布及种群数量：分布于我国华南及东南地区。广西各地均有分布，较常见，为留鸟。

雄鸟

雄鸟

雌鸟

雌鸟

| 1 | 2 | 3 | 4 | 5 | 6 | 7 | 8 | 9 | 10 | 11 | 12 |

黑胸太阳鸟　Black-throated Sunbird

Aethopyga saturata

鉴别特征：体长约 14 cm。雄鸟头顶及尾羽深蓝色，喉部黑色，上背部红色偏黑，下腹部黄绿色，腰部黄色。雌鸟上体橄榄绿色，下体橄榄绿偏黄色，具黄色腰。

栖息地：山区的森林和林缘地带，冬季到低海拔处活动。

行为：单独或成对在树冠层觅食，常在开花的植物上活动。

分布及种群数量：分布于我国华南及西南地区。广西主要见于西部市县，在百色的山区很常见，为留鸟。

雄鸟

雄鸟

雌鸟

黄腰太阳鸟　Crimson Sunbird

Aethopyga siparaja

鉴别特征： 体长约 13 cm。雄鸟胸部、颈部和背部鲜红色，腹部深灰色。雌鸟整体偏橄榄绿色，腰部无黄色。

栖息地： 各种有花盛开的生境。

行为： 单独或成对在树冠层觅食，常在开花的植物上活动。

分布及种群数量： 分布于我国华南及西南地区。广西主要见于红水河以南区域，较常见，为留鸟。

相似种： 蓝喉太阳鸟。雄鸟腹部明黄色，雌鸟腰部黄色。

雄鸟

雄鸟

雌鸟

亚成雄鸟

1	2	3	4	5	6	7	8	9	10	11	12

长嘴捕蛛鸟　Little Spiderhunter

Arachnothera longirostris

鉴别特征：体长约 15 cm。喙长约为头长的 2 倍。上体近乎橄榄绿色，喉部灰白色，腹部嫩黄色。

栖息地：常绿阔叶林、混交林及林缘地带。

行为：较活泼，常单独或成对活动，觅食蜘蛛和花蜜。

分布及种群数量：分布于我国西南地区。广西仅见于西部保存较好的森林，极为少见，为留鸟。

相似种：纹背太阳鸟。喙长约为头长的 1.5 倍，身体具显著的纵纹。

纹背捕蛛鸟　Streaked Spiderhunter

Arachnothera magna

鉴别特征：体长约 19 cm。喙长约为头长的 1.5 倍。上体嫩黄色，下体白色，但均具浓密的黑色纵纹。

栖息地：常绿阔叶林、混交林及林缘地带。

行为：较活泼，常单独或成对活动，觅食蜘蛛和花蜜。

分布及种群数量：分布于我国西南地区。广西仅见于西部保存较好的森林，不算少见，为留鸟。

相似种：长嘴太阳鸟。喙长约为头长的 2 倍，身体无明显纵纹。

| 1 | 2 | 3 | 4 | 5 | 6 | 7 | 8 | 9 | 10 | 11 | 12 |

梅花雀科 Estrididae

体形较小，喙短厚而尖利，常集群觅食植物种子。多用草编织成半圆形巢，幼鸟晚成性。中国分布有 5 属 8 种，广西有 1 属 4 种。

白腰文鸟　White-rumped Munia

Lonchura striata

雀形目梅花雀科

鉴别特征：体长约 11 cm。上体深褐色，具白色细纵纹。腰部白色，腹部黄白色，尾羽黑色且呈尖形。

栖息地：有稀疏树木的灌丛、村庄及农田。

行为：活泼吵闹，常成小群在农田觅食植物种子。

分布及种群数量：分布于我国黄河以南地区。广西各地均有分布，很常见，为留鸟。

雀形目梅花雀科

斑文鸟 Scaly-breasted Munia
Lonchura punctulata

鉴别特征：体长约 10 cm。头部及上体褐色，胸部及两胁具深褐色鳞状斑，下体余部白色。亚成鸟整体偏褐色。

栖息地：有稀疏树木的灌丛、村庄及农田。

行为：活泼吵闹，常成小群在农田觅食植物种子。

分布及种群数量：分布于我国长江以南地区。广西各地均有分布，很常见，为留鸟。

相似种：栗腹文鸟。头颈部黑色，背部和胸腹部栗色，亚成鸟污褐色。

成鸟

成鸟

亚成鸟

亚成鸟

栗腹文鸟 Chestnut Munia

Lonchura atricapilla

雀形目梅花雀科

鉴别特征： 体长约 12 cm。头部、喉部及臀部黑色，雌雄同色，背部和胸腹部栗色。亚成鸟污褐色。

栖息地： 海拔 1000 m 以下的灌丛、草丛和农田中。

行为： 活泼吵闹，常成小群在农田觅食植物种子。

分布及种群数量： 分布于我国南方地区。广西仅记录于南宁和崇左，极少见，为留鸟。

相似种： 斑文鸟。头部及上体几乎褐色，亚成鸟褐色较浅。

成鸟

亚成鸟

1	2	3	4	5	6	7	8	9	10	11	12

禾雀 Java Sparrow

Lonchura oryzivora

鉴别特征： 体长约 16 cm。头部黑色，颊部具显著的白色斑块。上体及胸部灰色，腹部粉红色。尾羽黑色，但尾下为白色。

栖息地： 农田、公园和城郊的村镇附近。

行为： 活泼吵闹，常成小群在农田觅食植物种子。

分布及种群数量： 爪哇和巴厘岛特有种，引种至我国南方。广西仅在南宁周围偶见分布，为留鸟。

| 1 | 2 | 3 | 4 | 5 | 6 | 7 | 8 | 9 | 10 | 11 | 12 |

雀科 Passeridae

体形较小，喙短粗，雌雄羽色一般不同，常集群觅食植物种子。多数种类会集群繁殖，幼鸟晚成性。我国分布有 5 属 13 种，广西仅有 1 属 3 种。

家麻雀　House Sparrow

Passer domesticus

雀形目雀科

鉴别特征： 体长约 15 cm。雄鸟顶冠及尾上覆羽为灰色，喉部及上胸为黑色。雌鸟体羽色彩较淡，具浅色眉纹。

栖息地： 开阔的农田和草地生境。

行为： 常成小群在农田觅食植物种子。

分布及种群数量： 繁殖于我国西北部地区，偶尔至南方地区越冬。广西在桂林和北部湾沿海区域都发现有越冬种群，但较少见，估计为冬候鸟。

雌鸟（左）、雄鸟（右）

雀形目雀科

山麻雀 Russet Sparrow

Passer cinnamomeus

鉴别特征：体长约 14 cm。雄鸟头冠及上体为鲜艳的黄褐色或栗色，上背部具黑色纵纹，喉部黑色，颊部污白色。雌鸟颜色较暗，具深色贯眼纹及黄白色眉纹。*intensior* 亚种下体黄色较多。

栖息地：山区的林缘、草丛和农田附近。

行为：常成小群在农田或草丛中觅食植物种子。

分布及种群数量：分布于我国黄河以南地区。广西分布有 2 个亚种，*intensior* 亚种见于广西西北部，*rutilans* 亚种见于广西其他地区。较常见，为留鸟。

雌鸟

雄鸟

雄鸟

麻雀 Eurasian Tree Sparrow

Passer montanus

雀形目雀科

鉴别特征：体长约 14 cm。上体近褐色，具完整的灰白色颈环，颊部及喉部具黑色斑块，下体皮黄灰色。*malaccensis* 亚种颜色较深。

栖息地：各种有人类活动的生境。

行为：常成群在地面活动，杂食性，繁殖季节以昆虫为食。

分布及种群数量：分布于我国绝大多数地区。广西分布有 2 个亚种，*malaccensis* 亚种见于广西西北部，*saturatus* 亚种见于广西其他地区。在一些地区很常见，但在很多地方已经消失，为留鸟。

1	2	3	4	5	6	7	8	9	10	11	12

鹡鸰科 Motacillidae

中小型鸟类，体形较纤细，喙较细长，腿也细长，后爪通常较长。常在地面觅食昆虫，多进行波浪式飞行。我国分布有 3 属 20 种，其中 3 属 17 种见于广西。

雀形目鹡鸰科

山鹡鸰　Forest Wagtail

Dendronanthus indicus

鉴别特征：体长约 17 cm。头部和上体多为橄榄褐色，翼上具两道白色斑，胸部具两道黑色横斑纹，下体余部白色。

栖息地：各种各样的森林、林缘及城市的有林地带。

行为：多单独或成对在地面觅食昆虫。

分布及种群数量：繁殖于我国北方地区，在华南地区越冬。广西各地均有分布，不算少见，为冬候鸟。在桂林发现有繁殖种群，估计为夏候鸟。

西黄鹡鸰　Western Yellow Wagtail

Motacilla flava

雀形目鹡鸰科

鉴别特征： 体长约 18 cm。头顶灰褐色，具较宽的白色眉纹，耳羽乌灰褐色，上体橄榄绿色，翼上具不太明显的斑，下体黄色。

栖息地： 有水的农田、池塘、水库和滩涂等湿地生境。

行为： 多成对或小群在干涸的水面觅食水生昆虫。

分布及种群数量： 繁殖于我国西北地区，偶见在华南地区越冬。在广西南部也发现有越冬个体，估计为罕见冬候鸟。广西分布的应该为 *simillima* 亚种，由于这些亚种的分类地位都存在一定的争议，因此广西是否有西黄鹡鸰分布可能需要进一步研究。

相似种： 黄鹡鸰，头顶蓝灰色，但无眉纹或头顶橄榄绿色，具黄色或白色眉纹；灰鹡鸰，头及背部灰色，喉部常与胸腹部不同色。

1	2	3	4	5	6	7	8	9	10	11	12

雀形目鹡鸰科

黄鹡鸰　Eastern Yellow Wagtail
Motacilla tschutschensis

鉴别特征：体长约 18 cm。头顶蓝灰色，上体橄榄绿色，翼上具不太明显的斑，下体黄色。*taiwana* 亚种头顶与背部均为橄榄绿色，具黄色或白色眉纹。

栖息地：有水的农田、池塘、水库和滩涂等湿地生境。

行为：多成对或小群在干涸的水面觅食水生昆虫。

分布及种群数量：繁殖于我国北方地区，在华南地区越冬。广西分布有 2 个亚种，*macronyx* 亚种较为常见，*taivana* 亚种较为少见。广西各地均有分布，为冬候鸟或旅鸟。

相似种：灰鹡鸰，头部及背部灰色，喉部常与胸腹部不同色；西黄鹡鸰，头顶灰褐色，具较宽的白色眉纹。

macronyx 亚种

macronyx 亚种

macronyx 亚种

taivana 亚种亚成鸟

鉴别特征：体长约 18 cm。雄鸟头部鲜黄色，背部灰色，下体鲜黄色。雌鸟额部和头侧辉黄色，头顶黄色，羽端杂有少许灰褐色，上体余部灰色，具黄色眉纹，下体黄色。

栖息地：有水的农田、池塘、水库和滩涂等湿地生境。

行为：多成对或小群在干涸的水面觅食水生昆虫。

分布及种群数量：繁殖于我国北方地区，在华南地区越冬。广西各地均有分布，但较少见，为冬候鸟，部分为旅鸟。

雄鸟

雄鸟

雌鸟

灰鹡鸰　Gray Wagtail

Motacilla cinerea

鉴别特征： 体长约 19 cm。上体偏灰色，尾上覆羽和下体黄色。亚成鸟下体偏白色。

栖息地： 山区溪流和有水的农田附近。

行为： 多成对在地面觅食水生昆虫。

分布及种群数量： 繁殖于我国北方地区，在华南地区越冬。广西各地均有分布，较常见，为冬候鸟。部分个体在广西高海拔地区繁殖，为留鸟。

相似种： 黄鹡鸰和西黄鹡鸰。头部蓝灰色或橄榄绿色，背部橄榄绿色，喉部常与胸腹部同色。

成鸟

亚成鸟

亚成鸟

| 1 | 2 | 3 | 4 | 5 | 6 | 7 | 8 | 9 | 10 | 11 | 12 |

白鹡鸰 White Wagtail

Motacilla alba

鉴别特征： 体长约 20 cm。上体多为黑色或灰色，颏部、喉部白色或黑色，胸部黑色，其余下体白色。*baicalensis* 亚种背部灰色且喉部白色。*ocularis* 亚种背部灰色并具黑色贯眼纹。*alboides* 亚种背部黑色，额部及眉纹白色。*leucopsis* 亚种背部黑色，头部和颈部两侧为白色。

leucopsis 亚种

alboides 亚种

ocularis 亚种

栖息地： 各种有水生境，有时候也在远离水源的地方活动。

行为： 多成对在地面或水边觅食昆虫。

分布及种群数量： 我国各地均有分布。在广西很常见，共有 4 个亚种，*baicalensis* 和 *ocularis* 亚种在广西为冬候鸟；*alboides* 亚种繁殖广西西部，有时可在南宁越冬；*leucopsis* 亚种在广西各地为留鸟。

相似种： 日本鹡鸰。颏部白色范围较小，喉部全为黑色。

leucopsis 亚种

leucopsis 亚种亚成鸟

1	2	3	4	5	6	7	8	9	10	11	12

雀形目鹡鸰科

日本鹡鸰　Japanese Wagtail

Motacilla grandis

鉴别特征：体长约 19 cm。上体及胸部多为黑色，额部、颏部及眉纹白色，翼具大型的白斑，下体多为白色。

栖息地：有水的农田、池塘、水库和滩涂等湿地生境。

行为：多成对或小群在干涸的水面觅食水生昆虫。

分布及种群数量：繁殖于日本和朝鲜，偶见于我国东部地区越冬。广西在东兰和巴马有过记录，估计为冬候鸟。考虑到日本鹡鸰与白鹡鸰 *alboides* 亚种极为相似，广西的记录可能值得怀疑。

相似种：白鹡鸰 *alboides* 亚种。颏部白色范围较大，喉部仅下半部分为黑色。

田鹨　Richard's Pipit

Anthus richardi

雀形目鹡鸰科

鉴别特征：体长约 18 cm。上体主要为棕黄色，具暗褐色纵纹，眉纹黄白色，下胸部和腹部皮黄白色，胸部具黑色细纵纹。*sinensis* 亚种背部颜色较深。

栖息地：开阔的草地和农田生境。

行为：单独或成对在地面觅食昆虫。

分布及种群数量：我国大部分地区均有分布。广西分布有 2 个亚种，*richardi* 亚种在广西各地越冬，较常见，为冬候鸟；*sinensis* 亚种迁徙经过广西北部地区，较少见，为旅鸟。

相似种：东方田鹨。体形相对较小，更紧凑，后爪较短。

| 1 | 2 | 3 | 4 | 5 | 6 | 7 | 8 | 9 | 10 | 11 | 12 |

东方田鹨　Paddyfield Pipit

Anthus rufulus

雀形目鹡鸰科

鉴别特征： 体长约 16 cm。上体多为褐色并具纵纹，眉纹浅皮黄色，下体皮黄色，胸部具深色纵纹。

栖息地： 开阔的草地和农田生境。

行为： 单独或成对在地面觅食昆虫。

分布及种群数量： 繁殖于我国西南地区，在华南地区越冬。广西红水河以南地区均有分布，但较为少见，或许未能正确识别，为冬候鸟。

相似种： 田鹨。体形相对较大，更修长，后爪较长。

1	2	3	4	5	6	7	8	9	10	11	12

布氏鹨　Blyth's Pipit

Anthus godlewskii

鉴别特征：体长约 18 cm。上体多为褐色并具纵纹，眉纹浅皮黄色，中覆羽羽端较宽而成清晰的翼斑，下体皮黄色，胸部具深色纵纹。

栖息地：开阔的草地和农田生境。

行为：单独或成对在地面觅食昆虫。

分布及种群数量：繁殖于我国北方地区，在华南地区越冬。广西原无该种的记录，但在南宁、武宣和博白都有过标本记录，估计较为少见，或许之前未能正确识别，为冬候鸟。

1	2	3	4	5	6	7	8	9	10	11	12

林鹨　Tree Pipit

Anthus trivialis

鉴别特征：体长约 16 cm。上体多为褐色并具较粗的黑褐色羽干纹，翼上覆羽具较宽的棕白色羽缘，下体皮黄色，胸部和两胁具黑褐色纵纹。

栖息地：多草的林缘生境。

行为：单独或成对在地面觅食昆虫。

分布及种群数量：繁殖于我国西北地区，迁徙至华南地区越冬。广西中部和北部的林区偶有分布，为冬候鸟。

相似种：树鹨。上体偏橄榄绿色，背部纵纹较小，脸部图案比较清晰。

树鹨 Olive-backed Pipit

Anthus hodgsoni

鉴别特征：体长约 15 cm。上体暗灰褐色，纵纹较细，具棕黄色眉纹，胸部和两胁具较粗的黑色纵纹。*yunnanensis* 亚种上体偏橄榄绿色，纵纹较粗。

栖息地：开阔的林地及林缘生境。

行为：多成小群在地面觅食昆虫，受惊时迅速飞到树上。

分布及种群数量：繁殖于我国北方地区，迁徙至华南地区越冬。在广西很常见，有 2 个亚种。*yunnanensis* 亚种广西各地均有分布，在桂北猫儿山一带有繁殖种群，为冬候鸟和夏候鸟；*hodgsoni* 亚种在广西各地均有分布，为冬候鸟。

相似种：林鹨。上体偏褐色，背部纵纹较粗，脸部图案比较斑驳。

1	2	3	4	5	6	7	8	9	10	11	12

粉红胸鹨　Rosy Pipit

Anthus roseatus

鉴别特征：体长约 15 cm。上背部灰色并具黑色纵纹，眉纹粉皮黄色，下体偏黄白色，胸部及两胁具浓密的黑色斑点或纵纹。繁殖期下体为粉红色，但广西的个体不太明显。

栖息地：开阔的农田生境。

行为：多单独或成对在地面觅食昆虫。

分布及种群数量：繁殖于我国北方地区，迁徙至华南地区越冬。广西仅见于南部市县，较少见，为冬候鸟。

红喉鹨　Red-throated Pipit

Anthus cervinus

鉴别特征：体长约 15 cm。上体棕褐色并具黑色羽纹，喉部暗粉红色，下胸部、腹部和两胁均具黑褐色纵纹，其余下体皮黄白色。

栖息地：开阔的农田生境。

行为：多单独或成对在地面觅食昆虫。

分布及种群数量：迁徙经我国大部分地区，在华南地区越冬。广西各地均有分布，不算少见，为冬候鸟。

雀形目鹡鸰科

黄腹鹨 Buff-bellied Pipit

Anthus rubescens

鉴别特征：体长约 15 cm。上体深褐色，颈侧具近黑色的块斑，下体棕白色，胸部和两胁具浓密的暗色纵纹。

栖息地：有水的农田、池塘、水库和滩涂等湿地生境。

行为：多单独或成对在地面觅食昆虫。

分布及种群数量：繁殖于我国北方地区，在华南地区越冬。广西见于南宁及北部湾沿海，较少见，为冬候鸟。

| 1 | 2 | 3 | 4 | 5 | 6 | 7 | 8 | 9 | 10 | 11 | 12 |

水鹨　Water Pipit

Anthus spinoletta

鉴别特征：体长约 15 cm。上体灰褐色并具不明显的暗褐色纵纹，下体棕白色，胸部和两胁具较细的暗色纵纹或斑点。

栖息地：有水的农田、池塘、水库和滩涂等湿地生境。

行为：多单独或成对在地面觅食昆虫。

分布及种群数量：繁殖于我国北方地区，在华南地区越冬。广西各地均有分布，较少见，为冬候鸟。

1	2	3	4	5	6	7	8	9	10	11	12

山鹨 Upland Pipit

Anthus sylvanus

鉴别特征： 体长约 17 cm。上体棕褐色，具较粗的黑褐色纵纹，眉纹棕白色。下体棕白色，具黑褐色纵纹。

栖息地： 山区多草地的农田和林缘生境。

行为： 多单独或成对在地面觅食昆虫。

分布及种群数量： 见于我国长江以南地区。广西各地均有分布，但很少见，为留鸟。

| 1 | 2 | 3 | 4 | 5 | 6 | 7 | 8 | 9 | 10 | 11 | 12 |

燕雀科 Fringillidae

中小型鸟类，体色通常较鲜艳，喙短粗，适合取食种子。分布广泛，我国分布有 20 属 62 种，广西有 6 属 9 种。

燕雀　Brambling

Fringilla montifringilla

雀形目燕雀科

鉴别特征：体长约 16 cm。雄鸟（冬羽）头部、颈部和背部为褐色，翼上具白色和棕色的斑，胸棕而腹白。雌鸟颜色较浅。

栖息地：林缘疏林、农田、果园和村庄附近的小树林。

行为：成小群活动，于地面取食种子或植物浆果。

分布及种群数量：繁殖于我国北方地区，在华南地区越冬。广西各地均有分布，但以北部地区相对较为常见，为冬候鸟或旅鸟。

雄鸟

雌鸟

1	2	3	4	5	6	7	8	9	10	11	12

锡嘴雀 Hawfinch

Coccothraustes coccothraustes

雀形目燕雀科

鉴别特征：体长约 17 cm。体羽偏褐色，喙特大而明显，翼辉蓝黑色，具灰白色的宽大肩斑。

栖息地：林缘、果园和城市或乡村的有林地带。

行为：成对或成小群在树上取食植物果实，偶尔到地面活动。

分布及种群数量：繁殖于我国北方地区，在华南地区越冬。广西仅记录于天峨县，极少见，为冬候鸟。

雄鸟

黑尾蜡嘴雀 Chinese Grosbeak

Eophona migratoria

雀形目燕雀科

鉴别特征：体长约 17 cm。硕大的喙黄色而端部黑色，雄鸟头部及两翼近黑色，体羽灰色，臀部黄褐色。雌鸟头部的黑色较少。*sowerbyi* 亚种体色相对较暗。

栖息地：林缘、果园和城市或乡村的有林地带。

行为：成对或成小群在树上取食植物果实，偶尔到地面活动。

分布及种群数量：繁殖于我国北方地区，在华南地区越冬。广西记录有 2 个亚种，*migratoria* 亚种分布于广西各地，*sowerbyi* 亚种分布于广西南部。较常见，均为冬候鸟。

相似种：黑头蜡嘴雀。喙端无黑色，两胁沾灰色。

雄鸟

雌鸟

1	2	3	4	5	6	7	8	9	10	11	12

雀形目燕雀科

黑头蜡嘴雀　Japanese Grosbeak

Eophona personata

鉴别特征：体长约 17 cm。硕大的喙黄色，雄鸟头部及两翼近黑色，背部及下体灰色。雌鸟翼羽较灰暗。

栖息地：林缘、果园和城市或乡村的有林地带。

行为：成对或成小群在树上取食植物果实，偶尔到地面活动。

分布及种群数量：繁殖于我国北方地区，在华南地区越冬。广西仅记录于西北部地区，极少见，为冬候鸟或旅鸟。

相似种：黑尾蜡嘴雀。喙端黑色，两胁沾黄褐色。

| 1 | 2 | 3 | 4 | 5 | 6 | 7 | 8 | 9 | 10 | 11 | 12 |

褐灰雀 Brown Bullfinch

Pyrrhula nipalensis

鉴别特征：体长约 17 cm。体羽多为灰色，尾羽及两翼闪辉深绿紫色，腰部白色。雄鸟额部具狭窄的黑色脸罩。

栖息地：高海拔的森林，冬季会到低海拔处活动。

行为：常单独或成对活动，非繁殖期则多成小群在林下灌丛中或树上觅食果实和种子。

分布及种群数量：分布于我国长江以南地区。广西仅见于北部的林区，极少见，为留鸟。另外，在百色金钟山附近还有疑似灰头灰雀 *Pyrrhula erythaca* 的记录，但目前尚未证实，需要进一步调查。

1	2	3	4	5	6	7	8	9	10	11	12

普通朱雀 Common Rosefinch
Carpodacus erythrinus

鉴别特征: 体长约 15 cm。雄鸟头部、胸部、腰部及翼斑多具鲜亮红色,雌鸟上体清灰褐色,下体近白色。

栖息地: 林间空地和林缘地带。

行为: 常单独站在灌木上,取食植物果实和种子。

分布及种群数量: 繁殖于北方地区,在华南地区越冬。广西主要见于红水河以南区域,在桂西北林区相对较常见,为冬候鸟。

雄鸟

雌鸟

雄鸟

雌鸟

1	2	3	4	5	6	7	8	9	10	11	12

金翅雀 Grey-capped Greenfinch

Chloris sinica

雀形目燕雀科

鉴别特征： 体长约 13 cm。雄鸟顶冠及颈背部灰色，背部纯褐色，具宽阔的黄色翼斑。雌鸟颜色较暗淡。

栖息地： 林缘、农田、果园和城市或乡村的有林地带。

行为： 常单独或成对活动，秋冬季节也成群，在树上觅食植物果实和种子。

分布及种群数量： 见于我国东部及中部的大部分地区。广西各地均有分布，很常见，为留鸟。

相似种： 黑头金翅雀。头部黑绿色，身体偏绿色。

雌鸟

雄鸟

雄鸟

黑头金翅雀　Black-headed Greenfinch

Chloris ambigua

雀形目燕雀科

鉴别特征：体长约 13 cm。头部黑绿色，上体橄榄灰褐色，具黄色的翼斑，腰部及胸部橄榄色，下体橄榄绿色。雌鸟颜色较淡。

栖息地：林缘、农田、果园和乡村的有林地带。

行为：常单独或成对活动，秋冬季节也成群，在树上觅食植物果实和种子。

分布及种群数量：见于我国西南部。广西主要见于西北部中海拔地区，较少见，为留鸟。

相似种：金翅雀。头部灰色，身体偏褐色。

雄鸟

雌鸟

1	2	3	4	5	6	7	8	9	10	11	12

黄雀 Eurasian Siskin

Spinus spinus

鉴别特征：体长约 12 cm。喙短，体羽整体偏黄色，雄鸟的头顶及颏部黑色，具有醒目的黑色及黄色翼斑。雌鸟羽色较暗，多纵纹。

栖息地：开阔的森林和城市或乡村的有林地带。

行为：常单独或成对活动，在树上觅食植物果实和种子。

分布及种群数量：繁殖于我国东北地区，在华南地区越冬。广西各地均有分布，但较少见，为冬候鸟。

雌鸟

雄鸟

| 1 | 2 | 3 | 4 | 5 | 6 | 7 | 8 | 9 | 10 | 11 | 12 |

鹀科 Emberizidae

小型鸟类，喙圆锥形，但较雀科细弱。雌雄异色，外侧尾羽一般为白色。分布广泛，我国分布有 3 属 30 种，其中 2 属 16 种见于广西。

雀形目鹀科

凤头鹀　Crested Bunting

Melophus lathami

鉴别特征： 体长约 17 cm。雄鸟体羽偏辉黑色，具黑色的细长羽冠，两翼及尾羽栗色。雌鸟偏深橄榄褐色，羽冠较短，羽缘栗色。

栖息地： 山区多岩石的林缘及农田附近，冬季偶尔到城市农田活动。

行为： 常成对活动，以昆虫和植物种子为食。

分布及种群数量： 分布于我国黄河以南地区。广西各地均有分布，但以西南部石灰岩地区较常见，为留鸟。

雌鸟

雄鸟

雄鸟

| 1 | 2 | 3 | 4 | 5 | 6 | 7 | 8 | 9 | 10 | 11 | 12 |

蓝鹀　Slaty Bunting

Emberiza siemsseni

鉴别特征：体长约 13 cm。雄鸟体羽多为石蓝灰色，三级飞羽近黑色，腹部、臀部及尾羽外缘白色。雌鸟多暗褐色，头部及胸部棕色，具两道锈色翼斑。

栖息地：森林及灌丛地带。

行为：多单独在地面或矮树上活动，以植物种子和果实为食。

保护级别：国家 Ⅱ 级重点保护野生动物。

分布及种群数量：繁殖于我国中部山区，在华南地区越冬。广西北部和中部的山区均有分布，但较少见，为冬候鸟。

雄鸟

雌鸟

灰眉岩鹀 Godlewski's Bunting

Emberiza godlewskii

鉴别特征： 体长约 16 cm。雄鸟头部灰色，具多条栗色头纹，背部及下体棕褐色，翼上具两道翼斑。雌鸟色泽稍暗淡。

栖息地： 海拔较高裸露的岩石荒坡、农田、草地和灌丛中。

行为： 常成对或单独活动，非繁殖季节成小群在地面觅食植物种子和果实。

分布及种群数量： 分布于我国大部分地区。广西仅见于桂林、百色和河池等地海拔较高的山区，较少见，为留鸟。

雌鸟

雄鸟

三道眉草鹀　Meadow Bunting

Emberiza cioides

雀形目鹀科

鉴别特征：体长约 16 cm。雄鸟头部具白色的眉纹、上髭纹，颏部、喉部白色，胸部栗色，腰部棕色。雌鸟体羽颜色较暗淡，胸部浓皮黄色。

栖息地：开阔的灌木丛、农田及林缘地带。

行为：常成小群在开阔地取食植物种子和果实。

分布及种群数量：分布于我国大部分地区。广西仅见于北部和中部地区，较少见，为冬候鸟。

雄鸟

雄鸟

| 1 | 2 | 3 | 4 | 5 | 6 | 7 | 8 | 9 | 10 | 11 | 12 |

雀形目鹀科

白眉鹀 Tristram's Bunting

Emberiza tristrami

鉴别特征: 体长约 15 cm。成年雄鸟头部偏黑色,具显著的白色顶冠纹、眉纹和髭纹,腰部棕色。雌鸟体羽颜色较暗淡。

栖息地: 林下植被发达的森林。

行为: 性胆怯,常成对或成小群躲藏在林下灌丛和草丛中觅食植物种子和果实。

分布及种群数量: 繁殖于我国东北地区,在华南地区越冬。广西各地均有分布,不算少见,为冬候鸟。

雌鸟

雄鸟

1	2	3	4	5	6	7	8	9	10	11	12

栗耳鹀 Chestnut-eared Bunting

Emberiza fucata

鉴别特征：体长约 16 cm。体羽多为褐色，雄鸟的栗色耳羽与灰色的顶冠及颈侧对比明显，胸部具栗色环纹。雌鸟体羽颜色较暗淡。

栖息地：湿地草甸或草甸夹杂稀疏的灌丛和农田地带。

行为：常结小群在开阔地取食植物种子和果实。

分布及种群数量：繁殖于我国北方地区，在华南地区越冬。广西各地均有分布，不算少见，为冬候鸟。

相似种：小鹀。体形较小，胸部无栗色环状纹。

雄鸟

雄鸟

雌鸟

雌鸟

1	2	3	4	5	6	7	8	9	10	11	12

鉴别特征：体长约13 cm。上体褐色并具深色纵纹，耳羽及顶冠暗栗色，颊纹及耳羽边缘灰黑色，下体偏白色，胸部及两胁具黑色纵纹。

栖息地：山区稀疏的灌丛、草丛和农田地带。

行为：常成小群在开阔地取食植物种子和果实。

分布及种群数量：繁殖于我国北方地区，在华南地区越冬。广西各地均有分布，相对多见，为冬候鸟。

相似种：栗耳鹀。体形较大，胸部具栗色环状纹。

雄鸟

雌鸟

| 1 | 2 | 3 | 4 | 5 | 6 | 7 | 8 | 9 | 10 | 11 | 12 |

黄眉鹀 Yellow-browed Bunting

Emberiza chrysophrys

鉴别特征：体长约 15 cm。体羽多为褐色，具前半部黄色后半部白色的眉纹，下体白色且多纵纹。雌鸟体羽色较暗淡。

栖息地：山区开阔的森林、灌丛及农田地带。

行为：常单独或成对在开阔地取食植物种子和果实。

分布及种群数量：繁殖于我国北方地区，在华南地区越冬。广西各地均有分布，但较少见，为冬候鸟。

雌鸟

雄鸟

雄鸟

1	2	3	4	5	6	7	8	9	10	11	12

雀形目鹀科

田鹀　Rustic Bunting

Emberiza rustica

鉴别特征：体长约 15 cm。雄鸟头部具黑白条纹，颈背部、胸带、两胁纵纹及腰部均为棕色，具不明显的羽冠，腹部白色。雌鸟体羽颜色较暗淡。

栖息地：山区开阔的森林、灌丛及农田地带。

行为：常单独或成对在开阔地取食植物种子和果实。

分布及种群数量：分布于我国东部地区。广西仅记录于防城港，极少见，为冬候鸟。

雄鸟

1	2	3	4	5	6	7	8	9	10	11	12

鉴别特征：体长约 15 cm。体羽多为褐色，雄鸟头部多为黑色，眉纹及喉部黄色，具短羽冠，腹部白色。雌鸟体羽颜色较暗淡。

栖息地：山区开阔的森林、灌丛及农田地带。

行为：常单独或成对在开阔地取食植物种子和果实。

分布及种群数量：繁殖于我国东北地区，在华南地区越冬。广西各地均有分布，但较少见，为冬候鸟。

雄鸟

雄鸟

雌鸟

雌鸟

雀形目鹀科

黄胸鹀 Yellow-breasted Bunting
Emberiza aureola

鉴别特征：体长约 15 cm。雄鸟顶冠及颈背部栗色，颊部及喉部黑色，下体黄色，具栗色胸带。雌鸟体羽色淡，头部具深色的侧冠纹和淡皮黄色的眉纹。*ornate* 亚种颜色较深，额部黑色较多。

栖息地：低山丘陵和开阔平原地带的灌丛、草地、农田和林缘地带。

行为：常成小群在开阔地取食植物种子和果实。

保护级别：国家 I 级重点保护野生动物。

分布及种群数量：繁殖于我国东北地区，在华南地区越冬。广西共分布有 2 个亚种，*aureola* 亚种广西各地均有分布，为冬候鸟或旅鸟；*ornate* 亚种分布相对狭窄，为冬候鸟。

相似种：栗鹀。雄鸟头部及上体栗色，无栗色胸带；雌鸟腰部棕色，与背上其他部位差别明显。

雄鸟

雄鸟

雄鸟

雌鸟

栗鹀 Chestnut Bunting

Emberiza rutila

雀形目鹀科

鉴别特征：体长约 15 cm。雄鸟上体及胸部栗色，腹部黄色。雌鸟多为褐色，但腰部为棕色。

栖息地：低山丘陵和开阔平原地带的灌丛、草地、农田和林缘地带。

行为：常成小群在开阔地取食植物种子和果实。

分布及种群数量：繁殖于我国东北地区，在华南地区越冬。广西各地均有分布，不算少见，为冬候鸟。

相似种：黄胸鹀。雄鸟头部及上体非栗色，具栗色胸带；雌鸟腰部褐色，与背上其他部位颜色一致。

雄鸟

雌鸟

亚成雄鸟

| 1 | 2 | 3 | 4 | 5 | 6 | 7 | 8 | 9 | 10 | 11 | 12 |

黑头鹀 Black-headed Bunting

Emberiza melanocephala

鉴别特征：体长约 17 cm。雄鸟头部黑色，但冬羽颜色较暗，背部近褐色而带黑色纵纹，背部具褐色斑纹，下体近黄色而无纵纹。雌鸟及亚成鸟均为皮黄褐色，上体具深色纵纹。

栖息地：沿海的高草和废弃农田地带。

行为：多单独或与其他鹀类混群觅食植物种子和果实。

分布及种群数量：繁殖于地中海至中亚，偶尔在我国东南沿海地区活动。广西仅在北部湾沿海偶有记录，估计为迷鸟。

雌鸟

雄鸟

硫黄鹀 Yellow Bunting

Emberiza sulphurata

鉴别特征：体长约 14 cm。头部偏绿，眼先及颏部近黑色，具显著的白色眼圈，翼具两道不明显的白色翼斑，两胁具模糊的黑色纵纹。雌鸟体羽颜色较暗淡。

栖息地：低山丘陵和开阔平原地带的灌丛、草地、农田和林缘地带。

行为：多单独或与其他鹀类混群觅食植物种子和果实。

分布及种群数量：繁殖于日本，在我国南方地区越冬。广西仅在横县有观察记录，极少见，为冬候鸟。

相似种：灰头鹀。头部浅灰色，背部偏褐色。

雌鸟

雌鸟

1	2	3	4	5	6	7	8	9	10	11	12

灰头鹀 Black-faced Bunting

Emberiza spodocephala

雀形目鹀科

鉴别特征： 体长约 14 cm。雄鸟头部、颈背部及喉部灰色，眼先及颏部黑色，上体余部浓栗色并具明显的黑色纵纹，下体浅黄或近白。雌鸟贯眼纹及髭纹黄色。*sordida* 亚种头部和胸部橄榄绿色。*personata* 亚种头部多为绿灰色，喉部和胸部多为绿黄色。

栖息地： 低山丘陵和开阔平原地带的灌丛、草地、农田和林缘地带。

行为： 常成小群在开阔地取食植物种子和果实。

分布及种群数量： 繁殖于我国东北地区，在华南地区越冬。广西各地均有分布，相对较常见，为冬候鸟。广西共有 3 个亚种，*spodocephala* 和 *sordida* 亚种见于广西大部分地区，*personata* 亚种仅见于融安和三江。

相似种： 硫黄鹀。头部偏绿色，背部偏黄褐色。

spodoecphala 亚种雄鸟

sordida 亚种雄鸟

雌鸟

雌鸟

鉴别特征：体长约 15 cm。体羽多为褐色，头顶及耳羽具杂斑，眉线和髭纹皮黄色，背部具较多深色纵纹。

栖息地：沿海的高草和废弃农田地带。

行为：多单独或与其他鹀类混群觅食植物种子和果实。

分布及种群数量：繁殖于我国北方地区，偶尔在我国东南沿海地区活动。广西仅在北部湾沿海偶有记录，极少见，为冬候鸟。

雌鸟

1	2	3	4	5	6	7	8	9	10	11	12

参考文献

［1］广西动物学会. 广西陆栖脊椎动物分布名录［M］. 桂林: 广西师范大学出版社，
1988.

［2］蒋爱伍，蔡江帆. 鸳鸯利用城市建筑物繁殖初步观察［J］. 动物学杂志，
2009，44（3）: 135-137.

［3］蒋爱伍，盘宏权，陆舟，等. 中国鸟类亚种新记录——黑冠黄鹎［J］. 动物学研究，
2013，34（1）: 53-54.

［4］蒋爱伍，周放，黄成亮，等. 广西鸟类5个新记录［J］. 广西科学，2006，13
（04）: 303-304.

［5］蒋爱伍，周放，黄成亮. 毛腿沙鸡越冬区的新发现［J］. 动物学杂志，2006，
41（02）: 126-127.

［6］蒋爱伍，周放，韦振海，等. 广西大苗山"打鸟坳"趋光性鸟类调查［J］.
动物学杂志，2006，41（06）: 127-131.

［7］蒋爱伍，周丕宁，蒋德梦，等. 广西大明山鸟类群落组成、区系成分和垂直分
布［J］. 动物学杂志，2017，52（02）: 177-193.

［8］蒋爱伍，周天福，韦振海，等. 广西柳州市鸟类调查及区系研究初报［J］.
四川动物，2004，24（02）: 173，186-190.

［9］何芬奇，江航东，林剑声，等. 斑头大翠鸟在我国的分布［J］. 动物学杂志，
2006，41（02）: 58-60.

［10］李飞，王波. 广西发现灰颊仙鹟和黄胸柳莺［J］. 动物学杂志，2014，49（05）:
706.

［11］李相林，周放，孙仁杰，等. 北仑河口国家级自然保护区冬季鸟类多样性水平
梯度研究［J］. 广西科学，2006，13（04）: 305-309，315.

［12］李肇天，周放，杨岗，等. 广西邦亮长臂猿自然保护区的鸟类［J］. 动物学杂

志，2011，46（05）：90-101.

［13］林吕何. 桂林鸟类初步研究［J］. 东北师大学报，1982，（02）：79-90.

［14］林文宏. 台湾猛禽观察图鉴［M］. 台湾：远流出版社，2020.

［15］刘小华，潘国平，刘自民，广西金钟山鸟类调查及区系研究初报［J］. 动物学杂志，1992，27（04）：29-37，41.

［16］陆舟，林源，唐上波. 广西鸟类新纪录*——大天鹅［J］. 四川动物，2017，36（02）：173.

［17］陆舟，余丽江，舒晓莲，等. 海南鳽在广西的分布和保护现状［J］. 四川动物，2016，35（02）：302-306.

［18］陆舟，周放，潘红平，等. 广西鸟类新记录——灰喉鸦雀［J］. 广西农业生物科学，2006，25（01）：71，85.

［19］陆舟，周放，潘红平，等. 广西鸟类新纪录——史氏蝗莺［J］. 四川动物，2005，24（04）：556.

［20］陆舟，周放，潘红平，等. 广西鸟类新纪录——短耳鸮［J］. 广西科学，2005，12（04）：339.

［21］莫运明，周石保，谢志明. 广西鸟类亚种新纪录——紫啸鸫西南亚种［J］. 广西科学，2002，9（04）：315.

［22］莫运明，周天福，谢志明. 广西鸟类新纪录——大仙鹟［J］. 广西科学，2003，10（04）：300，308.

［23］舒晓莲，李一琳，杜寅，等. 广西涸洲岛鸟类自然保护区的鸟类资源［J］. 动物学杂志，2009，44（06）：54-63.

［24］舒晓莲，陆舟，廖晓雯，等. 广西北部湾沿海地区鸟类居留型变化分析［J］. 广西科学，2013，20（03）：226-229，233.

［25］宋亦希，陈天波，李飞，等. 广西弄岗发现林雕鸮［J］. 动物学杂志，2014，49（06）：903.

［26］孙仁杰，刘文爱，余桂东，等. 广西北海市的鸟类资源［J］. 广西科学，2018，25（02）：197-211.

［27］粟通萍，王绍能，蒋爱伍. 广西猫儿山地区鸟类组成及垂直分布格局［J］. 动物学杂志，2012，47（06）：54-65.

［28］谭丽凤，刘代汉，张定亨，等. 花坪自然保护区不同生境类型夏季鸟类多样性分析［J］. 广西科学，2008，15（01）：75-79.

［29］王海京，冯国文，孙仁杰，等. 广西鸟类分布新记录——褐翅燕鸥［J］. 广西林业科学，2013，（03）：282-283.

［30］闻丞，宋晔. 中国鸟类图鉴（猛禽版）［M］. 福州：海峡出版发行集团海峡

---

* 原文如此，应为"记录"，下同。

書局，2016.

［31］吴映环，韦鸿岸，韦东辰，等. 广西鸟类新记录：火冠雀［J］. 广西科学，2013，20（02）：181-182.

［32］许亮，周放，蒋光伟，等. 广西山口红树林保护区海陆交错带夏季鸟类多样性调查［J］. 四川动物，2012，31（04）：655-659.

［33］伊剑锋，余丽江. 广西繁殖鸟类资源［J］. 生态学杂志，2016，35（07）：1896-1910.

［34］余丽江，黄成亮，杨岗，等. 广西发现中华攀雀［J］. 动物学杂志，2015，50（03）：492.

［35］余丽江，陆舟，李肇天，等. 桂西南青龙山自然保护区鸟类多样性和区系分析［J］. 基因组学与应用生物学，2014，33（03）：533-536.

［36］余丽江，陆舟，舒晓莲，等. 广西西南石灰岩地区的受威胁鸟类现状及其保护［J］. 基因组学与应用生物学，2015，34（06）：1208-1217.

［37］约翰·马敬能，卡伦·菲利普斯. 中国鸟类野外手册［M］. 何芬奇，译. 长沙：湖南教育出版社，2000.

［38］章麟，张明. 中国鸟类图鉴鸻鹬版［M］. 福州：海峡出版发行集团海峡书局，2018.

［39］赵东东，苏远江，吴映环，等. 广西鸟类新记录：高山兀鹫［J］. 广西科学，2013，20（02）：183-184.

［40］郑光美. 中国鸟类分布与分类名录（第三版）［M］. 北京：科学出版社，2017.

［41］郑作新. 中国鸟类分布名录（第二版）［M］. 北京：科学出版社，1976.

［42］郑作新. 中国鸟类区系纲要［M］. 北京：科学出版社，1987.

［43］周放，刘小华，曹指南，等. 桂西北红水河中上游流域鸟类考察初报［J］. 动物学杂志，1989，24（05）：19-24，64.

［44］周放，刘小华，潘国平. 广西鸟类新记录［J］. 广西科学院学报. 1989，5（02）：1-6

［45］周放，潘国平，黄成亮. 广西鸟类新纪录（Ⅱ）［J］. 广西科学院学报，1995，11（3&4）：33-36.

［46］周放，房慧伶，张红星. 北部湾北部沿海红树林的鸟类［M］. 中国动物学会. 中国动物科学研究. 北京：中国林业出版社，1999：237-281.

［47］周放，房慧伶，张红星. 山口红树林鸟类多样性初步研究［J］. 广西科学，2000，7（2）：154-157.

［48］周放，房慧伶，张红星，等. 广西沿海红树林区的水鸟［J］. 广西农业生物科学，2002，21（3）：145-150.

［49］周放，陆舟，余丽江，等. 上思县海南鸭活动区的水鸟研究［J］. 广西农业

生物科学，2003，22（4）：249-252.

［50］周放，周解. 十万大山地区野生动物研究与保护［M］. 北京：中国林业出版社，2004.

［51］周放，韩小静，陆舟，等. 南流江河口湿地的鸟类研究［J］. 广西科学，2005，12（3）：221-226.

［52］周放. 桂西南中越边境地区鸟类区系研究进展［J］. 中国鸟类研究简讯，2005，14（2）：17-18.

［53］周放，韩小静，蒋爱伍，等. 广西金钟山鸟类保护区鸟类多样性初步研究［J］. 四川动物，2006，25（4）：765-770.

［54］周放，孙仁杰，韩小静. 广西鸟类新记录2种［J］. 广西科学，2006，13（1）：75，80.

［55］周放，蒋爱伍. 白眉山鹪鹛一新亚种［J］. 动物分类学报，2008，33（4）：802-806.

［56］周放. 中国红树林区鸟类［M］. 北京：科学出版社，2010.

［57］周放. 广西陆生脊椎动物分布名录［M］. 北京：中国林业出版社，2011.

［58］FELLOWES J R，ZHOU F，LEE K S，et al. Status update on the white-earednight heron （*Gorsachiusmagnificus*） in South China ［J］. Bird Conservation International，2001，11（2）：101-111.

［59］JIANG A W，ZHOU F，LIU N F. Significant recent ornithological records from the limestone area of south-west Guangxi, south China, 2004—2012 ［J］. Forktail, 2014，30：122-129.

［60］LEE K S，LAU M W N，FELLOWES J R，et al. Forest bird fauna of South China：notes on current distribution and status ［J］. Forktail, 2006，22：23-38.

［61］ZHOU F，JIANG A W. A new species of babbler（*Timaliidae*：*Stachyris*）from the Sino-Vietnam border region of China ［J］. Auk, 2008，125（2）：420-424.

［62］ZHOU F，SHU X L，SUN R J，et al. A New Bird Record in Guangxi Zhuang Autonomous Region，China：White-spectacled Warbler *Seicercus affinis* ［J］. Zoological Research, 2008，29（3）：331-333.

后　记

作为一名广西的老科技出版工作者，我一直对总结出版有关广西的自然资源和壮家生活技术的选题有着浓厚的兴趣和责任感。继20多年前策划出版了《广西红树林》《广西天坑》和《广西壮医学》后，出版一本广西鸟类知识的图书一直是我的一个心愿。当年组稿时因为出版时机不成熟而罢手，但此心愿却从没有得到释怀。

鸟类是我们人类的好朋友，认识它们是一件很有趣的事情。自从离开繁重的科技出版事务，我便投入到趣味盎然的观鸟活动中。对鸟类的认识越多，越感受到鸟类对保护大自然生态平衡、保护我们人类的重要性。那个曾经的心愿总是萦绕在心头。2008年，我和另一位广西出版人黄萍编审策划了一本观鸟科普读物。当这本科普图书《广西常见鸟类观察与保护》在2016年秋由漓江出版社出版时，我认识了本书的主编——鸟类学博士蒋爱伍副教授。蒋老师是广西大学专门研究鸟类的专家，长期在广西从事鸟类分类学和生态学研究，对整个广西的鸟类如数家珍，这让我喜出望外。我预感到出版一本有关广西鸟类的工具图书可以列上日程。我给蒋老师留了一句话，说："下次要写一本鸟类的图书，我找您哦！"蒋老师很爽快地答应了。

2016年下半年，广西科学技术出版社新的领导班子到位。我对卢培钊社长和陈勇辉总编辑关于科技出版的理念和抱负深有信心。2017

年的春天我到出版社拜访了他们。我给他们讲了一个我在观鸟中经历的故事。

2010年我去中美洲的一个小国——伯利兹观鸟时，不仅见识到了那个国度丰富的鸟类资源，还有了一种感悟。因为每到一个新的地方观鸟，我一般都是要准备一本当地的鸟类图鉴的，而一个经济体这么小的"穷"国——我在一个小岛降落时的机场比我们广西的二级公路都要差，是泥土的跑道！也基本没有看到什么高速公路、高楼大厦——就是这样的一个经济条件，我竟然可以找到当地的鸟类资料。而且每到一个保护区观鸟，其自然环境都是那么的自然、淳朴，保护得非常完好。从这一点上，我不认为他们是一个穷国。这个国家对保护大自然的超前意识和行动，让我觉得他们的自然资源和国民精神很富有。广西拥有全国第三多的鸟类种数，但却没有一本专业的鸟类图鉴。随着经济的发展和国内正在兴起的观鸟热潮，不管是从认识上和保护上，还是从传播上和态度上，出版一本优秀的鸟类图鉴都可以证明我们广西对保护自然资源有所行动，证明广西的生态文明水平。

当即，卢社长和陈总编辑立刻拍板要出版一本《广西鸟类图鉴》。

非常佩服卢社长和陈总编辑的魄力。我是非常清楚出版这样一本图鉴所需要的资金投入的。同时，出版社也马上安排编辑部赖铭洪主任和我保持联系，我也立刻整理了几篇《广西鸟类图鉴》样章交到他手上，最终，这一选题被列入广西科学技术出版社重点图书出版规划项目。

有了广西科学技术出版社的应允，我立即去广西大学林学院拜访了蒋爱伍副教授。作为专家，蒋老师已经完成了部分广西鸟类物种的写作，在得知广西科学技术出版社的支持后，按照出版社的要求立即组建了一个写作团队。

经过各位作者近三年的共同努力和主编蒋老师的严格把关修订，《广西鸟类图鉴》最终定稿。这本《广西鸟类图鉴》共收集了现今在广西境内有分布记录的744种鸟类。一些鸟种图片的收集是非常艰辛的。每得到一张稀有的鸟类图片，大家都感到无比的高兴。这种艰辛，只有经历过野外动物摄影的人才能深切地感受到。同时，在写作过程中，对鸟类准确识别的讨论，全体作者认真细致，为保证本书的高质量做出了重要贡献。在此，也向所有写作和提供图片的作者表示衷心地感谢。

《广西鸟类图鉴》出版了，但是人类保护大自然的使命还在进行中。喜欢在户外观鸟和拍鸟的朋友们，让我们拥有一本《广西鸟类图鉴》，理解本书的写作团队和出版者所要传递的保护大自然的理念。在我们享受大自然恩惠的同时，尊重鸟类，爱护野生动物，敬畏大自然。路漫漫，让我们一起并肩前行。

覃　春

广西特色观鸟地点介绍

弄岗国家级自然保护区位于广西壮族自治区龙州、宁明两县交界处，属于典型的石灰岩季雨林生态系统。鸟类组成具有浓郁的热带特色，是广西鸟类资源最丰富的地区之一。主要特色鸟种有弄岗穗鹛、印支绿鹊、蓝背八色鸫和长尾阔嘴鸟等。保护区外围的陇亨屯和汪那屯能提供较好的食宿条件。一年四季均可前往，但以秋冬季为最佳。

冠头岭位于北海市西尽端，三面环海，距市区 8 千米。冠头岭是我国迁徙季节中能看到猛禽最多的地方之一。种数达 30 多种，最多时一天可以观察到上千只猛禽。常见种类有凤头蜂鹰、灰脸𫛭鹰、日本松雀鹰等。北海市区及冠头岭周边能提供较好的食宿条件。每年仅在秋季合适的天气可以观察到大规模的猛禽迁徙。

山新沙岛位于防城港市港口区企沙镇，距市区约30千米。山新沙岛是广西沿海区域水鸟最为集中的地点之一。共观察到水鸟60多种，包括10多种全球濒危的种类，如勺嘴鹬、大滨鹬、小青脚鹬和大杓鹬等，常见种类有环颈鸻、蒙古沙鸻等。防城港市区及企沙镇能提供较好的食宿条件。一年四季均可前往，但以秋冬季为最佳。由于山新沙岛目前尚未被列为自然保护地，生态环境较为脆弱，建议在观鸟时尽量减少对鸟类的干扰。

猫儿山主要位于广西兴安县和资源县境内，主峰海拔2142米，是华南第一高峰。猫儿山以我国东南部森林鸟类为主，鸟类组成随海拔变化明显。主要特色鸟种有被鸟友戏称为"三金"的金额雀鹛、金胸雀鹛、金色鸦雀。山脚和山顶都能提供较好的食宿条件，但山顶的食宿价格稍贵。一年四季均可前往，但以秋冬季为最佳。

雅长兰科植物国家级自然保护区位于广西百色市乐业县境内，是我国第一个以兰科植物为保护对象的保护区。雅长鸟类具有较多的西南区成分。主要特色鸟种有黑颈长尾雉、白腹锦鸡以及各种鹛类。保护区所在的雅长乡可提供简单的食宿，但交通相对不便。一年四季均可前往，每个季节均有特色鸟类。

德孚县级自然保护区位于广西百色市那坡县境内。之前对德孚的鸟类较少关注，但鸟类种数其实较多，如果加上附近的老虎跳自然保护区则会更加丰富。主要特色鸟种有白眶斑翅鹛、红翅薮鹛和各种莺类等。最好在县城住宿。一年四季均可前往，每个季节均有特色鸟类。

大瑶山主体位于广西金秀县。大瑶山是我国现代鸟类研究的起源地之一，至少有 1 种和 21 个亚种鸟类的模式标本采自大瑶山。虽然这些亚种现在大多被视为同物异名，但金额雀鹛仍是由中国人自己命名仅有的三种鸟类之一。最好在县城住宿。一年四季均可前往，但以秋冬季为最佳。

大明山主体位于南宁市武鸣区、上林县和马山县等，主峰龙头山海拔 1785 米。大明山以我国东南部森林鸟类为主，鸟类组成随海拔变化明显。主要特色鸟种有白眉山鹧鸪、褐胸噪鹛和其他常见的森林鸟类。山脚和山顶都能提供较好的食宿条件，但山顶的食宿价格稍贵。一年四季均可前往，但以秋冬季为最佳。